ESSAI MONOGRAPHIQUE

SUR

LES CLÉRITES.

Deux volumes petits in-4° avec **47** planches coloriées aux frais de l'Auteur. — Fr. 60.

ESSAI MONOGRAPHIQUE

SUR

LES CLÉRITES

INSECTES COLÉOPTÈRES

PAR

LE Mis MAXIMILIEN SPINOLA

MEMBRE NON RÉSIDENT DE L'ACAD. DES SCIENCES DE TURIN
CORRESPONDANT DES SOCIÉTÉS D'HIST. NAT. DE GENÈVE ET DE BERLIN
ASSOCIÉ DES SOC. ENT. DE LONDRES ET DE PARIS
CORRESPONDANT DE LA SOC. DES GÉORGOPHILES DE FLORENCE
MEMBRE HONORAIRE DE LA SOC. DES ASP. NAT. DE NAPLES.

TOME SECOND.

GÊNES,

IMPRIMERIE DES FRÈRES PONTHENIER.

1844.

ESSAI MONOGRAPHIQUE

SUR

LES CLÉRITES.

SUITE DE LA SECONDE PARTIE.

Seconde sous-famille.

CLÉRITES HYDNOCÉROÏDES.

Prothorax, composé de deux pièces seulement, une supérieure ou *Tergum* et une inférieure ou *Prosternum*.

Élytres, ayant leurs bords extérieurs sub-parallèles et collés contre les côtés de l'abdomen pendant le repos.

Yeux à réseau, échancrés en dedans.

Antennes, insérées entre les yeux.

XXXIX. G. PHYLLOBÆNUS.

Mes *Phyllobènes* ne sont pas ceux de M.r Dejean. Ceux-ci appartiennent au *G. Hydnocera* de M.r Newman, genre dont cet auteur a publié les caractères et dont il est le véritable fondateur. Le nom qu'il lui a assigné a incontestablement le droit de la priorité. Celui de *Phyllobænus* étant devenu vacant, j'ai mieux aimé m'en emparer que me casser la tête à en chercher un nouveau pour l'appliquer à une espèce que M.r Dejean avait placée dans le *G. Notoxus* et qui ne pouvait pas y rester.

Antennes, naissant sur le front (1), *un peu au dessous du sommet inférieur de l'échancrure oculaire, de onze articles:* premier article épais, obconique n'atteignant pas le haut du front; le second, de la même épaisseur, moitié plus court; art. 3—8, petits, minces, sub-cylindriques ou très faiblement obconiques, augmentant presque insensiblement en largeur et diminuant plus rapidement en longueur; *les trois derniers, formant ensemble une espèce de massue perfoliée*, peu aplatie, aussi longue que les sept articles précédents pris ensemble, à articulations bien distinctes; premier article de la massue, plus long que large, grossissant insensiblement de l'origine à l'extrémité, mais également dilaté des deux côtés, bords latéraux arqués, extrémité tronquée: second article, de la même largeur et de la même forme que le premier, un peu plus court; le dernier, plus long que le premier, s'aplatissant de plus en plus en approchant de l'extrémité, en ovale oblong et terminé en pointe.

Yeux, grands et distants, assez fortement grénus et saillants en dehors, néanmoins ne touchant pas le bord postérieur de la tête, *en ovales longitudinaux, largement échancrés à leur bord interne.*

Vertex, court, mais apparent.

Front, large, plane et *vertical*, dans le même plan que la face et que le chaperon avec lesquels il se confond insensiblement.

Labre, sub-membraneux, en rectangle transversal, ne couvrant

(1) Nous pourrons appeler ces antennes *Frontales* d'après le lieu de leur origine, par opposition à celles des trois autres sous-familles que nous appellons *Faciales* par un motif semblable.

pas l'extrémité des mandibules croisées pendant le repos: bord antérieur, entier et cilié.

Palpes maxillaires, de quatre articles: *labiaux*, de trois: *dernier article des uns et des autres*, de la même forme et à-peu-près de la même grandeur, *en cone mince*, *allongé et tronqué.*

Mandibules et autres *Parties de la bouche*, inobservées.

Prothorax, cylindrique. *Prosternum*, largement et faiblement échancré en avant. *Fosses coxales antérieures*, ouvertes en arrière.

Écusson, ponctiforme.

Elytres, uniformément convexes, entourant l'extrémité de l'abdomen: base, droite; angles antérieurs, effacés; côtés, droits et parallèles; bord postérieur, en arc de cercle; angle sutural postérieur, fermé.

Poitrine, peu renflée.

Ventre, faiblement convexe, presque plane; bord postérieur des cinq premiers anneaux, entiers.

Pattes, simples, assez minces, de moyenne longueur: fémurs postérieurs, n'atteignant pas l'extrémité de l'abdomen; tibias, droits.

Tarses, de quatre articles seulement tant en dessus qu'en dessous: les trois premiers, plus ou moins échancrés en dessus, ciliés latéralement, munis en dessous d'un appendice membraneux; appendices des deux premiers, moins apparents; quatrième article, terminé par deux crochets laminiformes à arète inférieure unidentée. Tarses postérieurs, proportionnellement plus minces et plus allongés que les autres.

Le faciès du *G. Phyllobænus* a des rapports avec celui de plusieurs genres de *Criocérides* que l'on réunit ordinairement aux *Crysomélines*. Mais les appendices tarsiens sont nus dans les *Phylobènes*, velus et scopigères dans les *Criocérides*. Ces traits distinctifs suffisent pour ne pas les placer dans la même famille.

Espèce unique. — Phyllobænus transversalis.

166. Phyllob. — *Tab.* xl, *fig.* 6.

Notoxus transversalis, *Dej. loc. cit. p.* 127.

Dimensions. — Long. du corps, 2 lig. — id. du prothorax, 1/3 lig. — id. des élytres. — larg. de la tête, 1/3 lig. — id. du prothorax, 1/4 lig. — id. de la base des élytres, 1/2 ligne.

Formes. — Antennes, atteignant tout au plus le bord postérieur quoiqu'elles soient réellement plus longues que la tête et le prothorax pris ensemble (2). Dessus du corps, pubescent et fortement ponctué. Pélage, hérissé. Points de la tête et du prothorax, gros, profonds, distincts et confusément épars; espaces intermédiaires, planes, mats et finement pointillés. Ponctuation des élytres, formée par dix rangées longitudinales de points pareillement gros et profonds qui commençent à la base ou derrière les callus huméraux et qui atteignent l'extrémité: callus et espaces intermédiaires, lisses et luisants. Dessous du corps, aussi lisse et aussi luisant que les intervalles inponctués des élytres. Dos du prothorax, égal et uniformément convexe: bords opposés, à-peu-près égaux en largeur, droits, parallèles et sans rebords: côtés, en arcs de courbes à très faible courbure et sans inflexion, atteignant le maximum de la largeur vers la moitié de la longueur. Suture des élytres, plane: bord extérieur, glabre.

Couleurs. — Antennes, testacées: massue, obscure. Devant de la tête, rouge. Vertex, prothorax et poitrine, noirs. Élytres, de la même couleur: callus, une ligne courbe dont la convexité est tournée en dehors, partant du bord extérieur et atteignant la suture vers le premier tiers de la longueur, longeant ensuite

(2) Ceci a lieu en conséquence de leur origine *Frontale*. Elles sont forcées de passer par dessus les yeux qui débordent des deux côtés ou de remonter au haut du front qui est vertical et qui ne compte pas dans la longueur du corps.

celle-ci jusqu'au second tiers où elle se réunit a une autre bande transversale commune large et onduleuse qui atteint le bord extérieur, enfin une tache ronde isolée à peu de distance de l'extrémité, jaunes. Pattes, brunes : hanches, trochanters, genoux et tarses, rougeâtres. Pélage, cendré.

Sexe. — Douteux, dans les deux exemplaires de l'ancienne collection Dejean.

Variétés. — De ces deux individus, le plus grand est celui qui a servi à la description, le jaune de la bande transversale des élytres est plus clair et blanchâtre, la tache apicale est orangée. L'autre est plus petit, long. du corps 1 et ½ ligne : le noir domine davantage sur les élytres, les callus et la suture sont de cette couleur, la ligne courbe qui est censée les réunir est en partie effacée, la bande transversale commune est interrompue à la suture et enfin la tache apicale est très petite et ponctiforme. Du reste, je n'ai rien apperçu qui m'autorise à prendre ces accidents de couleur pour des différences sexuelles.

XL. G. EPIPHLÆUS, *Dejean.*

Antennes, ayant leur origine entre les yeux, près du sommet de l'échancrure oculaire, comme dans le *G. Phyllobænus* : premier article, plus long que les sept suivants réunis et néanmoins ne remontant pas au haut du front, arqué et déprimé, face antérieure convexe, face postérieure concave ; second article, petit et globuleux ; art. 3—8, plus petits encore, très serrés et à articulations moins distinctes, faiblement obconiques, augmentant progressivement en épaisseur et diminuant en longueur ; *les trois derniers, aplatis, dilatés du côté interne, formant ensemble une espèce de massue serriforme* dont la longueur relative diffère dans les différentes espèces et même dans les différents sexes.

Yeux, grands, latéraux, convergents vers le haut du front, réniformes ; échancrure, constamment placée au bord interne. Les formes différentes de cette échancrure nous fourniront des bons caractères spécifiques.

Tête, à-peu-près comme dans le *G. Phyllobœnus*. *Front*, plus rétréci vers le haut. *Chaperon*, mieux distinct de la *Face*, déprimé, en rectangle transversal.

Labre, comme dans le *G. Phyllobœnus.*

Mandibules, moins puissantes que dans les genres précédents, éminemment tranchantes, en lames larges et triangulaires: face externe, étroite et arquée; arète interne, droite, parallèle à l'axe du corps, faiblement dentelée: pointe apicale, recourbée en dedans.

Machoires, découvertes à leur origine, embrassant le menton: tige, cornée, coudée et anguleuse près de la base, plus allongée au-delà du coude que dans la plupart des *Cléroïdes*, terminée par deux lobes membraneux; lobes, arrondis et ciliés; l'extérieur, plus avancé que l'autre et souvent prolongé au-delà des mandibules.

Palpes maxillaires, filiformes, de quatre articles: le premier, peu apparent, enfoncé dans un sinus latéral de la machoire au point de jonction de la tige cornée et des lobes membraneux; le second, mince, long, obconique; le troisième, de la même épaisseur, moitié plus court, moins fortement obconique; le dernier, plus épais, peu sensiblement aplati, au moins aussi long que le second, cylindrique ou faiblement obconique, extrémité tronquée.

Menton, d'une seule pièce cornée, convexe en dessous près de sa base, concave un peu plus en avant: base, droite; contour, arrondi en avant, échancré latéralement en face de l'origine des palpes.

Langue (Labium), membraneuse, bifide, à divisions étroites, allongées et ciliées.

Palpes labiaux, tout-au-plus de la grandeur des *Maxillaires*, également filiformes, de trois articles : le premier, très court; le second, plus long, obconique; le troisième, aussi long que les deux précédents, aussi large à la base que le second à son extrémité, n'étant ni aplati, ni dilaté, terminé en pointe.

Prothorax, cylindrique : dos, souvent inégal.

Prosternum, peu échancré en avant. *Fosses coxales*, fermées. Bord postérieur du *Propectus*, droit et entier.

Ecusson, plus apparent que dans les *Phyllobènes*, en demi-cercle.

Poitrine, très renflée.

Abdomen, diminuant rapidement de hauteur d'avant en arrière : dos, plane; ventre, aussi renflé que la poitrine près de la base, diminuant graduellement de hauteur et de convexité, presque plane à son extrémité, bord postérieur des cinq premières plaques dorsales et des quatre ventrales, droits et entiers dans les deux sexes.

Elytres, droites et parallèles, entourant l'extrémité de l'abdomen dans les femelles, ne l'atteignant pas dans la plupart des mâles.

Pattes, proportionnellement plus longues et plus minces que dans le genre précédent : fémurs antérieurs, un peu plus épais; postérieurs, atteignant l'extrémité de l'abdomen ; tibias, comprimés, les quatre antérieurs un peu arqués, les postérieurs droits.

Tarses, de quatre articles seulement : antérieurs et intermédiaires, courts et déprimés; postérieurs, plus longs et un peu comprimés; trois premiers articles, bifides en dessus, munis en dessous d'un appendice membraneux et entier, le premier étant le plus long de tous ; dernier article, comme dans le genre précédent.

Les six espèces connues sont particulières aux régions les plus chaudes de l'Amérique méridionale. Les modifications de leurs formes m'ont suffi pour dresser le tableau synoptique suivant, *indépendamment des couleurs*.

A. *Flancs du prothorax*, rebordés postérieurement.
B. *Ouverture de l'échancrure oculaire*, en angle droit ou obtus.
C. *Elytres*, striato-ponctuées.- 1. EPIPHL. PANTHERINUS, *Dej.*
CC. *Elytres*, vaguement ponctuées. - - - - - - - - 2. » BUQUETII, *M.*
BB. *Ouverture de l'échancrure oculaire*, en angle aigu.
C. *Elytres*, luisantes avec quelques traces de stries effacées et inéquidistantes. - 3. » ORNATUS, *Dup.*
CC. *Elytres*, fortement striato-ponctuées.
D. *Dos du prothorax*, mat et également ponctué partout. - - - - - - - 4. » TOMENTOSUS.
DD. *Dos du prothorax*, plus luisant et moins fortement ponctué vers la ligne médiane. - - - - - - 5. » MARGINELLUS.
AA *Flancs du prothorax*, sans rebords. - - - - - - - - - 6. » HUMERALIS.

1. EPIPHLÆUS PANTHERINUS, *Dej.*

167. EPIPHL. prothorace utrinque posticè marginato, sinus ocularis angulo sub-recto, elytris a basi ultra medium profundè striato-punctatis. — *Tab.* XLII, *fig.* 1.

Epiphlæus pantherinus, *Dej. loc. cit. p.* 127.

PATRIE. — Cayenne, rapporté par M.r Lacordaire.

DIMENSIONS. — Long. du corps, 3 et $\frac{1}{3}$ lig. — id. du prothorax, $\frac{2}{3}$ lig. — id. des élytres, 2 et $\frac{1}{3}$ lig. — larg de la tête, $\frac{3}{4}$ lig. — id. du prothorax, $\frac{2}{3}$ lig. — id. de la base des élytres, 1 ligne.

FORMES. — Antennes, visiblement plus courtes que la tête et le prothorax réunis : massue antennaire, n'égalant pas la moitié de la longueur totale, articulations serrées, dents de la scie obtuses et non prolongées en avant, dernier article presque rond. Échancrures oculaires, anguleuses à angle droit, côté postérieur ou supérieur (3) en arc de courbe dont la convexité est tournée vers la face, côté antérieur ou inférieur visiblement plus long, étroit et parallèle à la ligne médiane du front, sommets des deux échancrures plus distants entr'eux que ne le sont les origines des antennes, celles-ci placées dans l'intérieur des échancrures et très près de leurs extrémités antérieures. Corps, finement pointillé et pubescent : poils, courts et serrés, mais droits et hérissés. Dos du prothorax, inégal: dépression antérieure, bien prononcée, plus lisse et plus glabre que le disque: côtés, droits d'abord le long de la dépression antérieure, courbés ensuite en arcs de courbes non infléchies et dont le maximum de la largeur est un peu en arrière du milieu; sillon sous-marginal, effacé; bord postérieur, un peu plus étroit que le bord opposé, simplement rebordé; rebord, mince et remontant insensiblement des deux côtés jusqu'à la moitié de la longueur. Élytres, uniformément convexes: callus, lisses et luisants, peu saillants; dix stries longitudinales de points plus gros et plus profonds, commençant à la base ou derrière les callus, disparaissant un peu au-delà du milieu et d'autant plus prolongées en arrière qu'elles sont plus extérieures; côtés, com-

(3) Le même côté qui est *postérieur*, si on suppose le front horizontal, devient supérieur, quand le front est vertical.

mençant à se courber et à converger vers les trois quarts de la longueur; bord postérieur, en arc d'ellipse; angle sutural postérieur, ouvert. Pélage, soyeux.

Couleurs. — Premier article des antennes, blanchâtre : les sept suivants, jaunes ou testacés; massue antennaire, obscure. Front et vertex, rougeâtres: orbites internes des yeux, plus pâles ; yeux, obscurs. Dessous de la tête, testacé ou jaunâtre: mandibules, brunes; palpes, pâles et transparents. Dos du prothorax, brun: dépression antérieure, rougeâtre. Élytres, de la même couleur: sur chacune d'entr'elles, six taches obscures, les deux premieres rondes sur la même ligne transversale derrière le callus, la troisième plus grande en forme de bande partant du bord extérieur et n'atteignant pas la suture, la quatrième ronde et marginale un peu au-delà du milieu, la cinquième dorsale, la sixième encore marginale à peu de distance de l'extrémité. Propectus et mésopectus, noirâtres. Métapectus, ventre et pattes, jaunes ou testacés. Soies, argentées ou dorées.

Sexe. — Dans la femelle, les élytres couvrent l'extrémité de l'abdomen et la dernière plaque ventrale est arrondie — Quatre individus, trois de l'ancienne collection Dejean, un de la collection Dupont.

Dans le mâle, l'abdomen dépasse visiblement l'extrémité des élytres, la dernière plaque dorsale est en trapèze allongé, tronquée et rétrécie en arrière, elle dépasse de beaucoup la dernière plaque ventrale qui est un peu concave et coupée en ligne droite. — Un bel individu qui m'a été cédé par M.r Buquet et que M.r Leprieur avait rapporté de Cayenne.

2. Epiphlæus Buquetii, *M.*

168. Epiphl. prothorace utrinque posticè marginato, sinus ocularis angulo sub-recto, elytris vagè punctatis.

Patrie. — Cayenne, M.r Leprieur.

Dimensions. — Long. du corps, 4 et $\frac{1}{2}$ lig. — id. du prothorax, 1 lig. — id. des élytres, 3 lig. — larg. de la tête, 1 lig. — id. du prothorax, $\frac{5}{6}$ lig. — id. de la base des élytres, 1 et $\frac{1}{3}$ ligne.

Formes. — L'exemplaire unique qui m'a été communiqué était trop endommagé pour donner matière à une description complète et même pour en tirer un bon dessin. Les antennes avaient disparu. Les pattes avaient plus au moins souffert. Les poils étaient tombés. Malgré tous ces malheurs, les formes de cette espèce m'ont offert certains traits caractéristiques qui ne m'ont pas permis de la confondre avec la précédente et avec les autres congénères. La tête, les yeux, les origines des antennes sont comme dans le *Pantherinus* et suffisent pour la séparer de toutes les espèces suivantes. En la confrontant ensuite avec la seule espèce qui l'avoisine, on reconnait que sa taille est plus grande, son corps proportionnellement plus large, la dépression antérieure du prothorax moins prononcée, le rebord postérieur moins prolongé sur les côtés et ne remontant pas jusqu'à la moitié de la longueur du prothorax: on remarque de plus, une petite fossette sur le disque du prothorax en arrière du milieu et deux autres dépressions longitudinales à chaque élytre, la première à la suture, l'autre vers le milieu du dos. L'angle sutural est encore ouvert, mais bien moins que dans le *Pantherinus*, les extrémités sont en arcs de cercles. Enfin on n'aperçoit aucune trace de stries à la surface des élytres, leur ponctuation est également vague partout, les points sont seulement plus gros, plus profonds et plus distants près de la base, plus petits et plus serrés près de l'extrémité.

Couleurs. — Tête, brune. Dos du prothorax, plus foncé, noirâtre. Élytres, couleur de cannelle avec deux bandes transversales étroites et ondulées blanches, aux deux premiers tiers, pâles avec deux petites taches brunes le long du bord extérieur, au tiers postérieur. Dessous du corps, testacé.

Sexe. — Dans le mâle unique de la collection Buquet, la sixième plaque dorsale est aussi avancée en arrière que dans le *Pantherinus* ♂, elle dépasse également de beaucoup la dernière ventrale qui est sensiblement échancrée, les pièces génitales sont en évidence. — Femelle, inconnue.

3. Epiphlæus ornatus, *Dupont.*

169. Epiphl. prothorace utrinque posticè marginato, sinus ocularis angulo acuto, elytris nitidis obsoletius striato-punctatis.

Epiphlæus ornatus, *Dup. coll.*

Patrie. — Cayenne.

Dimensions et Formes. — Semblables à celles du *Buquetii*. Taille, plus petite: long. du corps, 3 lig. Massue antennaire, plus allongée que dans le *Pantherinus*, égalant ou dépassant la moitié de la longueur de l'antenne, à articulations mieux détachées: premier et second articles, en triangles renversés, bord interne un peu arqué, bord antérieur coupé en ligne droite, angles antéro-internes ou dents de la scie aigus et non dirigés en avant; dernier article, oblong. Échancrure oculaire, en angle aigu: côtés antérieurs ou inférieurs, non parallèles entr'eux et avec l'axe du corps comme on les voit dans les deux précédents, mais convergents l'un vers l'autre. Origines des antennes, visiblement plus rapprochées que les sommets des deux échancrures. Devant de la tête et dessus du corps, aussi luisants que dans le *Buquetii* et plus finement pointillés. Élytres, faiblement et uniformément convexes, sans aucune dépression dorsale: on y aperçoit seulement, outre la ponctuation vague et générale, quelques rangées inéquidistantes de points plus gros, mais peu profonds, qui se suivent eux-mêmes à des distances inégales entr'elles, qui commençent à peu de distance de la base et qui finissent vers le milieu. Poils rares.

Couleurs. — Premier article des antennes, blanchâtre. Les sept suivants, noirs. Massue antennaire, d'une teinte moins foncée, brune. Yeux, rouges. Mandibules, brunes. Labre, palpes et autres parties de la bouche, pâles. Élytres, testacées: une tache commune faite en x vers le milieu, une autre tache profondement bi-échancrée en avant, arrondie en dedans, commençant derrière le callus, longeant le bord extérieur et dépassant le milieu, une bande transversale large et ondulée près de l'extrémité, noires. Pattes et dessous du corps, testacés très pâles. Poils, blancs.

Sexe. — Les derniers segments abdominaux sont dans le mâle, comme dans le *Buquetii* du même sexe. Un seul individu de la collection Dupont, il a été rendu au propriétaire avant d'avoir été dessiné. — Femelle, inconnue.

4. Epiphlæus tomentosus.

170. Epiphl. prothorace utrinque posticè marginato, sinus ocularis angulo acuto, elytris velutinis profundius striato-punctatis, prothoracis dorso medio opaco. — *Tab.* xxxviii, *fig.* 3.

Patrie. — Cayenne.

Enoplium tomentosum, *Dej. loc. cit. p.* 128.

Dimensions et Formes. — Grandeur du *Pantherinus:* formes cylindriques, mieux prononcées; corps, plus étroit; dos, plus convexe. Massue antennaire, aussi longue que le reste de l'antenne, ses articulations assez bien détachées; premier et second articles, en triangles curvilignes plus longs que larges, bord interne et bord antérieur arqués, angles antero-internes émoussés ou arrondis: dernier article, ovato-oblong. Échancrures oculaires, encore plus aiguës et plus profondes que dans l'*Ornatus:* côtés antérieurs, plus convergents; origines des antennes, plus rapprochées. Devant de la tête et dos du prothorax, mats et fortement ponctués: points, ronds, assez profonds, très rapprochés et néanmoins toujours bien distincts. Dépression antérieure du prothorax, nulle sur le dos et reduite sur les flancs à un petit trait enfoncé: côtés, presque droits et parallèles en avant, arqués et convergents près du bord postérieur; celui-ci, un peu plus étroit que le bord opposé, faiblement rebordé; rebord, ne remontant pas des deux côtés jusqu'au milieu de la longueur; disque, uniformément convexe, sans dépression à la ligne médiane et sans sillon sous-marginal; bord postérieur, arrondi. Élytres, nettement striato-ponctuées comme dans le *Pantherinus:* stries, s'approchant d'avantage du bord postérieur; points, proportionnellement plus petits; espaces intermédiaires, un peu plus larges; angle sutural postérieur, fermé. Pélage, court, épais et velouté sur le prothorax et sur les élytres: certains espaces de ces dernières, couverts d'un duvet ras et couché en arrière.

Couleurs. — Antennes, obscures: premier article, rougeâtre. Devant de la tête, yeux, mandibules et dos du prothorax, noirs: labre, rougeâtre; palpes pâles, extrémités obscures; pélage, cendré. Élytres, noires: base, rougeâtre; une grande tache difforme, commençant à la suture vers le premier tiers, prolongée de dedans en dehors et d'avant en arrière, atteignant le bord extérieur vers le milieu, se rétrécissant au-delà, se repliant en dedans, rejoignant de nouveau la suture et finissant en pointe près l'extrémité, de la même couleur. Prosternum, noir. Poitrine, abdomen et pattes, rougeâtres: une petite tache à la base des fémurs postérieurs et base des tibias de la même paire, noires. Pélage velouté, de la couleur du fond: duvet ras de la grande tache commune des élytres, blanc de neige contrastant brusquement avec la couleur du fond; quelques raies ondulées et quelques petites taches ponctiformes formées du même duvet et disséminées sur les élytres, également blanches; autres poils hérissés, cendrés.

Sexe. — Une femelle, de l'ancienne collection Dejean. Mâle, inconnu.

5. Epiphlæus marginellus.

171. Epiphl. prothorace utrinque posticè marginato, sinus ocularis angulo acuto, elytris profundius striato-punctatis, prothoracis dorso medio nitidiore. — *Tab.* xlii, *fig.* 2.

Enoplium marginellum, *Buq. coll.*

Patrie. — Cayenne, M.r Leprieur.

Dimensions. — Long. du corps, 2 et $\frac{1}{3}$ lig. — id. du prothorax, $\frac{1}{2}$ lig. — id. des élytres, 1 et $\frac{1}{7}$ lig. — larg. de la tête, $\frac{1}{2}$ lig. — id. du prothorax, la même. — id. de la base des élytres, encore la même.

Formes. — Corps, encore plus éminemment cylindrique que celui du *Tomentosus* puisque le prothorax et les élytres ne sont pas plus larges que la tête. Antennes, comme dans l'*Ornatus:* dents de la scie, aiguës. Échancrures des yeux et origines des antennes, comme dans le *Tomentosus:* devant de la tête, plus finement pointillé. Dépression antérieure du prothorax, aussi nettement prononcée que dans le *Pantherinus:* côtés, convergents le long de la dépression et peu dilatés en arrière; milieu du disque, luisant, très faiblement ponctué et presque glabre; bord postérieur, à peine un peu plus étroit que le bord opposé, très faiblement rebordé; rebord, peu apparent, remontant un peu sur les côtés, mais encore moins que dans les trois précédents où il n'atteint cependant pas le milieu de la longueur; élytres, plus fortement striées; stries, allant au moins jusqu'aux deux tiers de la longueur, points, plus profonds, leur diamètre plus grand que celui des cloisons transversales; intervalles longitudinaux, plus élevés et plus convexes; bord postérieur, ayant une plus forte courbure; angle sutural postérieur, visiblement ouvert. Pélage, hérissé.

Couleurs. — Antennes, tête, prothorax et dessous du corps, noirs: yeux, rougeâtres; labre et palpes, bruns. Élytres, bronzées: une lisière étroite longeant le bord extérieur et l'extrémité, blanchâtre. Pattes, testacées: extrémités tarsiennes des tibias, obscures. Pélage, cendré.

Sexe. — Dans le mâle que j'ai eu de M.r Buquet, les derniers anneaux de l'abdomen sont comme dans les mâles du *Buquetii* et de l'*Ornatus*. Femelle, inconnue.

6. Epiphlæus humeralis.

172. Epiphl. prothorace utrinque immarginato. — *Tab.* xxxviii, *fig.* 6.

Enoplium humerale, *Buq. coll.*

Patrie. — Cayenne, M.r Leprieur.

Dimensions. — Long. du corps, 3 et $\frac{1}{4}$ lig. — id. du prothorax, $\frac{3}{4}$ lig. — id. des élytres, 2 et $\frac{1}{4}$ lig. — larg. de la tête, $\frac{1}{2}$ lig. — id. du prothorax, $\frac{2}{3}$ lig. — id. de la base des élytres, $\frac{4}{5}$ ligne.

Formes. — Antennes, aussi longues que la tête et le prothorax pris ensemble; premier article, proportionnellement plus court que dans le précédent, n'égalant pas les sept suivants réunis; massue, ressemblante à celle de l'*Ornatus*, ses articulations plus distinctes et mieux détachées que dans les autres congénères parceque chaque article est pour ainsi dire pédiculé à son origine. Échancrures oculaires et origines des antennes, comme dans le *Tomentosus* et dans le *Marginellus*. Yeux, plus grands et plus convergents, touchant le bord postérieur de la tête. Haut du front, très étroit. Devant de la tête et dos du prothorax, très finement pointillés, lisses à l'œil nu et luisants quand ils sont dépouillés de leur fourrure naturelle. Pélage, généralement hérissé, ras et couché à plat au front et aux flancs du prothorax. Celui-ci, cylindrique: dos, égal et uniformément convexe; côtés, droits et parallèles; bord postérieur, aussi large que l'antérieur, très faiblement rebordé; rebord, ne remontant pas sur les côtés; angles postérieurs, droits. Élytres, aussi uniformément, mais plus faiblement convexes que dans le *Marginellus*, finement et vaguement ponctuées: quelques points plus gros et plus profonds, épars dans la moitié antérieure; angle sutural postérieur,ouvert; pélage, court, soyeux, souvent ras et couché en arrière.

Couleurs. — Antennes, noires. Devant de la tête, testacé et couvert d'un duvet doré. Dos du prothorax, noir: bandes soyeuses latérales, dorées. Élytres, violettes: une grande tache jaune, aux angles huméraux; une raie longitudinale sur le dos, partant de la base en deçà du callus et disparaissant à peu de distance de l'extrémité, couverte d'un duvet argenté. Autres poils des élytres, hérissés et de la couleur du fond. Pattes et dessous du corps, noirâtres: hanches et bases des fémurs, testacées.

Sexe. — Le mâle que j'ai eu de M.r Buquet a sa dernière plaque ventrale assez large, plane et entière, sa dernière dorsale également plane et également sans échancrure visible, mais plus grande, un peu rétrécie en arrière et coupée en ligne droite. — Une femelle, de la collection Reiche, a ces deux dernières plaques arrondies et la dorsale encore un peu plus longue que l'autre.

XLI. G. PLOCAMOCERA, M.

Antennes, *frontales* comme dans le *G. Epiphlæus*, c'est à dire, *ayant leur origine sur le front*, près de l'extrémité antérieure ou inférieure de l'échancrure oculaire, de onze articles: le premier, étroit, allongé, déprimé, arqué et recourbé en arrière, s'élargissant insensiblement vers l'extrémité et atteignant le haut du front; *art.* 2—11, *également aplatis*; le second, grand, en demi-cercle dont le diamètre répond au bord antérieur; les suivants 3—7, très courts, en trapèzes un peu élargis en avant, à articulations inapparentes à l'œil nu, ne paraissant former qu'un seul article qui est tout-au-plus le double du second: les trois derniers, formant ensemble une espèce de massue en scie, dont la longueur est au moins égale aux deux tiers de celle de l'antenne et dont touts les articles ont leurs bords garnis de crins raides et perpendiculaires à l'axe longitudinal (4); premier article de la massue, en triangle scalène et curviligne, tel que le côté extérieur qui répond à l'axe de l'antenne est le seul droit et le plus long de touts, l'extérieur moitié plus court et plus faiblement arqué que le côté opposé, l'angle antéro-interne émoussé et bien moins avancé que l'antéro-externe (5); second article, de la même forme, mais visiblement plus court; le dernier, encore plus long que le premier, rétréci près de l'origine et sub-pédiculé, étroit et lancéolé.

La structure singulière des antennes tranche nettement avec celle des mêmes parties dans le *G. Epiphlœus* et elle suffit pour en séparer la seule *Plocamocère* que nous connaissons. Sous touts les autres rapports, ces deux genres ont la plus étroite affinité et leurs différences secondaires ne donnent plus que des caractères spécifiques. Ainsi, les yeux qui convergent par le haut du front, dans l'*Epiphlœus huméralis*, se rapprochent ici par le bas: l'échancrure oculaire est étroite, transversale, en demie ellipse et non anguleuse; l'origine des antennes est plus distante de la face; les derniers articles des palpes sont plus effilés et paraissent terminés en pointe, comme dans les *Ichnées* qui suivent; le prothorax est presque plus large que long; les pattes sont proportionnellement plus allongées et les fémurs postérieurs sont moins épais.

(4) C'est cette particularité qui m'a dicté le nom de *Plocamocera*, il est composé de deux mots Grecs qui se traduisent *Crin* et *Corne*.

(5) C'est tout le contraire de ce que nous avons vu dans les *Epiphlées*.

Espèce unique — Plocamocera sericella.

172. Plocam. — *Tab.* xxxviii, *fig.* 4.

Epiphlæus sericellus, *Dup. coll.*

Patrie. Carthagène, M.r Lebas.

Dimensions. — Long. du corps, 2 lig. — id. du prothorax, $\frac{1}{3}$ lig. — id. des élytres, 1 et $\frac{1}{2}$ lig. — larg. de la tête, $\frac{2}{3}$ lig. — id. du prothorax, moindre au bord antérieur, tout-au-plus la même à son maximum. — id. de la base des élytres, $\frac{2}{3}$ ligne.

Formes. — Corps, velu et ponctué. Ponctuation, vague partout, fine et peu apparente à la tête et au prothorax qui paraitraient lisses et luisants s'ils étaient dépouillés de leurs fourrure. Des points nombreux plus grands et plus profonds, épars sur la surface des élytres. Pélage du dessus du corps, épais et couché en arrière: poils des pattes et du dessous du corps, plus rares et plus hérissés. Yeux, fortement grénus, très grands et touchant le bord postérieur de la tête ensorte qu'il n'y a pas de vertex proprement dit. Dos du prothorax, un peu inégal: dépression antérieure, apparente; sillon sous-marginal postérieur, effacé; côtés, s'élargissant insensiblement en arrière de la dépression, en arcs de courbes sans inflexions et à faible courbure, atteignant le maximum de la largeur vers le milieu de la longueur; bord postérieur, égal en largeur au bord opposé, faiblement rebordé; rebord, ne remontant pas sur les flancs. Écusson, en demi-ovale transversal. Élytres, uniformément convexes: callus, effacés; côtés, ne commençant à se courber et à converger que vers les trois quarts de la longueur; bord postérieur, en arc de cercle; angle sutural postérieur, un peu ouvert.

Couleurs. — Antennes, d'un brun rougeâtre, premier article plus clair, second article et massue antennaire plus foncés. Dessus du corps, couleur de cannelle avec quelques espaces plus obscurs vers le milieu du prothorax et à l'extrémité des élytres. Les quatre pattes antérieures, noirâtres avec les genoux testacés: les postérieures, pâles avec les extrémités tibiales des fémurs, une tache au milieu des tibias et les tarses entiers obscurs. Poils hérissés, blanchâtres: duvet soyeux, de la couleur du fond avec quelques bandes ondulées blanches sur les élytres.

Sexe. — Douteux, dans les deux exemplaires qu j'ai vus, collections Reiche et Dupont. Touts les anneaux de l'abdomen sont entiers, le dernier est arrondi et sa plaque dorsale ne dépasse pas sensiblement la ventrale. Ne seraient-ils par des femelles?

XLII. G. ICHNEA, *Lap.*

Antennes, frontales comme dans les genres précédents ou *ayant leur origine au bord interne de l'échancrure oculaire, de onze articles?* (6): le premier, grand, épais, droit, cylindrique, n'atteignant pas le haut du front; le second, plus mince et beaucoup plus court que le premier, mais encore bien distinct, peu applati, obconique; suivants 2—8?, également aplatis, en trapèzes rétrécis en arrière et augmentant très peu en largeur tandis qu'ils diminuent rapidement en longueur, ne paraissant faire qu'une seul article dont les bords sont dentélés et dont les dernières dents très petites sont très difficiles à compter; trois derniers articles, aussi aplatis que les intermédiaires, en massue serriforme faisant à elle seule les trois quarts de la longueur totale de l'antenne.

(6) On sera étonné que j'aie montré de l'incertitude sur le nombre des articles, caractère auquel on a coutume d'accorder beaucoup et à mon avis beaucoup trop d'importance. Je ne pouvais pas faire autrement. M.r le Comte de Castelnau n'en a compté que huit. J'en ai vu constamment davantage, neuf, dix et même onze, selon l'état des individus et surtout selon celui du pélage qui masque souvent les articulations. Plusieurs d'entr'elles, celles qui sont les plus voisines de la massue, sont même si indécises qu'on peut les prendre pour des soudures non effacées et ne pas croire à l'indépendance réelle de plusieurs de ces articles apparents.

Yeux, réniformes et longitudinaux, convergents vers le haut du front, *échancrés en dedans* comme dans les précédents: échancrure, large et arrondie.

Tête, proportionnellement plus petite que dans les *G. Epiphlœus* et *Plocamocera*. *Vertex*, court. *Front*, plus ou moins penché en avant, mais non vertical, plus ou moins rétréci en arrière, convexe et se confondant insensiblement avec le vertex derrière les échancrures oculaires, plus ou moins concave en avant et se confondant pareillement avec la *Face* ou n'en étant séparé que par une faible impression transversale. Celle-ci, large et très courte. *Chaperon*, nettement séparé de la face, plane, déprimé, en rectangle transversal.

Labre, plane, large, court et ne couvrant pas le haut des mandibules croisées; bord antérieur, échancré et cilié.

Mandibules, moyennes, peu épaisses, en lames tranchantes larges, courtes et courbées en dedans: point de dents, près de l'extrémité de l'arète interne; base, inobservée.

Palpes, à-peu-près d'égale longueur, minces et filiformes: les *maxillaires*, de quatre articles; les *labiaux*, de trois; *derniers articles des uns et des autres*, de la même forme et à-peu-près de la même grandeur, *longs*, *effilés*, *cylindriques et terminés en pointe*.

Langue et *Menton*, inobservés.

Machoires, embrassant le menton à leur origine; tige, coudée et terminée par deux lobes membraneux et ciliés; l'interne, court et étroit; l'externe, grand, arrondi, pouvant dépasser l'extrémité des mandibules croisées.

Prothorax, cylindrique ou rétréci en avant; dos, uniformément convexe; côtés, sans rebords.

Prosternum, un peu échancré en avant, terminé en pointe entre les hanches antérieures. *Fosses coxales*, rapprochées, situées en arrière du milieu, longeant le bord postérieur et entièrement ouvertes en arrière.

Mésosternum, prolongé et relevé en avant de manière que le prosternum puisse glisser au-dessous.

Métapectus, un peu renflé.

Abdomen, faiblement convexe: cinq premiers plaques ventrales, entières dans les deux sexes.

Ecusson, moyen, en demi-ovale transversal.

Elytres, dépassant toujours l'extrémité de l'abdomen, diminuant de convexité en s'éloignant de la base: côtés, droits, mais n'étant pas toujours rigoureusement parallèles. *Ailes inférieures*, dépassant aussi l'extrémité de l'abdomen quand elles sont repliées sous les élytres

Pattes, moyennes: fémurs postérieurs, atteignant l'extrémité de l'abdomen; tibias, droits.

Tarses, longs et comprimés, de quatre articles: les deux premiers, velus et échancrés en dessus, tronqués en ligne droite, soyeux et dépourvus d'appendices en dessous; le troisième, beaucoup plus court que les deux précédents, également velu, mais bifide en dessus, encore velu en dessous, mais muni d'un appendice nu et allongé: le quatrième, glabre et dépourvu d'appendices, terminé par deux crochets assez forts dont l'arête inférieure est unidentée.

1. Ichnea lycoides, *Lap.*

174. Ichn. prothoracis margine postico rotundato. — *Tab.* xxxvii, *fig.* 3.

Ichnea lycoides, *Lap. rev. de silb. t.* 4. *p.* 55.

Enoplium Thomasii, *Dej. loc. cit. p.* 128.

Var. A. B. C. Enoplium Thomasii, *Buq. coll.*

» D. Enoplium æquinoctiale, *id. ib.* — *M. Tab.* xxxvii, *fig.* 4. et 5.

» E. Pyticera lycoides, *Dup. coll.* — *M. Tab.* xxxvii, *fig.* 6.

Patrie. — L'Amérique méridionale, le Brésil et la Colombie.

Dimensions. — Long. du corps, à partir du devant de la tête jusqu'à l'anus, 4 lig. — id. du même, à compter du même point de départ jusqu'au bout des élytres, 5 lig. — id. du prothorax, $\frac{3}{4}$ lig. — id. des élytres, 4 lig. — larg. de la tête, $\frac{1}{2}$ lig. — id. du bord antérieur du prothorax, $\frac{1}{3}$ lig. — id. de son bord postérieur, $\frac{1}{2}$ lig. — id. de la base des élytres, la même. — id. des mêmes à leur maximum, 1 et $\frac{1}{2}$ lig.

Formes. — Antennes, visiblement plus longues que la tête et le prothorax pris ensemble: les deux premiers articles de la massue antennaire, en triangles rectangles tels que la base ou le bord antérieur est à la hauteur ou bord extérieur dans le rapport d'un à trois, bord externe arqué, angles antéro-internes non proéminents et à-peu-près égaux entr'eux; dernier article, plus long et plus étroit que chacun des deux précédents, pédiculé à son origine, lancéolé, bord interne sinueux, extrémité aiguë. Portion concave du front, séparée de la face par un sillon transversal bien distinct. Face, un peu bombée. Chaperon, très court. Mandibules et labre, presque horizontaux et faisant un angle rentrant avec la partie antérieure de la tête. Espace compris entre les origines des antennes, plus fortement ponctué. Dos du prothorax, couvert d'un duvet soyeux, épais et couché en arrière: ses côtés, plus ou moins sinueux et rentrants avant le milieu, droits et divergents au-delà; bord postérieur, un peu plus large que l'antérieur, arrondi. Base commune des élytres réunies, largement échancrée et s'adaptant à la courbure postérieure du prothorax. Callus, lisses et luisants, allongés et saillants en dehors au point de couvrir entièrement les angles huméraux. Ceux-ci, émoussés. L'espace compris entre le callus et la suture est plane et presque horizontal tandis que celui qui est entre le callus et le bord extérieur est concave et vertical. Ces différences s'effacent insensiblement, ensorte que vers le milieu la surface n'est plus que faiblement et uniformément convexe. Les côtés des élytres, sans s'écarter brusquement de ceux de l'abdomen, commencent à diverger dès l'origine et arrivent au maximum de la largeur vers les trois quarts de la longueur: ils se rapprochent au delà, en décrivant un arc d'ellipse à leur extrémité. L'angle sutural postérieur est ouvert et aigu. Neuf rangées longitudinales de points plus gros et plus profonds commencent à peu de distance de la base et se prolongent en arrière en perdant peu-à-peu leur régularité et en sortant de leur allignement, ensorte que dans la moitié postérieure de l'élytre, toute trace de stries est complètement effacée et qu'on n'y voit plus qu'une ponctuation vague et confuse. Poils hérissés, assez abondants sur le dos, plus rares au dessous du corps, fins et allongés aux pattes et notamment aux tibias.

Couleurs. — Antennes, yeux, mandibules, derniers articles des palpes, prosternum, poitrine, abdomen, pattes, une large bande longitudinale au milieu du dos du prothorax, moitié postérieure des élytres, noirs. Tête, une large bande longitudinale de chaque côté du prothorax, moitié antérieure des élytres, base des fémurs postérieurs, orangées ou rougeâtres. Palpes hors les derniers articles et les autres parties de la bouche, pâles. Poils hérissés, de la couleur du fond: duvet couché à plat, jaune doré.

Sexe. — Les antennes ne fournissent aucun caractère sexuel secondaire. Dans les mâles, la taille est souvent plus petite, le corps plus étroit, le prothorax plus rétréci et plus sinueux en avant, les stries prolongées davantage en arrière, les intervalles longitudinaux plus convexes, souvent les 3.e, 5.e et 7.e à partir de la suture plus élevés et en forme de côtes, l'anus moins distant de l'extrémité des élytres et *la dernière plaque ventrale coupée en ligne droite.* Elle est arrondie, dans les femelles.

Variétés. — Var. A, semblable au type, une bande suturale noire dans la moitié antérieure des élytres, hanches postérieures jaunes. — Une femelle, de l'ancienne collection Dejean.

VAR. B, semblable à la VAR. A, hanches postérieures noires. — Une femelle, de la collection Buquet.

VAR. C, semblable au type : taille plus petite, long. du corps, 4 lignes; une bande suturale noire, de la base des élytres jusqu'au premier quart de la longueur; couleur orangée, s'étendant sur les élytres, le noir étant relégué à l'extrémité; hanches et fémurs des deux dernières paires de pattes, jaunes. — Un mâle, recueilli au Rio-Janeiro par M.r Dreux et faisant partie de la collection Buquet.

VAR. D, semblable à la VAR. C, bande suturale noire un peu plus allongée, le noir du dos du prothorax reduit à une petite tache ronde voisine du bord postérieur. — Un autre mâle, rapporté de la Colombie par M.r Amand-Rostaine et faisant aussi partie de la collection Buquet.

VAR E, semblable à la VAR. C, bande noire du prothorax découpée en avant et n'atteignant pas le bord antérieur, élytres, entièrement jaunes hors une lisière très étroite qui longe le bord postérieur. — Un mâle, de la collection Dupont.

2. ICHNEA ENOPLIOIDES, *M.*

175. ICHN. prothoracis margine postico recto. — *Tab.* XXXVII, *fig.* 1.

♀. Enoplium roseicolle, *Dej. loc. cit. p.* 138.

» » crinipenne, *Dup. coll.*

» » nigripenne, *Buq. coll.*

♂. » lymexylonoides, *Dup. coll.*

VAR. A. ♂. Énoplium pubescens, *Dej. loc. cit. p.* 128. — *M. Tab.* XXXVII, *fig.* 2.

PATRIE. — L'Amérique équinoctiale, Cayenne et Colombie.

DIMENSIONS. — Long. du corps, 4 et ¼ lig. — id. du prothorax, ¾ lig. — id. des élytres, 3 et ¼ lig. — larg. de la tête, ½ lig. — id. du prothorax, la même. — id. de la base des élytres, 1 ligne.

Formes. — Antennes, proportionnellement un peu plus longues que dans la *Lycoides*: articles de la massue antennaire, de la même forme. Tête, proportionnellement un peu plus large; yeux, plus finement grénus et n'étant pas sensiblement saillants en dehors. Échancrure oculaire, plus étroite, plus profonde, en demi-circonférence de cercle. Devant de la tête, plane ou faiblement concave. Face, peu renflée, séparée du front par un sillon en arc de courbe dont la convexité est tournée en arrière. Labre et mandibules, ne faisant pas d'angle rentrant avec la face et avec le front. L'avant-corps, luisant et lisse à l'œil nu, presque glabre, point de duvet couché à plat, quelques poils hérissés fins, courts et clair-semés. Prothorax, uniformément convexe: côtés, droits et sub-parallèles; bord postérieur, aussi large ou à peine un peu plus large que le bord opposé, sans rebord sensible. Élytres, uniformément convexes: base, droite; callus, peu saillants et non prolongés en arrière; angles antérieurs, arrondis; côtés, droits et parallèles jusqu'aux trois quarts de la longueur; bord postérieur, en arc d'ellipse; angle sutural postérieur, ouvert; neuf à dix stries de gros points enfoncés, continuées régulièrement de la base jusqu'à une certaine distance du milieu, confuses et irrégulières au-delà; ponctuation de l'extrémité, forte, serrée et distincte; cloisons transversales, plus petites que les points et moins élevées que les intervalles longitudinaux: ceux-ci, planes, à-peu-près égaux entr'eux, n'étant jamais costiformes. Distance de l'anus à l'extrémité des élytres, moindre que dans la *Lycoides*. Dessous du corps, aussi luisant que le dessus de l'avant-corps. Pélage, rare et fin, quelques points plus allongés à la face externe des tibias.

Couleurs. — Antennes, derniers articles des palpes, yeux, poitrine, élytres, tarses et tibias, noirs. Tête, prothorax, hanches et fémurs, blanchâtres. Vertex, noirâtre : bords postérieurs des anneaux, pâles. Poils, de la couleur du fond.

Sexe. — Les observations que nous avons faites à propos de la *Lycoides*, s'appliquent également bien à l'*Enoplioides* : aucune différence appréciable des antennes, dans les deux sexes; mêmes différences de la taille, des proportions relatives, de la ponctuation vague des élytres et du contour de la dernière plaque ventrale. Dans les mâles, le bord postérieur du prothorax est visiblement plus large que le bord opposé, les stries ponctuées des élytres dépassent le milieu et s'approchent plus ou moins près de l'extrémité, celle-ci est moins distante de l'anus, le bord postérieur a une courbure moins forte, l'ouverture de l'angle sutural postérieur est moins profonde et la dernière plaque ventrale est échancrée. Dans les femelles, les deux bords opposés du prothorax sont égaux en largeur, les stries des élytres se confondent avant le milieu et la dernière plaque ventrale est arrondie.

Variétés. — Quoique je n'aie eu à ma disposition qu'un petit nombre d'individus de cette espèce, j'en ai vu assez pour être certain que ses couleurs sont très variables. Tantôt le dos du prothorax est lavé de rose et de-là le nom de *Roseicolle* appliqué par M.r Dejean à des femelles de Cayenne : tantôt les pattes sont entièrement noires, comme dans les mâles de Colombie d'ailleurs semblables à ceux de Cayenne ; tantôt le contour extérieur des élytres est pâle ainsi que le dos du prothorax, comme dans un individu de la collection Dupont.

Dans la Var. A, ce contour est également pâle, mais le milieu du prothorax est de la couleur brune des élytres et la couleur des pattes est comme dans le type.

LXIII. G. EVENUS, *Lap.*

Antennes, courtes et n'atteignant pas le bord postérieur du prothorax, distantes à leur origine, *frontales* ou *inserées entre les yeux* et très près de leur extrémité antérieure, *de onze articles:* le premier, épais, cylindrique, remontant tout au plus à la moitié de la portion antérieure et verticale du front: les suivants 3—8, petits, mais bien distincts, obconiques, grossissant insensiblement sans augmenter en longueur; *le neuvième* de la largeur du huitième à son origine et *formant avec les deux derniers une massue étroite*, allongée, terminée en pointe, *peu aplatie et à articulations assez serrées pour rendre au moins très douteuse la mobilité indépendante des dixième et onzième articles.*

Yeux, très grands et très saillants en dehors, distants et latéraux, *en ovales longitudinaux sans échancrures visibles.*

Tête, grande. *Vertex*, apparent, en trapèze court et élargi en avant. *Front*, spacieux, se confondant insensiblement en arrière avec le vertex, renversé brusquement en avant au point que sa moitié antérieure est presque verticale et même un peu concave en raison de la grande saillie des deux yeux, se confondant avec la *Face* qui est excessivement courte et dont le bord antérieur est coupé en ligne droite.

Chaperon, plane, en rectangle un peu plus large que long.

Labre, aussi long que le chaperon et néanmoins n'atteignant pas l'extrémité des *Mandibules* en repos. Celles-ci, terminées en pointe courbe, longue et aiguë: base, et arète interne, inobservées.

Palpes maxillaires, filiformes, de quatre articles: le premier, très court; le second, mince, allongé, obconique; le troisième, plus épais et plus court que le précédent, cylindrique; le quatrième, de la longueur et de l'épaisseur du troisième; extrémité, arrondie.

Palpes labiaux, trois fois aussi longs que les maxillaires, de trois articles : le premier, obconique, court en comparaison des deux suivants, mais aussi long que le plus long des autres palpes ; le second, mince et très allongé ; le troisième, très grand, mince et pédiculé à son origine, très aplati et décidément sécuriforme.

Autres *Parties de la bouche*, inobservées : ouverture buccale, très petite relativement à la grandeur de la tête et à celle des palpes.

Prothorax, étroit et allongé : dos, déprimé et rétréci en avant ; côtés, faiblement dilatés et non rebordés ; bord postérieur, de la même largeur que le bord opposé. *Prosternum*, moitié plus court que le *Tergum*, peu sensiblement échancré en avant, terminé en pointe fine entre les hanches antérieures. *Fosses coxales antérieures*, grandes et rapprochées, longeant le bord postérieur, entièrement ouvertes en arrière.

Mésosternum, rétréci en avant et en demi-cylindre dont la longueur est la moitié de celle du tergum, conformation remarquable parcequ'elle aide la flexion de l'avant-corps au-dessous de la poitrine et parcequ'elle compense en partie les difficultés que l'articulation génée de la tête et du prothorax oppose à la flexion de la première au dessous du second.

Métasternum, plane.

Abdomen, étroit, allongé : ventre, plane ; derniers anneaux, un peu concaves.

Ecusson, petit, ponctiforme.

Elytres, étroites, n'atteignant pas l'extrémité de l'abdomen : base, droite ; callus, effacés ; côtés, droits et parallèles ; bord postérieur, en arc de courbe à très faible courbure ; angle sutural, fermé.

Pattes, minces et allongées, les postérieures deux fois plus longues que les autres : fémurs des deux premières paires, plus courts et plus épais ; les postérieurs dépassant l'extrémité des élytres; tibias, aussi longs que les fémurs, les antérieurs arqués, les interdiaires sinueux, les postérieurs droits et cylindriques.

Tarses, longs et étroits, de cinq articles également visibles dans touts les sens: les quatre premiers, déprimés, pubescents en dessus, nus en dessous; le premier, court et sans appendice; le second, plus long, également sans appendice, un peu dilaté et faiblement échancré à son extrémité: les troisième et quatrième, un peu plus courts, plus dilatés, plus profondément échancrés et presque bifides en dessus, munis en dessous d'un appendice entier; le dernier, aussi court que chacun des deux précédents, términé par deux crochets simples, larges et courts.

Espèce unique. — Evenus filiformis, *Lap.*

176. Ev. — *Tab.* xxxviii.

Evenus filiformis, *Lap. rev. de silb.* 2, 4, *pag.* 42.

Dimensions. — Long. du corps, 3 lig. — id. de la tête, $\frac{1}{3}$ lig. — id. du prothorax, $\frac{2}{3}$ lig. — id. des élytres, 2 lig. — larg. de la tête, $\frac{1}{3}$ lig. — id. du bord antérieur du prothorax, $\frac{1}{4}$ lig. — id. du prothorax à son maximum, $\frac{1}{3}$ lig. — id. de la base des élytres, la même.

Formes. — Antennes, pubescentes: poils, couchés dans le sens de la longueur de l'antenne. Surface du corps, très polie, sans ponctuation apparente, très légèrement pubescente: poils, rares, courts, fins et hérissés. Dépression antérieure du prothorax, bien prononcée, mais n'étant pas brusquement séparée du disque par un sillon enfoncé: côtés, droits et un peu rentrants le long de la dépression antérieure, décrivant, à partir de ce point jusqu'au bord postérieur, une courbe continue et non infléchie qui atteint le maximum un peu avant le milieu; sillon sous-marginal, assez profond, mais sans rebord, remontant un peu sur les flancs. Surface des élytres, aussi polie que celle de l'avant-corps.

Couleurs. — Antennes, palpes et pattes, pâles. Tête, corcelet et abdomen, testacés. Yeux, bouts des mandibules et onglets des tarses, noirs. Élytres, testacées avec deux bandes communes transversales noires, la première derrière les callus, la seconde vers le milieu ; une troisième bande semblable, brune ou couleur de canelle, près de l'extrémité. Poils, blancs.

Sexe. — Dans le mâle de la collection Reiche, l'abdomen est replié en dessous et je n'ai pas bien vu le dessous de l'abdomen, les derniers anneaux sont aussi larges que les premiers, le bord postérieur des premières plaques dorsales est droit, entier et mutique, celui de l'avant-dernière est encore droit, mais il semble bidenté parceque ses angles postérieurs sont prolongés en arrière, la dernière plus grande que la ventrale correspondante, ses angles postérieurs sont arrondis, mais son bord est tri-échancré, ou pour mieux dire, quadrilobé. — Femelle, inconnue.

Dans le second volume des *Trans. of the entom. soc. of London*, *pag.* 192, M.r Waterhouse a publié une description abregée d'un Coléoptère Australasien qu'il donne comme type de son genre *Allélidée* et il y a ajouté, *Pl.* XVII, une bonne figure accompagnée de détails bien dessinés. Selon lui, ce genre serait de la famille des *Mélyrites* dont nos *Clérites* ne seraient qu'une sous-division et il faudrait le placer à côté du *G. Dasytes.* Mais la figure, en suppléant aux lacunes de la description, nous montre, dans l'*Allélidée,* un corps cylindrique, un prothorax composé de deux pièces comme celui de nos *Cléroïdes*, des tarses munis d'appendices membraneux. La description, de son côté, nous apprend qu'elle a les antennes et les palpes des *Clerites.* Or dans cette famille, il n'y a que le *G. Evenus* qui ait un peu le facies de l'*Allélidée* et qui s'en rapproche par des yeux sans échancrures et par des tarses à cinq articles. Ces deux genres sont donc très voisins quoiqu'ils n'en soient pas moins assez distincts. L'*Allélidée* que je ne connais pas en nature, semble s'éloigner du *G. Evenus*: 1.° par sa massue antennaire, ovato-oblongue, tri-articulée à articulations bien distinctes et dont la grosseur tranche brusquement avec la petitesse des articles intermédiaires; 2.° par l'égale longueur de ses trois paires des pattes; 3.° par ses fémurs postérieurs qui n'atteignent pas l'extrémité des élytres. 4.° par le second article des tarses égal à chacun des suivants. Voyez pour de plus amples détails, *l'Allelidea ctenostomoïdes*, *Waterh. loc. cit.*

Je parlerai, avec encore plus de reserve, de deux *Térédiles* du Cap que M.r Chevrolat a annoncés, dans la *Rev. zool.* 1842 *pag.* 277 *et* 278, sous les noms de *Micropterus brevipennis* et de *Dozocolletus oblongus*. S'il est vrai qu'ils ressemblent, le premier à un *Aptinus* et le second à un *Cténostome*, je ne serais pas surpris qu'ils fussent voisins, l'un de l'*Evenus* et l'autre de l'*Allelidea*. Mais l'auteur, géné sans doute par le manque d'espace, s'est contenté de décrire les accidents des couleurs qui pouvaient suffire à la reconnaissance de l'espèce et il a omis la description des formes qui auraient pu fixer nos idées sur la valeur réelle des caractères génériques et sur la place rationnelle du genre.

XLIV. G. LEMIDIA, *M.*

Antennes, très courtes et dépassant à peine le bord postérieur de la tête, *naissant au-dessous des yeux* aux points où le front se confond des deux côtés avec la face, *de onze articles*; le premier, épais et sub-cylindrique comme dans le *G. Evenus*, ne remontant pas pareillement à la moitié de la hauteur du front; le second, plus petit, renflé au milieu et subglobuleux; art. 3—8, minces, obconiques, le troisième déjà plus petit que le second, les suivants diminuant peu à peu en longueur sans augmenter sensiblement en épaisseur; *les trois derniers aplatis*, également dilatés des deux côtés, *formant ensemble une massue perfoliée à articulations bien distinctes* et dont la longueur est tout au plus le tiers de celle de l'antenne.

Yeux, très distants et latéraux, moins grands comparativement que dans le *G. Evenus*, néanmoins saillants en dehors, *en ovales longitudinaux, sans traces d'échancrures visibles.*

Tête, plus large que le prothorax, en raison de l'écartement et de la saillie des yeux. *Vertex*, bien apparent, faiblement convexe, large, court, en trapèze rétréci en arrière. *Front*, penché en avant dès son origine, plane, presque vertical, très spacieux, en rectangle deux fois plus large que long. *Face*, distinctement séparée du front moyennant un petit sillon transversal, très courte, en croissant dont l'ouverture est tournée en avant. *Chaperon*, plane, déprimé, aussi large que la face.

Labre, plus déprimé que le chaperon, également large et court, sub-membraneux: bord antérieur, droit et cilié.

Palpes maxillaires, de quatre articles; le dernier, de l'épaisseur du pénultième, cylindrique et tronqué.

Palpes labiaux, plus grands que les maxillaires, de trois articles, le dernier comme dans le genre précédent, aplati, dilaté et évidemment sécuriforme.

Autres *Parties de la bouche*, inobservées: ouverture buccale, de la grandeur ordinaire.

Prothorax, s'écartant des formes propres au genre précédent, rentrant dans le type ordinaire du *G. Clerus* et des autres groupes voisins, rétréci et déprimé en avant, rétréci et rebordé en arrière: rebord, ne s'étendant pas sur les flancs.

Prosternum, plane, échancré en avant, plus court que le tergum: rétréci en arrière, aminci entre les hanches antérieures. *Fosses coxales antérieures*, grandes, très rapprochées, largement ouvertes le long du bord postérieur.

Poitrine, peu renflée.

Ventre, plane.

Ecusson, petit et ponctiforme.

Elytres, entourant l'extrémité de l'abdomen, presque planes près de la suture, augmentant de convexité en s'en écartant: callus, sans saillie; base, droite; angles antérieurs, émoussés; côtés, parallèles; bord postérieur, en arc d'ellipse; angle sutural, fermé.

Pattes, longues et fortes. *Fémurs postérieurs*, dépassant l'extrémité de l'abdomen. *Tibias* de toutes les paires, droits et comprimés.

Tarses, de quatre articles: les trois premiers diminuant progressivement en longueur du premier au troisième, également larges, déprimés, pubescents et bifides en dessus, glabres et munis d'un appendice en dessous; appendices membraneux, nus et entiers: le dernier article, à peu près de la longueur du premier, terminé par deux crochets simples à arète interne tranchante, sinueuse et mutique.

Ce genre s'éloigne du *G. Evenus*, par l'ensemble de son facies, autant que celui-ci s'éloigne de ceux qui le précédent. Il a comme le *Phyllobène*, quelques traits de ressemblance avec les espèces du *G. Lema*. Ces fausses apparences m'ont donné l'idée de lui appliquer le nom de *Lemidia*.

Espèce unique. — Lemidia nitens.

177. Lemid. — *Tab.* xxxviii, *fig.* 1.

Clerus clytoides, *Gory coll.*

» scalaris, *Dup. coll.*

Hydnocera nitens, *Newm. the entom. pag.* 36.

Patrie. — Terre de Van-Diemen.

Dimensions. — Long. du corps, 2 et 1/4 lig. — id. du prothorax, 1/2 lig. — id. des élytres, 1 et 1/3 lig. — larg. de la tête, 1/3 lig. — id. du bord antérieur du prothorax, 1/2 lig. — id. du prothorax à son maximum, 1/2 lig. — id. de la base des élytres, 2/3 ligne.

Formes. — Premier et second articles de la massue perfoliée, à-peu-près égaux entr'eux, plus longs que larges, atteignant leur maximum de largeur vers les trois quarts de la longueur, bords latéraux arqués, bord antérieur droit: dernier article, plus court que chacun des précédents. Devant de la tête et dos du prothorax, luisants, ponctués et pubescents: points, de moyenne grandeur, clair-semés, plus serrés sur le front, plus gros sur le disque du prothorax; poils, rares, fins et hérissés. Dépression antérieure du prothorax, bien prononcée et prolongée postérieurement en pointe; côtés, d'abord droits et parallèles, courbés et dilatés immédiatement au-delà de la dépression antérieure, atteignant le maximum de la largeur vers le milieu de la longueur, rejoignant ensuite le bord postérieur; celui-ci, saillant, mais ne remontant pas sur les flancs; sillon sous marginal, effacé ou remplacé par une petite fossette médiane; surface du disque, très faiblement convexe et même un peu déprimée au milieu. Élytres, aussi luisantes que l'avant-corps, plus finement pointillées: sur chaque, dix stries longitudinales et parallèles, de points plus gros et unipiligères, allant sans interruption de la base à l'extrémité; diamètres des points, plus petits que ceux des espaces intermédiaires tant longitudinaux que transversaux; ceux-ci, planes et paraissant glabres à l'œil nu; poils isolés qui sortent de chaque point des stries, longs et hérissés.

Couleurs. — Antennes, palpes et autres pièces inférieures de l'appareil buccal, ventre et pattes, fauves ou rougeâtres. Front, face, chaperon et labre, couleur de paille. Yeux, vertex, bouts des mandibules, poitrine et prothorax, noirs. Élytres, de la même couleur avec trois bandes transversales couleur de paille: la première, basilaire, large, échancrée vis-à-vis des callus, plus ou moins prolongée en arrière le long de la suture; la seconde, un peu en avant du milieu, aussi large que la première, allant un peu obliquement d'avant en arrière et de dehors en dedans; la dernière vers les trois quarts de la longueur, plus étroite, en arc de courbe dont la convexité est tournée en avant, atteignant les deux bords.

Sexe. — Douteux, dans les exemplaires des collections Gory et Dupont.

Variétés. — Dans un individu de la collection Dupont, une lisière longeant la suture à partir de la première bande jusqu'à la rencontre de la troisième, couleur de paille.

XLV. G. ELLIPOTOMA, *M.*

Antennes, *de dix articles*, si on tient compte de toutes les traces d'articulations, et *de huit* seulement, si on ne fait cas que de leur mobilité réelle: premier article, grand, épais, subcylindrique, légèrement recourbé en arrière, n'atteignant pas le haut du front; 2.d, 3.e et 4.e, à-peu-près égaux entr'eux, moitié au moins plus minces et plus courts que le premier, nettement obconiques et bien distincts; 5.e, 6.e et 7.e, assez intimement soudés ensemble pour ne faire qu'un seul article indépendant qui est aussi aplati que ceux de la massue terminale, en trapèze très court, élargi en avant et portant l'empreinte de deux sutures transversales qui prouvent la coexistence primitive de trois pièces distinctes; 8.e, 9.e et 10.e, formant ensemble une massue en scie très aplatie et dont la longueur n'égale pas celle de la moitié de l'antenne; dents de la scie, arrondies et peu proéminentes; dernier article, ovato-oblong.

Yeux, très grands, saillants en dehors du prothorax et touchant presque le bord postérieur de la tête, ovales, obliques, très convergents en arrière, écartés en avant, paraissant *entiers à la vue simple*, ayant cependant une très petite échancrure (7) près de l'extrémité antérieure de leur bord in-

(7) J'ai eu besoin d'une *Loupe Chevalier n.* 2, pour m'assurer de son existence et elle m'a paru trop peu *apparente* pour la compter dans les caractères du genre et pour loger notre *Ellipotome* parmi les *Cléroïdes*, quoique ses antennes soient à la rigueur *faciales* et non *frontales*.

terne: sommets des deux échancrures, plus rapprochés l'un de l'autre que les origines des deux antennes.

Tête, de moyenne grandeur. *Vertex*, inapparent et ordinairement enfoncé sous le prothorax. *Front*, étroit et horizontal en arrière où il se confond insensiblement avec le vertex, plane et vertical en avant où il se confond aussi insensiblement avec la *Face*. *Chaperon*, déprimé et peu apparent.

Labre, transversal: bord antérieur, échancré.

Dernier article des palpes maxillaires, mince, sub-cylindrique, extrémité tronquée.

Dernier article des palpes labiaux, plus grand que le dernier des maxillaires, très aplati, sécuriforme.

Autres *Parties de la bouche*, inobservées.

Prothorax, étroit, cylindrique: dos, uniformément convexe, dépression antérieure et sillon sous-marginal, oblitérés; côtés, droits, parallèles, sans rebords; bords opposés, de la même largeur, le postérieur rebordé.

Prosternum, plane, très faiblement échancré en avant, plus allongé que dans les genres précédents et néanmoins plus court que le tergum, terminé en arête étroite et tranchante entre les hanches de la première paire. *Fosses coxales antérieures*, au-delà du milieu, très rapprochées, entièrement ouvertes en arrière.

Poitrine, très renflée.

Ventre, convexe à sa base, s'aplatissant graduellement, dernières plaques planes ou concaves; bords postérieurs de touts les anneaux, entiers.

Ecusson, en demi-ovale transversal.

Elytres, de la longueur de l'avant-corps, beaucoup plus longues que le prothorax, entourant l'extrémité de l'abdomen, uniformément et fortement convexes: côtés, parallèles; bord postérieur, arqué; angle sutural postérieur, ouvert.

Pattes, moyennes. *Fémurs*, un peu épais, les *postérieurs ne dépassant pas la moitié de l'abdomen. Tibias*, droits, minces et comprimés: arète extérieure de ceux de la première paire, finement dentelée.

Tarses, de quatre articles: les trois premiers, ciliés latéralement, faiblement échancrés en dessus, glabres en dessous, *le troisième seulement muni en dessous d'un appendice membraneux nu et entier:* le premier, aussi long que les deux suivants réunis; le dernier, terminé par deux crochets simples.

Espèce unique. — ELLIPOTOMA TENUIFORMIS, *M.*

178. ELLIP. — *Tab.* XL, *fig.* 5.

Notoxus tenuiformis, *Dup. coll.*

PATRIE. — La Colombie, par M.r Lebas. — Collections Dupont et Buquet.

DIMENSIONS. — Long. du corps, 2 lig. — id. du prothorax, $\frac{1}{3}$ lig. — id. des élytres, 1 et $\frac{1}{4}$ lig. — larg. de la tête, $\frac{1}{4}$ lig. — id. du prothorax, un peu moindre, environ $\frac{1}{5}$ lig. — id. des élytres, $\frac{1}{4}$ ligne comme la tête.

FORMES.— Ce *Clérite*, dont le corps est éminemment cylindrique, est aussi celui dont le corps est proportionnellement le plus étroit puisque sa longueur est à sa largeur dans le rapport de huit à un. Devant de la tête et dos du prothorax, fortement ponctués: points, ronds et distincts, un peu plus rapprochés à la partie antérieure du front. Sur chaque élytre, dix stries longitudinales, parallèles et équidistantes, de gros points enfoncés, commençant à la base ou derrière les callus et atteignant l'extrémité: cloisons transversales et intervalles longitudinaux, faiblement convexes, lisses et luisants; callus, également lisses, mais peu saillants. Dessous du corps, lisse à l'œil nu. Pélage, hérissé, d'autant plus long et plus rare que les points sont plus gros et plus distants.

COULEURS. — Antennes et pattes, testacées. Tête, prothorax, poitrine et abdomen, noirs. Labre, brun. Palpes, blanchâtres.

Élytres, obscures: vers le milieu de chaque, entre la première et la quatrième strie à partir de la suture, une tache jaunâtre quadrangulaire allant d'avant en arrière et de dehors en dedans. Poils, blanchâtres.

Sexe. — Douteux.

Le nom générique *Ellipotoma* a été tiré de deux mots grecs qui sont censés signifier, *manquer*, *article*.

XLVI. G. HYDNOCERA, *Newman*.

Antennes, *frontales* comme dans le *G. Lemidia*, *de onze articles :* 1.er article, épais, sub-globuleux; art. 1—9, semblables entr'eux, plus minces et plus longs que larges; les suivants, diminuant progressivement en longueur et augmentant moins rapidement en épaisseur; *les deux derniers*, *formant ensemble une massue solide*, *ovoïde et peu déprimée ;* premier article de la massue, le dixième de l'antenne, très grand et ressemblant à un œuf un peu aplati et tronqué très près du petit bout; dernier article qui est censé remplacer ce petit bout, tantôt arrondi, tantôt terminé en pointe, toujours très petit et paraissant privé de mobilité propre, souvent avorté et inapparent.

Yeux, comme dans la *Lémidia:* échancrure, invisible à l'œil nu et nulle en effet dans la plupart des espèces, rudimentaire dans quelques autres et alors placée au bord interne des yeux comme dans toutes les *Hydnocéroides* hors l'*Ellipotome*; sommets des deux échancrures, plus distants entr'eux que les origines des deux antennes.

Tête, plus large que le prothorax, comme dans la *Lemidia nitens*, mais par le seul effet de la grande saillie latérale des yeux. *Vertex*, également apparent, non élargi en avant, en rectangle transversal. *Front*, plus large que long, brusquement penché en avant et terminé en un plan vertical comme dans le genre précédent, se confondant insensiblement avec la *Face* et avec le *Chaperon*. La première, très courte, brusquement rétrécie en avant. Le second, peu distinct, son bord antérieur droit.

Labre, aussi long que large, couvrant l'extrémité des mandibules croisées; bord antérieur, entier et arrondi.

Dernier article des palpes maxillaires, comme dans les deux genres précédents.

Palpes labiaux, très grands, de trois articles: le deux premiers, minces, allongés, sub-cylindriques ou faiblement obconiques; le second, deux fois plus long que le premier; le troisième, beaucoup plus grand que le dernier des maxillaires, aplati et dilaté comme dans la *Lémidie* et dans l'*Ellipotome*, moins sécuriforme, plutôt en triangle renversé et tel que le côté extérieur est le plus long, les deux autres à-peu-égaux, l'interne un peu arqué et l'angle opposé au grand côté un peu obtus ou environ de cent dégrés.

Mandibules et autres *Parties de la bouche*, inobservées.

Prothorax, conformé selon le type commun aux *G. Lemidia* et *Phyllobænus:* dos, inégal; dépression antérieure, bien prononcée; côtés, dilatés vers le milieu et sans rebords. (Les différences relatives des dimensions et les accidents des contours nous fourniront quelques caractères spécifiques dont nous chercherons à tirer parti.) *Prosternum*, n'étant pas sensiblement échancré en avant. *Fosses coxales antérieures*, en arrière du milieu, entièrement fermées.

Ecusson, assez apparent, en demi-cercle.

Elytres, insensiblement rétrécies en arrière, couvrant très imparfaitement l'extrémité de l'abdomen dans le repos, visiblement plus courtes que lui quand les parties génitales sont en action; base, droite; angles antérieurs, émoussés; callus, écartés, non relevés en bosse, mais ayant ordinairement assez de saillie latérale pour couvrir les angles antérieurs; dos, plane ou très faiblement et uniformément convexe; côtés, droits d'abord, rarement parallèles, plus souvent convergents; angle sutural postérieur, ordinairement ouvert.

Pattes, minces et de moyenne longueur. *Fémurs*, peu épais: les postérieurs, atteignant l'extrémité de l'abdomen. *Tibias*, droits et cylindriques.

Tarses, déprimés, courts, ayant à-peu-près un tiers de la longueur des tibias, *de quatre articles : les trois premiers*, à-peu-près égaux entr'eux, échancrés en dessus et *munis en dessous d'un appendice membraneux grand et entier:* appendice rudimentaire d'un premier article avorté, souvent visible en dessous; dernier article, terminé par deux crochets larges à leur origine, arète interne brusquement échancrée à partir du milieu jusqu'à l'extrémité, sommet externe de l'échancrure aigu et dentiforme, extrémité en pointe courbe.

Ce genre composé exclusivement d'espèces Américaines, comprend toutes celles que M.r Dejean a rapportées à son *G. Phyllobœnus* qui n'est pas le nôtre. M.r Newman qui a donné à ce genre le nom d'*Hydnocera* que nous avons adopté, a été le premier à en donner une bonne description.

Ce serait peut-être ici le lieu de citer le *G. Theano Lap. rev. de silb. t. 4, p. 35 et 51*, dont le type *Th. pusilla id.* a certainement de grands traits de ressemblance avec l'*Hydnocera serrata Newm.* Mais M.r le Comte de Castelnau dit que sa *Théano* a une massue antennaire triarticulée et que les derniers articles de ses quatre palpes sont sécuriformes: il laisse supposer, par son silence, que les yeux sont échancrés ou réniformes comme dans la plupart des *Clérites*; puis par une étrange contradiction, à la page 51, il compte cinq articles aux tarses après n'en avoir compté que quatre à la page 35. Aucun de ces caractères n'est appliquable à nos *Hydnocères*, et pour ne pas attribuer à ce savant des pareilles méprises, j'aime mieux croire qu'il a voulu parler d'une espèce étrangère à ce genre.

L'inspection des formes m'a fourni les moyens de dresser, *indépendamment des couleurs*, le tableau suivant des espèces connues.

A. *Flancs des élytres*, bi-carénés. - - 1. HYDNOC. BICARINATA.

AA. *Flancs des élytres*, uni-carénés.

B. *Carènes latérales des élytres*, dépassant le milieu de leur longueur.

C. *Elytres*, aussi longues que l'abdomen.- - - - - - - - - 2. » HUMERALIS.

CC. *Elytres*, plus courtes que l'abdomen.- - - - - - - - - 3. » BREVIPENNIS.

BB. *Carènes latérales des élytres*, n'atteignant pas le milieu de leur longueur. - - - - - - - - 4. » SERRATA, *Newm*

AAA. *Flancs des élytres*, non carénés.

B. *Prothorax*, plus long ou aussi long que large.

C. *Corps*, n'étant pas quatre fois plus long que large.

D. *Dentelure marginale des élytres*, forte et spiniforme.

E. *Côtés du prothorax*, brusquement élargis au milieu, presque tuberculeux.

F. *Ponctuation des élytres*, très forte. - - - - 5. » CINCTA.

FF. *Ponctuation des élytres*, moyenne. - - - - 6. » LIMBATA.

EE. *Côtés du prothorax*, droits et sub-parallèles. - - - 7. » LINEATOCOLLIS

DD. *Dentelure des élytres*, fine et serrée. - - - - - - - 8. » SUB-ÆREA.

CC. *Corps*, quatre fois plus long que large. - - - - - - - - 9. » AZUREA.

BB. *Prothorax*, plus large que long. - 10. » PUNCTATA.

1. Hydnocera bicarinata, *M.*

179. Hydn. elytris extus bicarinatis. — *Tab.* xxxlx, *fig.* 1.
♂. Clerus curvipennis, *Dup. coll.*
♀. » Megascelisoides, *id. ib.*

Dimensions. — Long. du corps, 2 et $\frac{2}{7}$ lig. — id. du prothorax, $\frac{1}{3}$ lig. — id. des élytres, 1 lig. — larg. de la tête, $\frac{1}{3}$ lig. — id. du prothorax, $\frac{1}{4}$ lig. — id. de la base des élytres, $\frac{1}{3}$ ligne.

Formes. — Devant de la tête, ponctué et pubescent: poils, épais et hérissés. Haut du front, vertex et dos du prothorax, luisants; points, plus petits et clair-semés; poils, très rares. Dépression antérieure du prothorax, courte, mais bien prononcée: côtés, droits et parallèles le long de cette dépression, dilatés au-delà, atteignant le maximum de la largeur avant le milieu, fléchis ensuite et rentrants en arrière; dilatations latérales, sub-tuberculiformes; bord postérieur, plus étroit que l'antérieur; sillon sous-marginal, effacé. Élytres, atteignant à peine l'extrémité de l'abdomen, insensiblement rétrécies en arrière: bord extérieur, sinueux et rebordé, rebord finement dentelé; extrémité, en demie ellipse; bord postérieur, rebordé et dentelé, dents fortes et spiniformes; angle sutural, ouvert et aigu; dos, ponctué à points enfoncés gros et distants; espaces intermédiaires, lisses et luisants: ponctuation des flancs, semblable, mais plus serrée: deux côtes longitudinales, élevées en carènes tranchantes; la première, dorsale, commençant derrière le callus et disparaissant brusquement vers le milieu; la seconde, latérale, partant de la base près du sommet de l'angle antérieur, parallèle au bord extérieur et atteignant l'extrémité.

Couleurs. — Antennes, obscures. Tête, corcelet et abdomen, noirs bronzés. Élytres, brunes. Pattes, de la même couleur: hanches, genoux et premiers articles des tarses, testacés. Poils, qlanchâtres.

Sexe. — La dernière plaque ventrale est largement échancrée dans le mâle, elle est arrondie dans la femelle. M.r Dupont m'a fourni les deux sexes. Des deux noms spécifiques qu'il a employés, le premier, *Curvipennis*, n'est pas exact, car si on voulait faire allusion à la légère courbure du bord extérieur, il faudrait dire *Curvimargo*; le second, *Megascelisoides*, propose comme termes de comparaison, des insectes exotiques qui sont peu répandus dans les collections, et en conséquence, il suppose connu ce qui peut être inconnu. Celui que je leur ai substitué, exprime au contraire un fait qui est constaté et que je crois exclusif.

2. Hydnocera humeralis, *M.*

180. Hydn. elytris extus unicarinatis, carinulâ a basi ultra medium productâ, abdomine vix elytra longitudine æquante. — *Tab.* xxxix, *fig.* 2.

♀. Phyllobænus humeralis, *Dej. loc. cit. p.* 127.
Clerus humeralis, *Germar. sp. nov. ins.* 1, 30, 157.

♂. Phyllobænus axillaris, *Dej. loc. cit. p.* 127.

Var. A, Phyllobænus cyaneus, *id. ib.*

Patrie. — L'Amérique septentrionale.

Dimensions. Long. du corps, 2 lig. — id. du prothorax, ½ lig. — id. des élytres, 1 et ⅓ lig. — larg. de la tête, ½ lig. — id. du prothorax à son maximum, toujours un peu moindre que celle de la tête. — id. de la base des élytres, ⅔ ligne.

Formes. — Corps, ponctué et pubescent: poils, fins, hérissés et d'autant plus rares que la ponctuation est moins serrée; points, petits et distincts sur le devant de la tête, également petits mais plus distants sur le dos du prothorax, plus gros, plus profonds et plus rapprochés à la surface des élytres; aucune trace de stries, sur celles-ci. Dépression antérieure du prothorax, insensiblement dilatée vers le milieu du dos: côtés, droits d'abord et sub-parallèles, arqués et dilatés en arrière de la dépression, atteignant le maximum vers le milieu de la longueur, doucement infléchis au-delà et plus ou moins rentrants près du bord postérieur: rebord de celui-ci, épais; disque, faiblement et uniformément convexe, mais ayant deux petites fossettes latérales ensorte que la dilatation vue de côté a l'apparence d'un tubercule qu'elle n'a pas quand elle est vue de face. Surface des élytres, également convexe; carène unique, partant des angles antérieurs, longeant de très près le bord extérieur et le rejoignant un peu au-delà du milieu; côtés, droits et un peu convergents; bord postérieur, en arc de courbe à faible courbure; angle sutural, obtus; contour extérieur, finement crénelé, crénelures obtuses.

Couleurs. — Antennes, labre et palpes, fauves ou testacés. Tête, corcelet et abdomen, noirs-bleuâtres et luisants dans les parties dénuées de poils. Élytres, de la même couleur, moins luisantes; une grande tache rouge ou orangée, au dessus de callus, en contact avec la carène sous-marginale et brusquement terminée en dedans à une certaine distance de la suture.

Sexe. — Dans les femelles, le dernier anneau de l'abdomen est postérieurement arrondi, sa plaque ventrale est concave et à peine un peu plus courte que la dorsale. Dans les mâles, la dernière plaque ventrale est large et profondément échancrée, la dorsale correspondante est deux fois plus longue, rétrécie et tronquée en arrière. Indépendamment de ces traits absolus et constants, on reconnaîtra encore les mâles à leur taille plus petite et plus svelte, à leur massue antennaire plus oblongue, à l'impression suturale qui est censée séparer les deux derniers articles oblique, aux côtés du prothorax plus rentrants en arrière, au bord postérieur de celui-ci proportionnellement plus étroit, à la surface des élytres plus luisante et à l'abdomen dépassant quelquefois l'extrémité des élytres. — Deux femelles et deux mâles, de l'ancienne collection Dejean.

Variétés. — La couleur des pattes m'a paru trop variable pour en faire mention dans la description du type. Dans une femelle, de Savannah, que Mr Dejean avait eue de Mr Vontheim, elles sont presque entièrement de la couleur du corps et à peine apperçoit-on un peu de rougeâtre à la base des trochanters, aux genoux et aux premiers articles des tarses. Dans une autre femelle, rapportée des États-Unis par Mr Leconte, la teinte rougeâtre est plus claire et passe au testacé pâle, cette couleur domine davantage sur les pattes de la première paire qui n'ont plus du noir bleuâtre qu'aux hanches et qu'à la face antérieure des fémurs. Des deux mâles de la même collection, le premier a ses pattes semblables à celles de la seconde femelle, le second a aux pattes intermédiaires et postérieures les mêmes couleurs qu'aux antérieures. Enfin dans la Var. A, les pattes sont entièrement téstacées tandis que la tache claire humérale est tout-à-fait effacée.

Obs. — J'ai dû exprimer des doutes sur le synonime emprunté au Dr Germar. L'auteur dit de son espèce, *antennæ.... articulis tribus ultimis clavam efformantibus.* Si cette particularité était exacte, il en serait du *Cl. Humeralis* comme de la *Theano pusilla,* ces deux insectes ne seraient pas des *Hydnocères.*

3. Hydnocera brevipennis, *M.*

181. Hydn. elytris extus unicarinatis, carinulà ultra medium productâ, abdomine elytris manifestò longiore. — *Tab.* xxxix, *fig.* 3.

Clerus brevipennis, *Dup. coll.*

Patrie. — Colombie, Mr Lebas.

Dimensions. — Long. du corps, 1 et 1/2 lig. — id. du prothorax, 1/3 lig. — id. des élytres, 1/2 lig. — id. de l'arrière-corps, pris du bord antérieur du mésothorax jusqu'à l'extrémité de l'abdomen, 1 lig. — larg. de la tête, 1/3 lig. — id. du prothorax, 1/4 lig. — id. de la base des élytres, 2/3 ligne.

Formes. — Tête et antennes, comme dans les précédents. Dos du prothorax, lisse et glabre à l'œil nu, faiblement et uniformément convexe: dépression antérieure, bien prononcée, non dilatée en arrière, brusquement séparée du disque par un sillon droit et parallèle au bord antérieur; sillon sous-marginal, très étroit et peu profond; côtés, arqués et dilatés immédiatement après la dépression, ayant leur maximum de largeur vers le milieu de la longueur totale du prothorax et atteignant sans inflexion les angles postérieurs; bords opposés, à-peu-près de la même largeur. Élytres, proportionnellement plus courtes que dans l'*Humeralis*: carène latérale, semblable; ponctuation dorsale, un peu plus forte; contour, plus fortement dentélé et serriforme; dents du bord postérieur, aiguës et spiniformes. Abdomen, dépassant visiblement l'extrémité des élytres. Pattes, comme dans la précédente.

Couleurs. — Antennes et pattes, testacées pâles. Tête, noire: labre, palpes et autres parties de la bouche hors les mandibules, pâles. Prothorax, jaune. Élytres, brunes sans taches. Poitrine et abdomen, noirs. Poils, blanchâtres.

Sexe. — Dans les femelles, l'abdomen conserve la même largeur aux trois premiers anneaux dont les bords latéraux sont droits et sub-parallèles: aux deux derniers, les côtés se courbent insensiblement et convergent l'un vers l'autre; les deux plaques du cinquième et dernier anneau terminent postérieurement en sommets d'ellipses, la dorsale étant la plus étroite et la plus longue. Deux individus, fournis par M.r Dupont. — Mâle, inconnu.

4. Hydnocera serrata, *Newman*.

182. Hydn. elytris extus unicarinatis, carinulâ ante medium obliteratâ. — *Tab.* xxxix, *fig.* 4.

Hydnocera serrata, *Newm. ent. mag. t.* v. *p.* 380.

Phyllobænus quadrimaculatus, *Dej. loc. cit. p.* 127.

Patrie. — Carthagène, M.r Lebas. — Amérique septentrionale, province de l'Ohio, M.r Plaisunt selon M.r Newman.

Dimensions et Formes. — Assez ressemblantes à celles de l'*Humeralis* pour que nous puissions nous en tenir à une description comparative. Taille, plus petite: long. du corps, 1 et $\frac{1}{3}$ ligne, Prothorax, proportionnellement plus étroit, son maximum de largeur étant à celui de la tête dans le rapport de trois à quatre: dos, uniformément convexe; dépression antérieure, moins bien prononcée, plus courte et non dilatée en arrière; côtés, atteignant le maximum dès le premier tiers de la longueur, infléchis et rentrants dès le second tiers, parallèles ensuite jusqu'aux angles postérieurs; ceux-ci, droits. Carène latérale des élytres, plus distante du bord extérieur, droite, parallèle à l'axe du corps et disparaissant brusquement avant le milieu.

Couleurs. — Antennes, pattes et organes manducatoires, testacés. Tête, corcelet et abdomen, bruns noirâtres. Élytres, d'un brun moins foncé avec deux grandes taches rougeâtres: la première, près de la base, entre le callus et la suture; la seconde, à l'extrémité, prenant à-peu-près le dernier quart de l'élytre. Poils, blanchâtres.

Sexe. — Un mâle, de l'ancienne collection Dejean.

5. Hydnocera cincta, *M.*

183. Hydn. elytris neutiquam carinatis, prothorace vix æquè longo ac lato utrinque abruptè sub-tuberculato, corpore vix triplo longiore quam latiore, elytrorum margine postico spinoso dentato dorsoque punctis majoribus excavato — *Tab.* xxxix, *fig.* 5.

Patrie. — Cayenne, collection Buquet.

Dimensions. — Long. du corps, 2 lig. — id. du prothorax, $\frac{1}{2}$ lig. — id. des élytres, 1 et $\frac{1}{3}$ lig. larg. de la tête, $\frac{1}{2}$ lig. —

id. du prothorax à son maximum, $\frac{1}{3}$ lig. — id. de la base des élytres, $\frac{1}{2}$ ligne.

Formes. — Antennes, tête, prothorax et pattes, comme dans l'*Humeralis.* Élytres, proportionnellement plus étroites, dépassant l'extrémité de l'abdomen; côtés, droits et parallèles, ne commençant à se rapprocher que très près de l'extrémité; bord postérieur, très faiblement arqué et paraissant coupé en ligne droite; angle sutural, à peine ouvert; carène latérale, nulle; dentelures du contour, aussi fines que dans l'*Humeralis*; ponctuation du dos, très remarquable par la grosseur et par la profondeur des points, particularités qui distinguent très bien cette espèce de toutes les précédentes et qui font paraître ses élytres plutôt scrobiculées que ponctuées. Pélage, rare.

Couleurs. — Antennes, obscures: base, testacée, Tête, corcelet, élytres et abdomen, noirs. Sur le dos de chaque élytre, une bande transversale blanche, de moyenne largeur, n'atteignant, ni la suture, ni le bord extérieur. Poils, blanchâtres.

Sexe. — Douteux, dans l'exemplaire unique que M.r Buquet a eu la bonté de me communiquer et qui avait été endommagé dans le transport de Paris à Gênes. Je le crois du sexe féminin.

6. Hydnocera limbata, *M.*

184. Hydn. élytris neutiquam carinatis, prothorace vix æquè longo ac lato utrinque abruptè sub-tuberculato, corpore vix triplo latiore quam longiore, elytrorum margine postico spinoso dentato dorsoque subtilius punctulato. — *Tab.* xxxix, *fig.* 6.

♂. Phyllobænus limbatus, *Dej. loc. cit. p.* 127.

♀. » transversalis, *id. ib.*

Var. A. » æquinoctialis, *id. ib.*

Patrie. — L'Amérique septentrionale, M.r Leconte. — La Colombie, M.r Lebas.

Dimensions. — Long. du corps, 1 et $\frac{1}{3}$ lig. — id. du prothorax, $\frac{1}{3}$ lig. — id. des élytres, 1 lig. — larg. de la tête, $\frac{1}{2}$ lig. — id. du prothorax, $\frac{1}{3}$ lig. — id. de la base des élytres, $\frac{2}{3}$ ligne.

Formes. — Antennes, tête, ponctuation et pubescence de l'avant-corps, comme dans l'*Humeralis*. Dépression antérieure du prothorax, moins bien prononcée et n'étant pas dilatée en arrière; côtés, bisinueux, dilatation latérale sub-tuberculiforme, angles postérieurs droits comme dans la *Serrata*. Élytres, finement ponctuées, sans carènes latérales; côtés, droits, convergents, dentelés; dentelures, serriformes; bord postérieur, arrondi, plus fortement denté, dents aiguës et spiniformes; angle sutural, ouvert et aigu.

Couleurs. — Antennes et pattes, testacées. Tête, prothorax, écusson et dessous du corps, noirs. Élytres, testacées: suture et extrémité, noires, Poils, blanchâtres.

Sexe. — Dans le mâle, les derniers anneaux de l'abdomen sont semblables au ceux de l'*Humeralis* du même sexe, la dernière plaque dorsale seulement est proportionnellement moins longue et son extrémité est plus arrondie. Un individu, de l'ancienne collection Dejean, dont les parties génitales sont en évidence et chez lequel l'extrémité de l'abdomen dépasse celle des élytres. — La femelle est plus grande, ses élytres sont aussi longues que l'abdomen.

Variétés. — La couleur noire domine quelquefois sur les élytres: tantôt elle remonte le long du bord extérieur, les élytres sont alors testacées et entourées de noir; tantôt la lisière extérieure communique avec la lisière suturale au moyen d'une bande transversale également noire ou brune, on peut dire alors que les élytres sont noires avec deux grandes taches testacées. Les couleurs semblent autrement distribuées sur des individus Colombiens qui répondent à notre Var. A et que M.r Dejean a pris pour types d'une espèce distincte. Après un examen consciencieux, je me suis convaincu que les formes ne fournissent aucun caractère tranché. Voici en quoi consistent les accidents des couleurs. Deux raies obscures, sur les flancs du prothorax : extrémités tarsiennes des tibias postérieurs, tarses de la même paire, noirs.

7. Hydnocera lineatocollis, *M.*

185. Hydn. elytris neutiquam carinatis, prothorace plus longiore quam latiore, lateribus rectis sub parallelis, corpore ferè triplo longiore quam latiore, elytrorum margine postico spinoso-dentato. — *Tab.* xl, *fig.* 1.

Phillobænus lineatocollis, *Dej. loc. cit. p.* 127.

Patrie. L'Amérique septentrionale, M.r Leconte.

Dimensions et Formes. — Semblables à celles de la précédente. Prothorax, de la même longueur, proportionnellement plus étroit, la largeur étant à la longueur dans le rapport de deux à trois, tandis que dans la *Limbata*, elle est dans celui de quatre à cinq: côtés, légèrement bisinués; dilatations latérales, peu apparentes et non tuberculiformes, atteignant le maximum dès le premier tiers de la longueur totale du prothorax; bords opposés, à-peu-près égaux.

Couleurs. — Antennes, tête et pattes, testacées blanchâtres: une tache linéaire et longitudinale noire, au milieu du vertex. Yeux, obscurs. Dos du prothorax, testacé et liseré de noir, lisière dilatée au bord postérieur. Écusson, prosternum et dessous du corps, noirs. Poils, blanchâtres.

8. Hynocera sub ænea, *M.*

186. Hydn. elytris neutiquam carinatis, prothorace vix plus longiore quam latiore, corpore vix triplo longiore quam latiore, elytrorum margine postico subtilissimè denticulato. — *Tab.* xl, *fig.* 2.

Phyllobænus sub-æneus, *Dej. loc. cit. p.* 127.

Patrie. — L'Amérique septentrionale, M.r Leconte.

Dimensions et **Formes.** — Elles nous ramènent à celles de l'*Humeralis* dont nous nous dispenserons de répéter les détails. Taille, plus petite: long. du corps, 1 et ½ ligne Dos du prothorax, également convexe et sans fossettes latérales. Élytres, plus courtes que l'abdomen; côtés, peu convergents; extrémités, arrondies; angle sutural postérieur, ouvert et obtus; dentelures du contour extérieur, aussi fines et aussi serrées que dans l'*Humeralis*, mais plus aiguës à l'extrémité; carènes latérales, nulles.

Couleurs. — Antennes et pièces de la bouche hors les mandibules, testacées pâles. Tête, corcelet, écusson et abdomen, noirs bronzés. Élytres, mattes, noirâtres et lavées de testacé-rougeâtre près de l'écusson. Pattes, brunes: genoux, extrémités tarsiennes des tibias, tarses, testacés ou rougeâtres.

Sexe. — Trois femelles, de l'ancienne collection Dejean. Mâle, inconnu.

Variétés. — La teinte des pattes est variable. Lorsque le brun ou le noirâtre domine, les tibias et les tarses de la troisième paire sont entièrement de cette couleur. Lorsque la teinte claire, rougeâtre ou testacée, a le dessus, elle se propage sur les pattes antérieures et alors les fémurs de cette paire n'ont plus de tache obscure.

9. Hydnocera azurea, *M.*

187. Hydn. elytris neutiquam carinatis, prothorace duplo longiore quam latiore, corpore quoque plus quadruplo longiore quam latiore. — *Tab.* xl, *fig.* 3.

Clerus azureus, *Dup. coll.*

Patrie. — Colombie, M.r Lebas.

Dimensions. — Long. du corps, 2 et ¼ lig. — id. du prothorax, ⅔ lig. — id. des élytres, 1 et ⅓ lig. — larg. de la tête, $\frac{2}{3}$ lig. — id. du prothorax, $\frac{1}{3}$ lig. — id. de la base des élytres, $\frac{1}{2}$ ligne.

Formes. — Corps, très étroit proportionnellement à sa longueur, luisant d'un bel éclat métallique, peu velu: poils, fins et hérissés. Tête, proportionnellement un peu plus large que dans les autres congénères, labre et mandibules un peu plus avancés, échancrure oculaire plus apparente. Thorax, sub-cylindrique, deux fois plus long que large; dépression antérieure, apparente au milieu du dos, effacée sur les flancs; côtés, droits et parallèles près des angles antérieurs et postérieurs, insensiblement arrondis et très faiblement dilatés vers le milieu, circonstance qui les rend réellement bisinués quoiqu'ils semblent droits au premier aspect; bords opposés, droits et égaux en largeur. Élytres, très étroites, atteignant l'extrémité de l'abdomen, uniformément convexes: côtés, un peu convergents, droits de la base à l'extrémité; celle-ci, coupée en ligne droite; angle sutural postérieur ouvert, ouverture peu rentrante; ponctuation de la surface, plus forte que celle de l'avant-corps, bien distincte; carène latérale, nulle; contour, dentelé en scie; dents de la scie, aiguës, plus longues et plus fortes au bord postérieur.

Couleurs. — Antennes, brunes; massue, jaune. Labre et autres parties de la bouche, jaunes. Pattes, de la même couleur: extrémités des tarses et onglets, noirâtres. Tête, corcelet, écusson, élytres et dessous du corps, d'un beau bleu métallique: sur chaque élytre, deux taches jaunes ou orangées; la première, aux angles antéro-internes, longeant l'écusson; la seconde, petite et ponctiforme, vers le milieu, plus rapprochée du bord extérieur que de la suture. Poils, blancs.

Sexe. — Douteux, dans l'exemplaire que j'ai eu de M.r Dupont.

Obs. — Sous le rapport du facies, cette espèce parait faire le passage aux *Ellipotomes*. Par ses autres caractères, elle en est aussi éloignée que toute autre *Hydnocère*.

10. Hydnocera punctata, *M.*

188. Hydn. elytris neutiquam carinatis, prothorace deplanato plus latiore quam longiore. — *Tab.* xl, *fig.* 4.

Phyllobænus punctatus, *Dej. loc. cit. p.* 127.

Dimensions. — Long. du corps, 2 lig. — id. du prothorax, $\frac{1}{3}$ lig. — id. des élytres, 1 et $\frac{1}{2}$ lig. — larg. de la tête, $\frac{3}{5}$ lig. — id du prothorax, $\frac{1}{2}$ lig. — id. de la base des élytres, $\frac{3}{5}$ ligne.

Formes. — Elles nous rappellent celles de la *Cincta* qui a d'ailleurs le même manteau. Cependant je crois la *Punctata* assez distincte et assez bien caractérisée par les traits suivants qui sont peu nombreux, à la vérité, mais qui sont bien tranchés: 1.° prothorax, évidemment plus large que long; 2.° surface de son disque, plane, 3.° ponctuation de son dos, aussi forte que celle des élytres. Ajoutons que celle-ci même est un peu moindre que dans la *Cincta*, que la dentelure marginale est moins aiguë, que le pélage est plus long et plus abondant.

Couleurs. — Antennes, corps et pattes, bruns: palpes et autres pièces inférieures de la bouche, tarses et tibias, testacés. Sur chaque élytre, vers le milieu, une bande transversale jaune, étroite et atteignant les deux bords. Poils, blancs.

Sexe. — Une femelle, de l'ancienne collection Dejean. Mâle, inconnu.

TROISIÈME SOUS-FAMILLE.

CLÉRITES PLATYNOPTÉROÏDES.

Prothorax, formé de deux pièces seulement, une supérieure ou *Tergum*, l'autre inférieure ou *Prosternum.*

Élytres, dilatées latéralement, leurs bords extérieurs s'écartant plus ou moins des côtés de l'abdomen.

XLVII. G. ERYMANTHUS, *Klug.*

Antennes, plus courtes que la tête et le prothorax réunis, *faciales* comme dans la première sous-famille c. à d. ayant leur origine au-devant et au-dessous des yeux, vis-à-vis de l'échancrure oculaire, *de onze articles:* le premier, le plus grand de tous, épais, obconique, ne remontant tout-au-plus que jusqu'au centre de l'œil du même côté; second et troisième, minces à leur origine, plus longs que larges, faiblement renflés un peu avant leur extrémité qui est tronquée; art. 4—8, obconiques, à articulations moins distinctes, diminuant peu à peu en longueur sans augmenter en épaisseur, ensorte que le septième et le huitième sont plus larges que longs; *les trois derniers, formant ensemble une espèce de massue aplatie et serriforme*, plus courte que les art. 2—8 réunis, à articulations assez distinctes; premier article de la massue, trois fois plus large que l'article qui le précède, en trapèze élargi en avant, un peu plus dilaté du côté interne que du côté opposé, le premier arqué, le second droit, extrémité tronquée, angles antéro-internes ou dents de la scie aigus; second article, semblable au précédent, de la même largeur, un peu plus court; le dernier, un peu plus grand que chacun des deux autres, en ovale un peu oblong, rétréci à son origine, plus large et plus arrondi à son extrémité.

Yeux, latéraux, distants, conformés comme dans les *Cléroïdes*, c. à d, transversaux, réniformes, largement échancrés en dessous ou en avant.

Tête, presque aussi longue que le prothorax. *Vertex*, aussi grand que le front. *Front*, deux fois au moins plus large que long, insensiblement penché en avant, nettement séparé de la *Face* par un sillon sutural assez profond. Celle-ci, courte, transversale, son bord antérieur droit. *Chaperon*, très court et très déprimé peu apparent.

Labre, plus grand que le chaperon, ne couvrant pas l'extrémité des mandibules en repos, largement et profondément échancré en croissant.

Mandibules, trièdres: face extérieure, penchée de haut en bas et de dedans en dehors, uniformément convexe de la base à l'extrémité, étroite et terminée en pointe; face supérieure, un peu concave, en triangle dont la base et le côté interne sont droits et dont le côté extérieur est arqué; face inférieure, plane, semblable à la précédente avec laquelle elle a deux côtés communs, mais plus large en raison de la différente grandeur du côté extérieur; arète interne de chaque mandibule, en contact immédiat avec l'arète homologue de l'autre presque dès l'origine, droite et parallèle à l'axe du corps, tranchante et faiblement dentelée, dentelures obtuses et telles qu'elles s'engrènent à peine sans se croiser.

Palpes maxillaires, de quatre articles: les trois premiers, courts, épais, obconiques, augmentant à la fois en longueur et en épaisseur; le dernier, aussi long que les trois autres réunis, très aplati, un peu dilaté, en forme de palette allongée et trapézoïdale.

Le défaut de matériaux me condamne à laisser de grandes lacunes dans la description des autres parties de la bouche. L'exemplaire unique que M.r Klug avait donné à M.r Dejean et que j'ai trouvé parmi les *Térédiles* que j'ai achetés, a perdu presque toutes ses pièces manducatoires. Il est clair qu'on les a détachées pour les soumettre à une dissection. Je n'ai retrouvé qu'un reste de la machoire avec son palpe entier. A en juger par ces restes imparfaits, cette machoire parait composée de trois pièces. La première ou *la tige* est cornée et épaisse, droite et cylindrique d'abord, puis grossie et bifurquée à l'extrémité de manière que le palpe est inséré sur la bifurcation extérieure tandis que la seconde pièce est articulée avec la bifurcation interne: cette seconde pièce, encore cornée et cylindrique, plus étroite et plus courte que l'autre, est coupée obliquement d'avant en arrière et de dehors en dedans; la troisième ou *le lobe terminal* est encore plus courte, aplatie, membraneuse, arrondie et ciliée.

Prothorax, sub-cylindrique. *Tergum*, entièrement soudé avec les *Episternes*, nettement séparé du *Prosternum* par une suture qui est caréniforme en avant des fosses coxales et sulciforme en arrière des mêmes: dépression antérieure, peu prononcée; disque, inégal; flancs, peu renflés; bords opposés, à-peu-près égaux en largeur, le postérieur rebordé, rebord ne remontant pas sur les flancs.

Prosternum, un peu échancré et concave en avant, très rétréci entre les hanches antérieures, plane et un peu dilaté au-delà, atteignant le bord postérieur: celui-ci, droit et entier. *Fosses coxales antérieures*, un peu en arrière du milieu et très rapprochées, rondes et *complètement fermées.*

Poitrine, peu renflée: mésothorax, rétréci en avant et prolongé en demi-cylindre au dessous du prothorax.

Ventre, plane: tous ses anneaux, entiers; le dernier, arrondi.

Elytres, dépassant l'extrémité de l'abdomen: base, droite; angles antérieurs, émoussés et complètement masqués par les callus; côtés, droits et parallèles de la base jusqu'à la moitié de la longueur, insensiblement dilatés au-delà, s'écartant alors visiblement du contour de l'abdomen et décrivant, moyennant leur réunion à l'extrémité de la suture, un espèce d'ellipse peu excentrique, largement ouverte en avant et atteignant son maximum de largeur vers les trois quarts de la longueur de l'élytre; angle sutural postérieur, fermé; surface, inégalement convexe, d'abord plane ou déprimée près de la suture et brusquement renversée sur les flancs, puis s'élevant peu à peu latéralement à mesure que ses bords s'écartent de ceux l'abdomen au point qu'elle est également et très faiblement convexe dans sa moitié postérieure.

Pattes, fortes et de moyenne grandeur. Hanches antérieures, coniques. *Fémurs antérieurs*, d'une structure très remarquable, plus grands, plus épais que les autres, *très renflés*, *ayant leur face inférieure pourvue*, *dans toute sa longueur*, *de plusieurs rangées longitudinales de crins raides et spiniformes. Tibias* de la même paire, *trigones* et arqués: face extérieure, convexe et rebordée, rebord en bourrelet; faces latérales, planes; *arète* intermédiaire ou *inférieure*, arquée en dessous de manière à se poser aisément contre le fémur, non rebordée et *garnie de crins raides semblables à ceux du fémur*. Fémurs et tibias des quatre pattes postérieures, dépourvus de crins, tibias intermédiaires arqués, postérieurs droits.

Tarses, courts, épais, *de quatre articles seulement*: les trois premiers, à-peu-près égaux entr'eux, bifides en dessus, munis en dessous d'un appendice membraneux, bien apparent, entier et arrondi; le dernier, un peu plus long que chacun des précédents, sans appendice, terminé par deux crochets simples.

Si nous nous arrêtons actuellement et si nous comparons les traits particuliers du *G. Erymanthus* avec les caractères communs à touts les *Clérites* de nos deux premières sous-familles, nous sommes d'abord frappés des contrastes qu'ils nous offrent et nous en venons ensuite à nous demander, si des différences de formes aussi imposantes ne répondent pas à des différences de moeurs de quelque importance. Cette vérité ne me semble pas douteuse, mais c'est à l'expérience, c'est à l'observation, à nous la prouver. Les formes d'un animal peuvent nous montrer les limites de ses moyens, mais elles ne nous disent pas le secret de sa volonté. Ne nous hâtons pas d'imaginer un système d'après des conjectures plus ou moins probables. S'il est également vrai que plusieurs chemins conduisent au même but et que le même chemin peut conduire à des buts différents, ne nous embarrassons pas de ce but que nous ne voyons pas et contentons nous de tirer des faits connus, les seules conséquences qui en découlent nécessairement.

D'abord la dilatation de la moitié postérieure des élytres est un fait étranger à touts les *Clérites* dont il a été question jusqu'à présent, le *G. Erymanthus* est le premier à nous en offrir un exemple. Il est évident que des élytres ainsi conformées gêneraient l'animal s'il voulait parcourir des conduits étroits et tortueux. Donc il ne saurait être à son aise dans les lieux où les *Thanasimes* et les *Notoxes* déposent leurs œufs et où ils subissent leurs métamorphoses. Donc les *Erymanthes* doivent choisir d'autres habitations.

En second lieu, ces élytres, devenues si embarrassantes par l'acroissement de leur volume, n'en seront peut-être que plus propres à remplir leur emploi principal. Or dans l'ordre des Coléoptères, le principal emploi des élytres consiste à servir d'étui aux ailes et à l'abdomen, et puisque l'abdomen des *Erymanthes* ne sort pas des dimensions ordinaires, il faut bien que la grandeur des ailes soit la cause de la grandeur de l'étui.

Mais un surcroit de développement dans l'organe d'une faculté suppose un accroissement dans la faculté elle-même. Donc les *Erymanthes* volent avec plus de facilité que les *Clérites* précédents, donc ils peuvent mener une vie moins sédentaire et s'éloigner davantage des lieux qui les ont vu naître.

Des fémurs renflés sont pésants, des tibias arqués sont plus faibles que des tibias droits, des pattes courtes sont peu propres à la course, donc les *Erymanthes* sont aussi disgraciés sous le rapport de la marche qu'ils sont avantagés sous celui du vol. Mais le vice de conformation qui donne de l'infériorité à un organe dans l'exercice de son emploi principal, lui donne souvent en compensation une supériorité réelle dans un autre emploi secondaire. Cette compensation est ici manifeste. Les tibias des pattes antérieures peuvent se replier, dans les *Erymanthes*, contre les fémurs de la même paire, et ils se replient sans obtenir cette diminution de volume qui est si utile à d'autres insectes dans les intervalles du sommeil et du repos volontaire. Ils se replient sans que les faces en regard se collent immédiatement l'une contre l'autre, et cela, parce qu'elle sont tenues à distance par des crins capables de resister à la pression et d'exercer une action offensive. Cela posé, n'est-il pas clair que ces pattes que leur difformité a rendues peu propres à la marche ou à la course, sont devenues de bons *Instruments de préhension* et qu'elles sont compensées de leur infériorité dans l'emploi principal par leur supériorité dans l'emploi secondaire? Donc les *Erymanthes* sont mieux organisés pour s'emparer de certains corps étrangers, pour les retenir pendant un certain temps et pour les transporter à une certaine distance.

Ces resultats peuvent paraître un peu vagues, mais par cela même, ils n'en sont que mieux démontrés et ils sont suffisants pour nous prouver que *le G. Erymanthus Kl. est* N*ATUREL.*

Espèce unique. — Erymanthus gemmatus, *Klug.*

189. Erym. — *Tab.* xli, *fig.* 5.

Erymanthus gemmatus, *Klug in coll. Dej.*

Patrie. — Le Cap de Bonne-Espérance.

Dimensions. — Long. de la tête prise à partir de l'extrémité des mandibules jusqu'au bord postérieur, 1 lig. — id. du prothorax, 1 lig. — id. des élytres, 3 lig. — larg. de la tête à la hauteur des yeux, $\frac{2}{3}$ lig. — id. du prothorax à son maximum, $\frac{2}{3}$ lig. — id. des élytres dans leur première moitié, 1 lig. — id. des mêmes au maximum de la seconde moitié, 1 et $\frac{1}{2}$ ligne.

Formes. — Corps, luisant et légèrement pubescent : ponctuation du dos, très fine et visible seulement à la loupe. Dessous du corps, plus finement pointillé. Poils, très rares, longs, fins et hérissés, plus abondants en dessous. Deux faibles dépressions plus fortement ponctuées, au milieu du front. Neuf rangées longitudinales de gros points enfoncés, commençant à la base des élytres ou derrière les callus et disparaissant brusquement vers le milieu : espaces intermédiaires, planes ; callus, grands, lisses et luisants ; points, s'élevant insensiblement au-delà du milieu et se changeant en petits tubercules perforés et piligères, rangés d'abord en stries, s'écartant de cette marche régulière à mesure qu'ils s'approchent de l'extrémité, inégaux alors, épars et inéquidistants ; espaces intermédiaires, moins déprimés que dans la moitié antérieure, quelques-uns d'entr'eux occupés par une touffe épaisse de poils longs et hérissés. Tarses, velus en dessus.

Couleurs. — Antennes, corps et pattes, testacés roussâtres. Massue antennaire, une tache allongée et dilatée en avant sur la ligne médiane du front et du vertex, cinq taches rondes 2, 1 et 2, sur le dos du prothorax, une raie longitudinale sur chacun de ses côtés, écusson, certains espaces déprimés à la surface des élytres, trochanters, une tache médiane aux fémurs antérieurs, base des tibias, fémurs des quatre pattes postérieures, noirs. Tarses, bruns: appendices, noirâtres. Poils, épars, blanchâtres: touffes épaisses, noires.

Sexe. — Douteux, dans l'exemplaire unique de l'ancienne collection Dejean: je le crois cependant, une femelle.

XLVIII. G. PLATYNOPTERA, *Laporte*.

Antennes, plus longues que la tête et le prothorax pris ensemble, *faciales* comme dans le genre précédent, *de onze articles*; le premier, épais, recourbé en arrière, remontant au haut du front; *art.* 2—8, courts, épais, quelquefois moniliformes, le plus souvent obconiques, toujours plus ou moins *aplatis* et l'étant quelquefois autant que les trois derniers, *d'inégale grandeur*, *le second étant le plus long*, *le septième étant le plus large*, *le huitième étant très petit et peu apparent*; *art.* 9—11, *formant ensemble une espèce de massue serriforme*, aplatie et plus longue que le reste de l'antenne; art. 9.e et 10.e, à-peu-près égaux entr'eux, en triangles renversés dont le sommet est tronqué, notablement plus longs que larges, échancrés à leurs extrémités, à angles antéro-internes plus ou moins prolongés en avant; le dernier, ovato-oblong, étroit, plus long que chacun des deux précédents.

La *Tête* et les *Yeux* rentrent dans le type commun des *G. Enoplium* et *Pelonium* auxquels nous renvoyons le lecteur pour ne pas nous répéter. Nous pourrons en dire autant de la plupart des parties de la bouche.

Derniers articles des *Palpes*, aplatis et en triangles renversés: le dernier des *Labiaux*, presque équilatéral; le dernier des *Maxillaires*, plus étroit et plus allongé, le rapport de la largeur à la longueur n'étant jamais moins de un à deux et pouvant être de un à quatre.

Dos du *Prothorax*, plane ou très faiblement convexe, brusquement renversé sur les côtés. *Prosternum* concave, largement échancré en avant, brusquement rétréci en arrière, terminé en pointe entre les pattes antérieures, n'atteignant pas le bord postérieur. *Fosses coxales antérieures*, ouvertes en arrière.

Corps, étroit et déprimé. *Métapectus*, peu renflé. *Ventre*, plane, côtés sub-parallèles, extrémité arrondie.

Ecusson, petit, en demi-cercle.

Elytres, faiblement convexes près de la base, plus ou moins aplaties et dilatées au-delà, s'écartant de l'abdomen dans touts les sens, le dépassant en longueur et en largeur d'une grandeur proportionnelle à celle des ailes qu'elles doivent couvrir et protéger. *Ailes*, très longues, *ayant leur pli transversal ordinaire en face ou en arrière de l'extrémité de l'abdomen.*

Pattes, simples et courtes : les antérieures, non préhensiles. *Fémurs*, non renflés : les postérieurs, n'atteignant pas l'extrémité de l'abdomen. *Tibias*, droits, cylindriques.

Tarses, *de quatre articles :* les antérieurs et les intermédiaires, courts et déprimés ; leurs trois premiers articles, bifides en dessus et munis en dessous d'un appendice arrondi ou coupé en ligne droite ; les postérieurs, plus minces et plus allongés ; leur premier article comprimé latéralement, moins profondément échancré en dessus, muni d'un appendice moins apparent, plus long que chacun des deux suivants ; le dernier, sans appendice et terminé par deux crochets simples ou unidentés en dessous selon les espèces.

Je ne connais jusqu'à présent que quatre espèces de vrais *Platynoptères*, toutes du nouveau continent, mais je n'en ai vu que trois. Voici le tableau synoptique de celles que j'ai vues.

A. *Contour extérieur des élytres*, elliptique et sans inflexion.
  B. *Arête tranchante des crochets tarsiens*, sans dents. - - - 1. Platyn. Duponti, *M.*
  BB. *Arête tranchante des crochets tarsiens*, unidentée. - 2. » Goryi, *Lap.*
AA. *Contour extérieur des élytres*, sinueux, rentrant au milieu et dilaté en arrière. - - - - 3. » Lycoides, *Chevr.*[t]

1. Platynoptera Duponti, *M.*

190. Platyn. elytris ellipticis, tarsorum unguiculis intus edentulis. — *Tab.* xli, *fig.* 4.

Enoplium dilatatum, *Dup. coll.*

Patrie. — Le Mexique.

Dimensions. — Long. du corps, 6 lig. — id. du prothorax, 1 et $\frac{1}{3}$ lig. — id. des élytres, 4 et $\frac{1}{2}$ lig. — larg. de la tête, $\frac{3}{4}$ lig. — id. du prothorax à son maximum, 1 lig. — id. des élytres vers le milieu de la longueur, 3 ligne.

Formes. — Articles intermédiaires des antennes, moniliformes, velus: poils, penchés en avant, ceux du bord interne plus raides et perpendiculaires à l'axe de l'antenne. Dents de la scie, obtuses, prolongées en avant, mais n'atteignant pas la moitié de l'article suivant; bord interne du dernier, largement et faiblement échancré, sommet postérieur de l'échancrure aigu et dentiforme, sommet antérieur obtus et émoussé. Devant de la tête, finement et également ponctué, velu : poils, hérissés, courts et épais. Dos du prothorax, égal et couvert de poils hérissés courts et fins, plus rares le long de la ligne médiane: côtés, sans inflexions, à faible courbure, atteignant le maximum de la largeur vers le milieu de la longueur; bords opposés, droits, parallèles, à-peu-près égaux entr'eux; rebord postérieur, peu saillant, masqué par le pélage et ne remontant pas sur les côtés. Écusson, velu. Élytres, uniformément et faiblement convexes, finement pointillées: points, très serrés et faisant paraître l'élytre presque chagrinée, quelques points épars un peu plus gros: contour extérieur, en arc d'ellipse tronquée en avant et telle que le grand axe se confond avec la suture et que le petit répond à-peu-près à la ligne transversale du milieu; suture, droite et plane; angle sutural postérieur, fermé; pélage, rare; une frange de soies penchées un peu en arrière, le long du bord extérieur. Tarses postérieurs, proportionnellement plus longs que dans les deux espèces suivantes: premier article, plus long que les deux suivants réunis. Crochets, minces, laminiformes, sans dents, terminés en pointes courbes.

Couleurs. — Antennes, pattes et dessous du corps, noirs. Tête, noire; chaperon, labre et autres parties de la bouche hors les mandibules, roussâtres. Dos du prothorax, rouge: une bande longitudinale médiane, assez large, atteignant les deux bords opposés, jaunâtre en avant, noire en arrière. Élytres, brunes. Pélage, de la couleur du fond: frange extérieure des élytres, rouge.

Sexe. — L'exemplaire unique de la collection Dupont a une petite fossette à sa dernière plaque ventrale. Serait-il mâle? Les parties génitales ne sont pas en évidence.

2. Platynoptera Goryi, *Lap.*

191. Platyn. elytris ellipticis, tarsorum unguiculis intus unidentatis. — *Tab.* xli, *fig.* 1.

Platynoptera Goryi, *Lap. rev. de silb. t.* 4, *p.* 54.

Enoplium fasciatum, *Buq. coll.*

Patrie. — Cayenne, M.r Leprieur.

Dimensions. — Long. du corps, 7 et ½ lig. — id. du prothorax, 1 et $\frac{1}{2}$ lig. — id. des élytres, 5 lig. — larg. de la tête, 1 lig. — id. du prothorax à son maximum, 1 et $\frac{1}{3}$ lig. — id. des élytres réunies à leur maximum, 4 lignes.

Formes. — Antennes, deux fois plus longues que la tête et le corcelet pris ensemble: premier article, plus aplati que dans la précédente; art. 2—8, aussi aplatis que ceux de la massue, en trapèzes très courts et élargis en avant, le troisième plus grand que le second, les autres augmentant insensiblement en largeur et diminuant en longueur, le huitième étant de la même forme que le septième et moitié plus petit. Massue, deux fois au moins plus longue que le reste de l'antenne, chacun de ses articles étant presque égal aux art. 2—8 réunis: les deux premiers, étroits, échancrés en avant, dents de la scie arrondies et peu proéminentes; le dernier, aussi étroit et un peu plus long que chacun des deux précédents, bord interne sinueux, extrémité arrondie. Tête, comme dans la *Duponti*. Front, couvert d'un duvet égal qui dissimule les inégalités de la surface. Prothorax, comme dans le précédent: pélage, pareillement plus rare le long de la ligne médiane; de chaque côté, une bande large de duvet ras et couché à plat. Surface des élytres, finement pointillée: points, petits, épars et distants; callus, lisses et saillants; quatre côtes longitudinales, peu élevées, commençant à la base ou derrière les callus et s'effaçant un peu au-delà du maximum de la largeur; côtés, divergents dès leur origine, moins fortement arqués et néanmoins plus dilatés que dans la *Duponti*, atteignant leur maximum de largeur vers les quatre cinquièmes de la longueur, sans inflexions; bord postérieur, en arc à faible courbure; suture, droite et plane; angle sutural postérieur, ouvert et obtus. Tarses, plus larges et plus courts que dans la précédente: premier article des postérieurs, à-peu-près de la longueur du suivant; le dernier, plus long que le premier. Crochets, larges à leur base: arète inférieure, fortement échancrée près de son extrémité, sommet interne de l'échancrure aigu, et dentiforme.

Couleurs. — Antennes, corps et pattes, noirs: contour de la tête, chaperon, labre, palpes et trochanters, pâles livides; une tache de la même couleur, au centre des deux premières plaques ventrales; dos du prothorax, orangé avec une large bande noire à la ligne médiane; sur chaque élytre et un peu au-delà du milieu, une bande transversale large et ondulée, jaune. Duvet soyeux, jaune-doré: frange des élytres, noire: poils hérissés, de la couleur du fond.

Sexe. — L'exemplaire de la collection Buquet m'a paru une femelle. — Mâle, inconnu.

Obs. — Je présume qu'il faudra placer à côté de la *Goryi*, la quatrième *Platynoptère* que je n'ai pas vue en nature, *Platynoptera Lyciformis*, *Chévrolat rev. de silb. t.* 2, *p.* 18. Elle en est cependant bien distante par les couleurs, comme on peut en juger par la planche, mais elle en est encore mieux distincte par les formes, comme on doit s'en convaincre par la description. On y apprend que la *Lyciformis* diffère, 1.° par l'absence de duvet sur le dos du prothorax, 2.° par la présence de deux sillons sur les cotés de celui-ci, 3.° par le maximum de la largeur des élytres, près du milieu comme dans la *Duponti*.

3. Platynoptera Lycoides, *Chevr.t*

192. Platyn. elytris extus sinuatis, posticè dilatatis. — *Tab.* xli, *fig.* 2.

Enoplium Lycoides, *in coll. Dej.*

Patrie. — Carthagène, M.r Lebas.

Dimensions. — Long. du corps, 7 et ½ lig. — id. du prothorax, 1 et ½ lig. — id. des élytres, 5 et ½ lig. — id. de la portion des élytres qui se prolonge au-delà de l'extrémité de l'abdomen, 2 lig. — larg. de la tête, 1 lig. — id. du prothorax, la même. — id. de la base des élytres, 1 et ½ lig.

— id. des mêmes au point d'inflexion du bord extérieur, 2 lig. — id. des mêmes à leur maximum de largeur, 4 lignes.

Formes. — Antennes, un peu plus longues que la tête et le prothorax pris ensemble: premier article, ne remontant pas au haut du front; art. 2—8, aplatis, velus et en trapèzes élargis en avant comme dans la *Pl. Goryi*, le troisième un peu plus grand que le second, les quatrième et cinquième augmentant un peu en largeur seulement, le sixième plus petit que le cinquième, le septième très grand, le huitième très petit au contraire et enfoncé sous le pélage des articles précédents. Massue antennaire, un peu plus longue que le reste de l'antenne, étroite et pectiniforme: appendices antéro-internes des deux premiers articles, en branches de peigne, dépassant la moitié de l'article suivant; le dernier, comme dans la *Goryi*. Devant de la tête, fortement ponctué. Yeux, moins saillants en dehors. Dos du prothorax, comme dans la précédente, trois impressions longitudinales près du bord postérieur, la médiane plus courte et plus enfoncée que les deux autres: côtés, droits et parallèles dans les premiers deux tiers, convergents au-delà et arqués sans inflexions; bord postérieur, un peu plus étroit que l'antérieur. Écusson, en demi-cercle. Base des élytres et callus, comme dans les deux précédentes. Élytres, fortement ponctuées: points, distincts près de la base, confluents au-delà, plus grands que les espaces intermédiaires; ceux-ci, assez élevés pour que l'élytre paraisse plutôt réticulée que ponctuée; quatre côtes longitudinales, comme dans le *Goryi*, mais plus élevées en arrière et brusquement terminées à une moindre distance de l'extrémité; bord extérieur, rebordé et frangé; côtés, droits et divergents de la base jusqu'au milieu, fléchis un peu au-delà et plus ou moins rentrants, dilatés ensuite et arrondis jusqu'à la suture; extrémité, en arc de cercle; ouverture de l'angle sutural postérieur, très obtuse et peu apparente. Pélage, court et soyeux, mais toujours hérissé, presque nul à la moitié postérieure des élytres.

Couleurs. — Antennes, pattes et dessous du corps, noirs. Dos du prothorax, jaune ou orangé avec une large bande longitudinale et médiane noire. Moitié antérieure des élytres, matte, jaune encore ou orangée; autre moitié postérieure, plus luisante, noire ou bleue. Chaperon, labre et palpes, testacés. Pélage, de la couleur du fond.

Sexe. — Aucun de mes individus n'a ses parties génitales en évidence, ils ont la plupart le bout de l'abdomen arrondi et la dernière plaque ventrale concave. Un seul, de l'ancienne collection Dejean et malheureusement celui qui est le plus endommagé, a cette plaque coupée en ligne droite. Dois-je en conclure qu'il est le seul mâle et que les autres sont des femelles?

Variétés. — Les couleurs paraissent très variables. La teinte claire peut passer insensiblement par toutes les nuances du jaune et du rouge. Le noir des élytres et du dessous du corps passe de même à un bleu plus ou moins foncé. Les limites des deux couleurs se balancent, sur le dos des élytres, entre le milieu et l'extrémité. La bande obscure du dos du prothorax varie encore en largeur, par fois elle est même partagée par le jaune de la ligne médiane et elle est alors divisée en deux raies plus ou moins étroites.

XLIX. G. PYTICERA, *Dupont.*

M.r Dupont avait donné le nom de *Pyticera Lycoides* à un individu de sa collection dans lequel j'ai reconnu une variété de l'*Enoplium Thomasii Dej.*, espèce qui est le type du *G. Ichnea Lap.* et que j'ai décrite au N.o 174. L'adjectif *Pyticera*, étant rentré par cela même en disponibilité, je m'en suis emparé pour l'appliquer à une autre coupe dont le type est une autre espèce inédite de la même collection, coupe très voisine du *G. Platynoptera*, mais bien aisée à distinguer par le moindre nombre des articles de ses antennes et par la position du pli transversal de ses ailes inférieures.

Antennes, *faciales* comme dans les *Platynoptères*, *de neuf articles seulement:* le premier, épais, obconique, un peu aplati, atteignant le bord postérieur de la tête; le second, également obconique, mais de beaucoup plus petit, encore bien distinct; les art. 3—6, velus, peu distincts, aussi larges que ceux de la massue, en trapèzes élargis en avant et ne paraissant former qu'un seul article égal en longueur aux deux premiers pris ensemble; massue antennaire, de trois articles, de la même forme que dans le genre précédent, deux fois plus longue que le reste de l'antenne.

Yeux, moyens, transversaux, profondément échancrés en avant.

Tête, comme dans les *Platynoptères:* vertex, court; front, large faiblement convexe, doucement penché en avant et se confondant insensiblement avec la face et avec le chaperon.

Labre, court et transversal.

Palpes maxillaires, de quatre articles: *labiaux*, de trois; derniers articles des deux paires, de la même forme, aplatis, en triangles renversés plus longs que larges.

Autres *Parties de la bouche*, inobservées.

Dos du *Prothorax*, uniformément convexe: rebord postérieur, remontant des deux côtés à la moitié de la longueur. *Prosternum* et *Fosses coxales antérieures*, comme dans les *Platynoptères*.

Ecusson, petit et en demi-cercle.

Elytres, entourant l'extrémité postérieure de l'abdomen et n'étant pas prolongées au-delà, notablement *dilatées en dehors:* dilatations latérales, planes et horizontales; bord extérieur, rebordé et frangé.

Pli transversal des ailes inférieures, *n'étant pas posé en arrière du troisième anneau de l'abdomen.*

Metapectus, non renflé.

Ventre, plane, bords postérieurs de ses anneaux entiers, les derniers arrondis.

Pattes, courtes et un peu comprimées: fémurs postérieurs, n'atteignant pas la quatrième plaque ventrale; tibias, un peu arqués près de leur articulation fémorale, droits dans le reste de leur longueur.

Tarses, courts et épais, de quatre articles seulement: les trois premiers, à-peu-près égaux entr'eux, bifides en dessus, munis en dessous d'un appendice membraneux et entier; le quatrième, deux fois plus long que chacun des précédents, large et terminé par deux crochets assez forts et unidentés comme dans les *Platynopt. Coryi* et *Lycoides*.

Le *G. Pyticera* semble artificiel, si on n'y tient compte que des antennes, car elles ne diffèrent de celles des *Platynoptères* que par l'avortement complet de deux articles qui sont déjà, dans ces derniers, très petits et bien peu apparents. Mais si on refléchit à la position du *Pli transversal des ailes inférieures*, on verra qu'il est assez naturel, car cette position nous annonce que ces ailes peuvent avoir un surcroit de développement dans le sens de leur largeur et qu'elles n'en peuvent pas avoir dans celui de leur longueur.

Espèce unique. — PYTICERA DUPONTI, *M.*

193. PYTIC. — *Tab.* XLI, *fig.* 3.

Enoplium flaveolatum, *Dup. coll.*

PATRIE. — Le Brésil.

DIMENSIONS. — Long. du corps, 4 lig. — id. du prothorax, $\frac{3}{4}$ lig. — id. des élytres, 3 lig. — larg. de la tête, $\frac{3}{4}$ lig. — id. du prothorax à son maximum, 1 lig. — id. de la base des élytres, 1 et $\frac{1}{3}$ lig. — id. des mêmes à leur maximum, 3 et $\frac{1}{2}$ ligne.

Formes. — Quelques poils raides et perpendiculaires à l'axe des antennes, au bord interne de leurs articles intermédiaires. Dessus de l'avant-corps, luisant et finement pointillé : pélage, rare, fin et hérissé. Côtés du prothorax, en arcs de courbes non rentrantes, à faible courbure et atteignant leur maximum vers le milieu de la longueur; rebord postérieur, latéral, mince et peu élevé. Surface des élytres, matte, plus fortement ponctuée: quelques points épars, plus gros et plus profonds, unipiligères; intervalles élevés, finement pointillés; convexité du dos, faible près de la suture et s'affaiblissant encore davantage en dehors ; bord extérieur, presque plane; côtés, en arc d'ellipse comme dans la *Platynopt. Duponti*, mais proportionnellement plus larges, atteignant de même le maximum vers la moitié de la longueur; angle sutural postérieur, ouvert et aigu. Pattes, velues: face extérieure des tibias, frangée.

Couleurs. — Antennes, corps et pattes, noirs: face, labre et dos du prothorax, d'un rouge un peu pâle; une bande étroite, le long du bord extérieur des élytres, à partir des angles antérieurs jusqu'aux deux tiers de la longueur, blanche. Pélage, noir ou blanc selon la couleur obscure ou claire du fond: franges des élytres et des tibias, noires.

Sexe. — L'exemplaire unique de la collection Dupont me semble une femelle, la dernière plaque ventrale est retirée en dedans et arrondie comme l'avant-dernière: la massue antennaire est serriforme; les deux premiers articles, environ deux fois plus longs que larges, ont un pédicule très court, le bord externe droit, le bord interne brusquement dilaté à peu de distance de l'origine, droit ensuite et parallèle au bord opposé, l'extrémité coupée en ligne droite le dernier article est aussi long et aussi étroit que chacun des deux précédents, son bord interne un peu sinueux près de l'extrémité, celle-ci obtuse et arrondie.

QUATRIÈME SOUS-FAMILLE.

CLÉRITES CORYNÉTOÏDES.

Prothorax, composé de quatre pièces distinctes, dont une supérieure ou *Tergum* et trois inférieures, savoir, deux *Episternums* latéraux et un *Prosternum* médian.

L. G. RYPARUS, *M.*

Antennes, insérées au-devant ou plutôt au-dessous des yeux, dans l'intérieur de l'échancrure oculaire, *de onze articles:* le premier, grand, épais, sub-cylindrique, remontant au haut des yeux: *art.* 2—8, minces, visiblement *plus longs que larges*, légèrement renflés un peu avant leur extrémité, articulations très distinctes: *les trois derniers, formant ensemble une massue perfoliée*, aplatie, allongée, *à articles peu serrés*, les deux premiers en triangles renversés à-peu-près égaux entr'eux, le troisième arrondi et plus grand que chacun des deux précédents.

Yeux, de moyenne grandeur, fortement grénus, assez saillants, distants, transversaux, réniformes et largement échancrés en avant.

Tête, courte et large. *Vertex*, nul. *Front*, deux fois plus large que long, brusquement penché en avant, se confondant insensiblement avec la *Face*. Celle-ci, coupée antérieurement en ligne droite. *Chaperon*, nettement séparé de la face, très court, en rectangle transversal, déprimé et sub-membraneux.

Labre, de la même consistance que le chaperon et abaissé au même niveau, pareillement large et court, échancré en avant et n'atteignant pas l'extrémité des mandibules pendant leur repos.

Mandibules, assez fortes, mais paraissant plus propres à percer et à déchirer qu'à couper et à hâcher: face externe, haute à son origine, triangulaire; arêtes externes, saillantes et costiformes: arête interne, arquée semblablement aux deux externes, sans dents et sans inflexion, écartée de l'arête homologue de l'autre mandibule et ne pouvant la rencontrer qu'à peu de distance de l'extrémité; celle-ci, en pointe non tranchante, conique et penchée en dedans.

Palpes maxillaires, plus grands que les labiaux, de quatre articles: le premier, très petit et caché dans un sinus de la machoire; le second, mince, allongé, obconique; le troisième de la même forme et de la même largeur, moitié plus court: *le dernier*, aussi long que le second, aplati et dilaté, *en triangle renversé plus long que large*, tel que son côté extérieur est le plus grand et que son angle antéro-interne est obtus.

Palpes labiaux, de trois articles: les deux premiers, minces et obconiques; le second, deux fois plus long que le premier; *le dernier, semblable au dernier des palpes maxillaires*, proportionnellement un peu plus petit.

Autres *Parties de la bouche*, inobservées.

Prothorax, ayant peu de hauteur et non cylindriforme, composé de quatre pièces bien distinctes, comme dans touts les genres de cette sous-famille. *Tergum*, uniformément et faiblement convexe: côtés, en carènes. *Episternums*, coupés obliquement d'avant en arrière et de dehors en dedans à partir des angles antérieurs jusqu'au premier tiers de la longueur, parallèles ensuite à l'axe du corps et atteignant le bord postérieur du propectus dont ils occupent les deux tiers latéraux.

Prosternum, plane et horizontal, largement échancré en avant, rétréci en arrière, entourant les fosses coxales, les dépassant et atteignant le bord postérieur dont il occupe le tiers médian. *Fosses coxales antérieures*, très rapprochées, un peu en arrière du milieu, *entièrement fermées*. Bord postérieur du *Propectus*, entier, largement et faiblement échancré en arc de cercle.

Poitrine et *Ventre*, planes, plaques ventrales entières, la dernière arrondie.

Ecusson, assez grand, triangulaire.

Elytres, uniformément convexes, entourant l'extrémité de l'abdomen: base, droite, plus large ou aussi large que le plus grand diamètre du prothorax; angles antérieurs, émoussés; côtés, parallèles de la base jusqu'aux trois quarts de la longueur, extrémités arrondies: angle sutural, fermé.

Pattes, fortes et de moyenne grandeur. *Fémurs*, épais et *canaliculés*, *canal creusé dans toute la longueur de la face interne et pouvant recevoir le tibia adjacent;* les postérieurs, atteignant à peine l'extrémité de l'abdomen. *Tibias*, de la longueur des fémurs, droits et cylindriques, *leur face interne* fortement comprimée et *assez mince pour entrer commodément dans le creux du canal fémoral:* bord interne de leur extrémité tarsienne, armé de deux petites épines, droites, courtes et immobiles.

Tarses, *visiblement plus courts que les tibias*, *de quatre articles* seulement et sans restes d'un cinquième rudimentaire: les trois premiers, égaux en largeur, diminuant progressivement en longueur, sub-triangulaires, élargis vers l'extrémité, tronqués en dessus, munis en dessous d'un appendice large et entier: *le dernier*, presque *aussi long que les trois autres pris ensemble*, sans appendice et terminé par deux crochets lamiuiformes, larges à leur base, brusquement échancrés au delà du milieu, sommet interne de l'échancrure en angle droit, extrémité en pointe courbe et tranchante.

Espèce unique. — Ryparus tomentosus, *M.*

194. Ryp. — *Tab.* xli, *fig.* 6.

Clerus tomentosus, *Dej. loc. cit. p.* 127.

Patrie. — Le Sénégal, M.r Dumolin.

Dimensions. — Long. du corps, 3 et $\frac{1}{4}$ lig. — id. du prothorax, 1 lig. — id. des élytres, 1 lig. — larg. de la tête, $\frac{3}{4}$ lig. — id. du prothorax à son maximum, 1 lig. — id. des élytres, la même.

Formes. — Antennes, corps et pattes, velus: poils des antennes et des tarses, couchés à plat, les premiers dirigés en avant, les autres en arrière. Reste du pélage, hérissé, épais sur le dos et rare au dessous du corps. Devant de la tête et dos du prothorax, fortement ponctués; ponctuation, égale et distincte, un espace lisse à la ligne médiane du prothorax. Élytres, finement pointillées et de plus criblées d'autres points ronds beaucoup plus gros et plus profonds. Bord antérieur du prothorax, sans rebord, arrondi en avant et s'avançant au-dessus de la tête: dos, également convexe, sans dépression antérieure et sans sillon sous-marginal; côtés, en arcs de courbes non rentrantes, atteignant le maximum vers le milieu de la longueur; angles antérieurs et postérieurs, arrondis; bord postérieur; plus étroit que le bord opposé, rebordé; rebord, simple et se confondant insensiblement des deux côtés avec la carène suturale; celle-ci, assez saillante et finement crénelée.

Couleurs. — Corps, bronzé en dessus, noir en dessous. Mandibules, couleur de poix. Antennes, chaperon, labre et autres parties de la bouche hors les mandibules, derniers anneaux de l'abdomen, extrémités tarsiennes des tibias, tarses entiers, testacés rougeâtres. Poils couchés, jaunâtres: poils hérissés, cendrés.

Sexe. — Une femelle, de l'ancienne collection Dejean, a son

oviducte en évidence. Un second exemplaire, de la même collection, et un troisième, de la collection Buquet, ne m'ont offert aucune différence. Le mâle est donc douteux, si non inconnu.

Notre *Ryparus tomentosus* a plusieurs traits de ressemblance avec le *Prosymnus cribripennis*, autre insecte du Sénégal que M.[r] le Cte de Castelnau a annoncé dans la *Rev. de silb. tom. 4, p.* 51. Mais cette annonce ne parle pas des fémurs canaliculés, elle dit même que le *Prosymne* a les articles intermédiaires de ses antennes grénus, le premier article de ses tarses sans appendice, les appendices des deux suivants bilobés. Aucun de ces traits ne convient à notre *Rypare*. Je dois donc supposer que l'auteur a eu en vue un autre insecte et j'aime d'autant plus à le croire que le principal caractère omis, *Le canal fémoral*, est pour moi, un *Caractère naturel du premier ordre* parcequ'il est le signe incontestable d'une faculté importante pour la sûreté de l'animal, celle de *Se rapétisser au besoin.*

LI. G. LEBASIELLA, *M.*

Antennes, *faciales et de onze articles*, comme dans le genre précédent: premier article, long et épais; art. 2—8, moniliformes; *les trois derniers*, *formant une espèce de massue serriforme* aussi longue que les art. 2—8 réunis, comme dans les *Pélonies;* articles de la massue, aplatis et trois fois au moins plus longs que larges; les deux premiers, notablement dilatés en dedans, bord extérieur droit, bord antérieur échancré en rond, bord intérieur en arc d'ellipse à très faible courbure, angles antéro-internes ou dents de la scie arrondis et peu avancés; dernier article, de la grandeur de chacun des deux précédents, en ovale irrégulier, dilaté en dedans, extrémité arrondie.

Yeux, de moyenne grandeur, distants et transversaux, finement grénus, échancrés en avant, échancrure profonde et étroite.

Tête, à-peu-près comme dans le *G. Ryparus*, la face néanmoins n'étant pas nettement séparée du *Chaperon*.

Mandibules, (elle sont croisées dans mon exemplaire,) proportionnellement plus courtes et plus fortes que dans le genre précédent.

Palpes labiaux, au moins aussi grands que les *Maxillaires*, de trois articles: les autres, de quatre; derniers articles des deux paires, de la même forme, aplatis, dilatés à leur base, rétrécis en avant et terminés en pointes mousses.

Autres *Parties de la bouche*, inobservées.

Prothorax, de quatre pièces, deux fois au moins plus large que haut. *Tergum* et *Episternums*, moulés sur le même type que ceux du genre précédent. *Prosternum*, plus rétréci en arrière et terminé en pointe. *Fosses coxales antérieures, ouvertes postérieurement.* Bord postérieur du *Propectus*, bi-échancré en face des fosses coxales: bord antérieur, largement et faiblement échancré.

Mésosternum, prolongé en avant en demi cylindre au dessous duquel le prothorax peut glisser aisément. *Métasternum*, peu renflé. *Ventre*, plane, ses segments entiers, le dernier arrondi.

Élytres, entourant l'extrémité de l'abdomen: côtés, parallèles; bord postérieur, en arc de cercle; angle sutural postérieur, fermé.

Pattes, moyennes. *Fémurs*, *non canaliculés et hors d'état de loger les tibias adjacents*, les postérieurs atteignant à peine l'avant-dernière plaque ventrale.

Tarses, remarquables par leur grandeur, plus longs ou aussi longs que les tibias, de quatre articles: premier article, comprimé, velu en dessus et en dessous, sans appendice, aussi long que les deux suivants réunis si on n'y tient pas compte de l'appendice du troisième; le second, court, triangulaire et tronqué, n'ayant qu'un rudiment d'appendice; le troisième, semblable au second, mais muni en dessous d'un appendice bien développé, fendu dans toute sa longueur et divisé en deux lobes oblongs; *le quatrième, moins long que les trois autres réunis*, renflé à son extrémité et terminé par deux crochets profondément échancrés très près de leur origine et pour ainsi dire éperonnés.

Espèce unique. — LEBASIELLA ERYTHRODERA, *M.*

195. LEBAS. — *Tab.* XLIII, *fig.* 1.

Coryncles erythroderus, *Dup. coll.*

PATRIE. — La Colombie, M.r Lebas.

DIMENSIONS. — Long. du corps, 2 lig. — id. du prothorax, $\frac{1}{3}$ lig. — id. des élytres, 1 et $\frac{1}{2}$ lig. — larg. de la tête, $\frac{1}{3}$ lig. — id. du prothorax à son maximum, $\frac{1}{2}$ lig. — id. de la base des élytres, $\frac{2}{3}$ ligne.

FORMES. — Massue antennaire, un peu velue. Corps, lisse à l'œil nu, luisant et légèrement pubescent. Bord antérieur du prothorax, droit et sans rebord: angles antérieurs, émoussés, mais mieux prononcés que les postérieurs; ceux-ci, largement arrondis; rebord postérieur et latéral du tergum, mince. Base des élytres, un peu échancrée; callus, lisses et saillants; une autre gibbosité ronde, sur chaque élytre, entre le callus et la suture; surface dorsale, plus fortement ponctuée que le reste du corps, pélage un peu plus abondant.

COULEURS. — Antennes, corps et pattes, rouges: yeux, extrémités des mandibules, dernier article des quatre palpes, une tache à l'extrémité tarsienne des tibias, onglets des tarses, noirs. Élytres, noires: bord extérieur, jaune rougeâtre à partir des angles antérieurs jusqu'au milieu de la longueur. Poils, blanchâtres.

LII. G. ORTHOPLEVRA, *M.*

Le *G. Orthoplevra* tire son nom de la forme du prothorax. Dans les espèces que nous connaissons, les côtés du prothorax (8) paraissent droits et parallèles, les bords opposés sont presque égaux en largeur. Il ressemble d'ailleurs au précédent dont il s'éloigne cependant par les caractères suivants.

Dents de la scie antennaire, plus arqués dans les deux sexes.

Derniers articles des palpes, moins aplatis, encore deux fois au moins plus longs que larges, mais s'élargissant peu sensiblement vers le milieu et ayant leur extrémité tronquée à-peu-près égale à leur base.

Tarses, plus courts que les tibias : les trois premiers articles, déprimés, triangulaires, diminuant progressivement en longueur, munis en dessous d'un appendice membraneux qui augmente en grandeur du premier au troisième : celui-ci, échancré, mais fendu moins profondément que dans la *Lebasielle ; le quatrième article, aussi long que les trois autres réunis.*

Le tergum du prothorax est rabattu sur les flancs près du bord antérieur, ensorte que les angles antérieurs ne sont pas visibles en dessus.

1. Orthoplevra damicornis.

196. Orthopl. elytris confertissimè punctulatis, tarsorum unguiculis intus basi calcaratis. — *Tab.* xlii, *fig.* 4.

(8) Il ne faut pas confondre les *côtés du prothorax* proprement dits, avec les bords latéraux du *tergum*. Les premiers sont, pour moi, les limites latérales du prothorax visibles en dessus, et dans nos *Orthoplévres*, ils sont ordinairement droits et parallèles. Les bords latéraux du tergum sont, au contraire, toujours divergents d'arrière en avant. Il s'ensuit que le bord antérieur de cette pièce est toujours plus grand que le postérieur tandis que les bords opposés du prothorax peuvent être à-peu-près égaux.

Tillus damicornis, *Fab. syst. eleuth.* 1, 282, 2.
Enoplium damicorne, *Sch. syn. jns.* 2, 47, 3.
» » *Dej. loc. cit. p.* 127.
» thoracicum, *Say ed. de Lequien*, 151, 2.

VAR. A Enoplium nigripenne, *Dup. coll.*

PATRIE. — L'Amérique septentrionale, M.r Leconte.

DIMENSIONS. — Long. du corps, 4 lig. — id. du prothorax, $\frac{3}{4}$ lig. — id. des élytres, 3 lig. — larg. de la tête, $\frac{2}{3}$ lig. — id. du prothorax à son maximum, la même. — id. de la base des élytres, la même.

FORMES. — Antennes, aussi longues que la tête et le prothorax pris ensemble: massue antennaire, aussi longue que le reste de l'antenne; ses deux premiers articles, en triangles renversés notablement plus longs que larges, angles antéro-internes obtus et prolongés en avant, bord antérieur profondément échancré; dernier article, plus long et plus étroit que chacun des deux précédents, ovato-lancéolé. Dos du prothorax, faiblement convexe: angles antérieurs du tergum, aigus et rabattus sur les flancs; angles postérieurs du même, largement arrondis; bord postérieur, en arc de cercle dont la convexité est tournée en avant. Base commune des élytres réunies, un peu échancrée. Corps, ponctué et pubescent: ponctuation des élytres, aussi forte que celle de l'avant-corps, sans aucune trace de stries. *Onglets des tarses, fortement éperonnés près de leur origine.*

COULEURS. — Antennes, corps et pattes, noirs. Dos du prothorax, rouge: rebord postérieur et latéral du tergum, noir; poils, obscurs sur le fond noir et blancs sur le fond rouge.

SEXE. — La description a été faite d'après une femelle. Le mâle diffère par sa taille plus petite, long. du corps 3 lignes, par la longueur de la massue antennaire qui fait à elle seule les deux tiers de l'antenne et par les dents de la scie qui sont plus longues et en branches de peigne.

VARIÉTÉS. — La VAR. A, n'est qu'un mâle encore plus petit et dont les élytres sont d'une couleur plus claire.

2. ORTHOPLEVRA SANGUINICOLLIS.

197. ORTHOPL. elytris basi striatim apicè vagè punctatis, tarsorum unguiculis simplicibus. — *Tab.* XLII, *fig.* 5.

Corynetes sanguinicollis, *Fab. syst. eleuth.* 1, 187, 5.
» » *Sch. syn. ins.* 2, 51, 7.
Enoplium Weberi, *Latr. gen. crust. et jns.* 1, 271, 1.
» » *Sch. syn. ins.* 2, 47, 2.
» sanguinicolle, *St.*[m] *deutsch. fn. t.* XI, 51, 1, *pl.* CCXXXIII. — ♂?
» » *Dej. loc. cit. p.* 128.
Titlus Weberi, *Fab. syst. eleuth.* 1, 282, 3.

PATRIE. — L'Europe centrale, rare dans le nord de l'Italie.

DIMENSIONS. — Les mêmes que celles de la *Damicornis*.

FORMES. — Massue antennaire, n'égalant pas la moitié de la longueur de l'antenne; ses deux premiers articles, en triangles renversés à peine un peu plus longs que larges, bord antérieur faiblement échancré, angles antéro-internes obtus et non prolongés en avant. Angles postérieurs du tergum prothoracique, moins rabattus sur les flancs que dans la précédente: ses angles postérieurs, moins largement arrondis. Sur le dos de chaque élytre, cinq ou six rangées longitudinales et équidistantes de points enfoncés plus gros et plus profonds: flancs et moitié postérieure des mêmes, finement et également pointillés. *Onglets, minces et simples.* Formes des autres parties, comme dans la *Damicornis* (9).

COULEURS. — Huit premiers articles des antennes, labre et autres parties de la bouche hors les mandibules, prothorax,

(9) Cette identité des formes principales devait l'emporter sur toutes les autres considérations, elle m'a décidé à regarder la dentelure des onglets comme un caractère artificiel, très secondaire et simplement spécifique.

abdomen et tarses, rouges. Massue antennaire, noirâtre. Mandibules et onglets, couleur de poix. Tête, élytres, poitrine et pattes, bleux. Poils, noirs sur le fond obscur et blanc sur le fond rouge.

Sexe. — De cinq exemplaires que j'ai vus et qui m'ont paru réunir les mêmes caractères, une seule femelle avait l'oviducte en évidence. Je les crois tous du même sexe. Dans celui de M.r Sturm, les dents de la scie sont plus aiguës: je le crois, un mâle.

LIII. G. CHARIESSA, *Party*.

Antennes, insérées au devant des yeux, vis-à-vis et en dehors de l'échancrure oculaire, plus longues que la tête et le prothorax réunis, *de onze articles* sans compter la *Radicule* qui est ordinairement assez apparente: le premier, plus grand et plus épais que les suivants, en ovoïde allongé et tronqué à ses deux extrémités, n'atteignant pas le haut du front; le second, notablement plus mince que le précédent, moitié plus court, obconique; art. 3—8, de la même forme et de la même épaisseur que le second, mais diminuant progressivement en longueur au point que le septième est déjà plus large que long tandis que le troisième est encore plus long que large; *les trois derniers, formant ensemble une espèce de massue serriforme ou pectiniforme, plus longue que le reste de l'antenne.*

Yeux, distants et latéraux, réniformes et transversaux, profondément échancrés en avant, non saillants en dehors du prothorax, en contact immédiat avec le bord antérieur du prothorax.

Tête, de moyenne grandeur, large et courte. *Vertex*, nul. *Front*, deux fois plus large que long, se confondant insensiblement avec la *Face*. *Chaperon*, en rectangle tranversal, court, plus déprimé et moins consistant que le front et la face, nettement séparé de celle-ci par un petit sillon bien tracé, bord antérieur droit.

Labre, plane, sub-membraneux, large et court comme le chaperon, bord antérieur échancré et cilié.

Mandibules, fortes: face extérieure, assez haute; arète interne, tranchante, un peu échancrée près de l'extrémité; celle-ci, en pointe courbe et tranchante.

Machoires, coudées près de leur origine, embrassant la base du menton des deux côtés et occupant les deux tiers extérieurs de l'ouverture buccale qui est aussi grande que dans la plupart des *Cléroïdes:* tige, cornée; lobes terminaux, membraneux; l'interne que j'ai eu de la peine à apercevoir, est petit, selon le D.r Perty, triangulaire et acuminé; l'externe, arrondi, cilié, dépassant ordinairement le bout des mandibules croisées.

Palpes maxillaires, de quatre articles: le premier, mince, sub-cylindrique; le second et le troisième, plus courts et plus épais, à-peu-près égaux entr'eux, obconiques; le dernier, plus long que les deux précédents pris ensemble, aplati et dilaté, en triangle renversé plus long que large et non sécuriforme.

Menton, corné, n'occupant que le tiers médian de l'ouverture buccale, de deux pièces apparentes; la première, très courte, en lamelle transversale; la seconde, presque carrée.

Langue, dépassant le bord antérieur du menton, même dans les individus desséchés. Elle y est déformée cependant par la dessiccation. Pour la mieux juger, il faudrait l'observer sur le vivant.

Palpes labiaux, de trois articles: les deux premiers, à-peu-près égaux entr'eux, bien nettement articulés, solides et fortement obconiques; le dernier, beaucoup plus grand, semblable au dernier des maxillaires, proportionnellement plus large et plus court, en triangle presque équilatéral, non sécuriforme.

Dos du *Prothorax* ou *Tergum*, uniformément convexe, non rabattu sur les flancs, sans dépression antérieure et sans sillon sous-marginal, nettement séparé des *Episternums* par une suture en carène et sans rebord.

Prosternum, beaucoup plus court que le tergum, plane, largement et faiblement échancré en avant, très rétréci entre les pattes antérieures et n'atteignant pas le bord postérieur du *Propectus*. Celui-ci, largement échancré et bisinueux en arrière. *Fosses coxales antérieures*, très grandes, occupant plus de la moitié de la longueur du propectus, en ovales transversaux, entourées extérieurement par les épisternes, largement ouvertes en arrière.

Mésosternum, doucement relevé d'arrière en avant.

Métasternum, faiblement renflé. *Métapectus*, s'élargissant insensiblement d'avant en arrière.

Abdomen, *large et court*, n'étant pas plus long que la poitrine: côtés, arqués, ayant leur maximum de largeur au milieu du premier anneau. *Ventre*, plane: plaques ventrales, entières.

Ecusson, apparent, en demi-ovale.

Elytres, *ovales* et uniformément convexes, entourant l'extrémité de l'abdomen et le débordant de toutes parts, mais n'étant pas dilatées latéralement, comme elles le sont dans les *Platynoptéroïdes*, largement et conjointement échancrées à leur base: callus, peu saillants; angles antérieurs, émoussés; bord extérieur, en arc de courbe continue à partir des angles antérieurs jusqu'à la suture, sans rebord; angle sutural postérieur, un peu ouvert.

Pattes, très rapprochées à leur origine, courtes et fortes. *Fémurs*, épais, leur face inférieure plane ou convexe et ne pouvant pas recevoir le tibia adjacent: les postérieurs, n'atteignant pas l'extrémité de l'abdomen. *Tibias*, droits, cylindriques, de la longueur des fémurs.

Tarses, larges et courts, égalant tout-au-plus les deux tiers de la longueur des tibias, de quatre articles, sans traces d'un cinquième avorté: les trois premiers, à-peu-près égaux entr'eux, dilatés et échancrés à leurs extrémités, munis en dessous d'un appendice membraneux entier et coupé en ligne droite; le dernier, un peu peu plus mince et un peu plus long que chacun des trois précédents, sans appendice, terminé par deux crochets simples.

Les *Chariesses* doivent être des animaux pesants et mauvais marcheurs, ils sont mal conformés pour s'introduire dans des tuyaux étroits et cylindriques, ils peuvent se rapetisser en rapprochant les extrémités opposées de leur corps sans pouvoir cependant se rouler exactement en boule. Aucun de ces traits ne convient complètement aux *Enoplies* et le rapprochement de ces deux genres aurait lieu de nous surprendre, de la part de M.r le C.te de Castelnau, si ce savant ne s'était pas prononcé, sur les *Chariesses*, avant de les avoir vues.

1. Chariessa ramicornis, *Perty*.

198. Char. scutello semi-ovato oblongo, elytris confertim punctulatis, fasciis duabus transversis e punctis majoribus remotioribus. — *Tab.* XLV, *fig.* 3.

Chariessa ramicornis, *Perty del. ins. brasil. p.* 109, *tab.* XXII, *fig.* 3.

Patrie. — Le Brésil, collection Buquet.

Dimensions. — Long. du corps, 5 lig. — id. du dos du prothorax, ½ lig. — id. du propectus. ⅔ lig. — id. des élytres, 3 et ½ lig. — larg. de la tête, 1 lig. — id. du prothorax à son maximum, 1 et ⅓ lig. — id. de la base des élytres, 1 et ¾ lig. — id. des mêmes à leur maximum, 2 et ¼ lignes.

Formes. — Massue antennaire, pectiniforme, plus longue que le reste de l'antenne: bord antérieur de ses deux premiers articles fortement échancré en arc d'ellipse, angles antéro-internes prolongés en avant en branches de peigne longues, étroites et obtuses; le dernier, aussi long que chacun des deux précédents, en ovale allongé, bord interne un peu échancré près de l'extrémité, celle-ci arrondie. Corps, ponctué et pubescent : ponctuation du dos, généralement fine et serrée hors sur deux bandes transversales et communes des élytres où les points sont plus rares, plus gros et plus profonds; poils, courts et hérissés. Bord antérieur du prothorax, arrondi et s'avançant un peu au-dessus de la tête : côtés, en arcs de courbes à courbure faible et sans inflexion, atteignant le maximum de la largeur vers les deux tiers de la longueur; angles antérieurs et postérieurs, également émoussés; bord postérieur, en arc de courbe dont la convexité est tournée en arrière, visiblement rebordé. Écusson, en demi-ovale plus long que large. Callus huméraux, lisses et assez saillants. Côtés des élytres, faiblement arqués et peu divergents près de la base, n'atteignant le maximum de la largeur qu'aux trois quarts de la longueur. Ponctuation de la poitrine, égale à celle du dos. Ventre, lisse et luisant : bord postérieur de chaque plaque ventrale, garni d'une frange de cils assez longs et penchés en arrière.

Couleurs. — Antennes, rouges : massue, noire. Tête et prothorax, bleus : chaperon, labre et palpes, rouges. Mandibules, couleur de poix. Élytres, bleues avec deux bandes jaunes qui occupent précisément les deux espaces dont la ponctuation est à la fois plus forte et plus rare : la première, un peu dilatée le long du bord extérieur. Poitrine, ventre et pattes, rouges : appendices des tarses, pâles à l'origine, obscurs à l'extrémité; onglets, de la couleur des mandibules. Poils, de la couleur du fond dans les espaces rouges ou jaunes, blancs ou cendrés dans les autres.

Sexe. — Dans l'exemplaire unique que M.r Buquet a eu la complaisance de me communiquer, la dernière plaque ventrale est concave et arrondie, mais ses pièces génitales ne sont pas en évidence. Je le crois, un mâle.

2. Chariessa vestita.

199. Char. scutello semi-ovato transverso, elytris ubique pariter punctulatis. — *Tab.* xlv, *fig.* 2.

Brachymorphus vestitus, *Dej. loc. cit. p.* 128.

Var. A. Chariessa, *N. Sp. D. Buquet in litteris.*

Patrie. — Le Brésil, collections Dejean, Dupont et Buquet.

Dimensions. — Long. du corps, 5 et ½ lig. — id. du dos du prothorax, 1 et ½ lig. — id. du prosternum, 1 et ½ lig. — id. des élytres, 4 lig. — larg. de la tête, 1 lig. — id. du prothorax à son maximum, 1 et ⅓ lig. — id. des élytres à leur maximum, 3 lignes.

Formes. — Massue antennaire, serriforme, n'égalant pas la moitié de la longueur totale de l'antenne: le premier article, en triangle renversé aussi large que long, bord antérieur très faiblement échancré, angle antéro-interne aigu et dentiforme; second article, de la longueur du précédent, plus dilaté en dedans, bord antérieur échancré en rond, angle antéro-interne obtus et dirigé en avant: dernier article, en olive aplatie et un peu courbée en dedans, plus long et plus étroit que chacun des deux précédents. Ponctuation du dos, également fine et serrée partout, point d'espaces sur les élytres à ponctuation plus rare et plus profonde. Poitrine, aussi lisse et aussi luisante que le ventre. Écusson, en demi-ovale transversal. Callus, moins saillants que dans le *Ramicornis*, élytres proportionnellement plus larges, courbe latérale plus régulière et atteignant le maximum plus près du milieu, pélage du dos, plus égal et plus épais: quelques espaces vers le milieu des élytres, couverts d'un duvet velouté.

Couleurs. — Antennes, rouges: massue, noire. Tête, pattes et dessous du corps, rouges. Mandibules, onglets et extrémités des appendices tarsiens, noirâtres. Dos du prothorax, écusson et élytres, bleux. Poils hérissés, de la couleur du fond dans les parties rouges, blancs dans les parties bleues. Un seul espace velouté sur chaque élytre, en ovale transversal peu excentrique, occupant à-peu-près le tiers de la surface un peu en avant du milieu: duvet, noir.

Sexe. — Dans les trois exemplaires que j'ai vus et que je crois des femelles, la dernière plaque ventrale est plane et arrondie. Mâle, douteux.

Variétés. — La Var. A est un individu de la collection Buquet, moitié plus petit que le type, dont le bleu du dos tend davantage au violet, dont le pélage hérissé est plus épais et les espaces veloutés des élytres plus petits, ronds et ponctiformes. Serait-ce un mâle? Il serait bien plus difficile de croire que la *Vestita* ne fut que la femelle de la *Ramicornis*. Des contours différents à l'écusson et aux élytres, des espaces déterminés différemment circonscrits, différemment ponctués et différemment habillés, me semblant des caractères d'espèces et non des différences de sexe.

LIV. G. NOTOSTENUS, *Dej.*

Antennes insérées au-devant des yeux, en face de l'échancrure oculaire, visiblement plus courtes que la tête et le prothorax pris ensemble, *de onze articles:* 1.er article, court, épais, cylindrique; art. 2—8, plus petits et plus minces, fortement obconiques; *les trois derniers, en massue perfoliée*, un peu aplatie, étroite, allongée, à articulations bien distinctes: ses deux premiers articles, sub-triangulaires, plus longs que larges; le dernier, ovato-oblong, à peine un peu plus long que le précédent.

Yeux, petits, très distants, presque ronds, faiblement échancrés en avant.

Tête, grande, ovalaire. *Vertex*, apparent, large et court, non rétréci en arrière. *Front*, en rectangle transversal, deux fois au moins plus long que le vertex, doucement penché en avant et non vertical comme dans la plupart des autres *Clérites*, se confondant insensiblement avec la *Face* qui est également large et courte. *Chaperon*, déprimé et tronqué.

Labre, en rectangle transversal, couvrant l'extrémité des mandibules croisées; bord antérieur, cilié.

Palpes maxillaires, de quatre articles, aussi grands ou plus grands que les labiaux : dernier article, solide, en forme de gland allongé dont le maximum d'épaisseur est près de la base et dont l'extrémité est arrondie.

Palpes labiaux, de trois articles: le dernier, semblable en solidité au dernier des maxillaires, plus cylindrique, extrémité tronquée.

Autres *Parties de la bouche*, inobservées.

Prothorax, de quatre pièces comme dans touts les *Corinétoïdes.* Angles antérieurs du *tergum*, un peu rabattus sur les flancs. *Prosternum*, largement échancré en avant, rétréci en arrière, reduit en lamelle entre les fosses coxales, les dépassant et atteignant le bord postérieur du *Propectus.* Celui-ci, droit et entier. *Fosses coxales*, rondes, petites, très rapprochées et *entièrement fermées.*

Poitrine et *Ventre*, très faiblement convexes. *Abdomen*, étroit et allongé. *Plaques ventrales*, entières: bords postérieurs des quatre premières, droits; cinquième, arrondie ; sixième, n'étant pas en évidence dans l'état normal.

Ecusson, petit et ponctiforme.

Elytres, étroites, parallèles, entourant l'extrémité de l'abdomen: angle sutural postérieur, fermé.

Pattes, moyennes: les postérieures, courtes proportionnellement à la longueur de l'abdomen, les fémurs dépassant à peine la troisième plaque ventrale; tibias, droits, cylindriques inermes, à-peu-près de la longueur des fémurs.

Tarses, *de quatre articles*, un peu plus courts que les tibias, les postérieurs proportionnellement plus allongés: restes d'un article avorté, visibles en dessous: trois premiers articles, subtriangulaires, tronqués à leur extrémité, munis en dessous d'un appendice échancré; le premier, un peu plus long que chacun des suivants; ceux-ci, à-peu-près égaux entr'eux; appendice du troisième, plus profondément fendu et distinctement bilobé, *le quatrième*, *à peine un peu plus long que le troisième*, terminé pas deux crochets larges, courts et dont l'arète est profondément échancrée près de la pointe apicale, échancrure assez aiguë pour que les crochets semblent bifides.

Espèce unique. — Notostenus viridis, *Dej.*

200. Notost. — *Tab.* xlii, *fig.* 3.

Notostenus viridis, *Dej. loc. cit. p.* **127.**

Patrie. — Le Cap de Bonne-Espérance, M.r Drège.

Dimensions. — Long. du corps, 3 et $\frac{1}{2}$ lig. — id. du prothorax, $\frac{2}{3}$ lig. — id. des élytres, 2 et $\frac{1}{3}$ lig. — larg. de la tête, $\frac{1}{2}$ lig. — id. du prothorax, $\frac{2}{3}$ lig. — id. de la base des élytres, la même.

Formes. — Corps, ponctué et pubescent: ponctuation, égale, distincte et sans traces de stries au dessus du corps, plus rare et plus fine en-dessous: chaperon et labre, lisses. Pélage, rare, fin et hérissé. Disque du prothorax, déprimé, plane, la hauteur étant à la largeur dans le rapport de un à trois. Tergum, doucement penché des deux côtés, angles antérieurs aigus, postérieurs obtus; carènes qui le séparent des épisternes, droites et divergentes d'arrière en avant. Côtés du prothorax, arrondis et atteignant le maximum de la largeur vers le milieu de la longueur: bords opposés, à-peu-près égaux. Élytres, étroites et très faiblement convexes, un peu déprimées près de la suture: base, droite; angles huméraux, arrondis; callus, effacés;

côtés, parallèles à partir des angles antérieurs jusqu'aux quatre cinquièmes de la longueur; bord postérieur, en arc de cercle; angle sutural, fermé.

Couleurs. — Antennes, noires: quatre premiers articles, jaunes ou rougeâtres. Corps, d'un beau verd métallique, souvent bleuâtre et ordinairement plus foncé en dessus. Chaperon, labre, mandibules et autres pièces extérieures de la bouche, noirâtres et ternes. Écusson, noir. Pattes, rouges: tarses, noirs. Pélage, cendré.

Sexe. — Quelques exemplaires ont une petite fossette à leur dernière plaque ventrale. Serait-ce un caractère sexuel? Je n'en ai vu aucun qui ait ses parties génitales en évidence.

LV. G. CORYNETES, *Paykull.*

Antennes, insérées au-devant des yeux, en face de l'échancrure oculaire mais à distance notable, presque aussi longues que la tête et le prothorax pris ensemble, *de onze articles:* le premier, épais, cylindrique, plus long que dans le *Notostène*, pouvant remonter plus haut que le sommet de l'échancrure oculaire; art. 2—8, plus minces et plus petits, obconiques: *les trois derniers, en massue perfoliée* à articulations bien distinctes, aussi étroite et plus courte que dans le genre précédent, moins aplatie: les deux premiers articles de cette massue, triangulaires, à côtés souvent curvilignes, à-peu-près aussi larges que longs; le dernier, en ovale dont le contour diffère dans les différentes espèces et peut-être dans les différents sexes.

Yeux, de moyenne grandeur, distants, transversaux, réniformes, largement échancrés en avant, assez fortement grénus, touchant le bord postérieur de la tête.

Tête, grande, ovalaire. *Vertex*, nul. *Front*, au moins aussi large que long, brusquement penché en bas, presque vertical, se confondant insensiblement avec la *Face* et avec le *Chaperon.* Celui-ci, court, déprimé, de la consistance du labre, coupé en ligne droite.

Labre, sub-membraneux, court, largement échancré, n'atteignant pas les bouts des mandibules croisées.

Palpes maxillaires, plus grands que les labiaux, *de quatre articles:* le dernier, très grand, *aplati*, *notablement plus long que large*, s'élargissant un peu vers l'*extrémité*, celle-ci *tronquée en ligne droite.*

Palpes labiaux, de trois articles, *le dernier aussi grand que le dernier des maxillaires*, *également aplati*, s'élargissant davantage vers l'extrémité qui est coupée obliquement de dehors en dedans et d'avant en arrière, *en triangle renversé plus long que large.*

Dos du *Prothorax*, uniformément convexe et non déprimé. Angles antérieurs du *Tergum*, n'étant pas rabattus sur les flancs. *Propectus* et *Fosses coxales*, comme dans le *G. Notostenus.*

Poitrine et Ventre, très faiblement convexes. *Abdomen*, n'étant pas plus long que le mésothorax.

Ecusson, en demi-ovale transversal.

Elytres, convexes, non déprimées près de la suture: côtés, droits et parallèles près de la base, commençant à converger dès les trois quarts de la longueur; bord postérieur, arrondi; angle sutural postérieur, fermé.

Pattes, simples, moyennes, paraissant plus longues que dans le *Notostène* parceque le corps est proportionnellement plus court. *Fémurs postérieurs*, pouvant atteindre l'extrémité de l'abdomen.

Tarses, *de quatre articles* seulement, sans restes apparents d'un autre article avorté: les trois premiers, diminuant progressivement en longueur, grossissant peu vers leur extrémité, tronqués en dessus et munis en dessous d'un appendice membraneux entier ou faiblement échancré; *le quatrième*, non compris les crochets, *au moins aussi long que les deux intermédiaires pris ensemble;* crochets, comme dans le *Notostène.*

Ce genre a été établi, dès 1778, par Paykull, dans la *Fauna Svecica tom.* 1.r *p.* 274, d'après l'espèce connue dont nous parlerons au N.° 203. Fabricius l'a adopté en 1801, dans son *Syst. eleuth. tom.* 1.r *p.* 284. Des quatre espèces que nous connaissons, les deux premières dont le prothorax est plus arrondi, ressemblent à quelques *Dasytes*, les deux autres ont plus de ressemblance avec certains *Criocérites.* En voici le tableau, dressé exclusivement d'après les différences des formes.

A. *Côtés du prothorax*, arrondis.
  B. *Surface des élytres*, fortement et vaguement ponctuée.- - 1. Coryn. scabripennis, *Dup.*
  BB. *Surface des élytres*, striato-ponctuée. - - - - - - - 2. » pallicornis, *M.*
AA. *Côtés du prothorax*, sinueux.
  B. *Surface des élytres*, finement pointillée. - - - - - - 3. » violaceus, *Payk.*
  BB. *Surface des élytres*, antérieurement striato-ponctuée. 4. » semi-striatus, *M.*

1. Corynetes scabripennis, *Dupont.*

201. Coryn. prothorace rotundato, elytris sparsim excavato-punctatis. — *Tab.* xliii, *fig.* 2.

Corynetes scabripennis, *Dup. coll.*

Patrie. — Le Sénégal.

Dimensions. — Long. du corps, 3 et ½ lig. — id. du prothorax, ⅘ lig. — id. des élytres, 2 et ¼ lig. — larg. de la tête, ¾ lig. — id. du prothorax à son maximum, 1 lig. — id. de la base des élytres, 1 ligne.

Formes. — Dernier article de la massue antennaire, ovale, oblong, coupé obliquement de dehors en dedans, terminé en pointe à son angle antéro-externe. Dessus du corps, brillant d'un bel éclat métallique. Devant de la tête, plus fortement ponctué que le dos du prothorax, moins luisant: points, plus petits et plus rapprochés. Dos du prothorax, en forme de bouclier, presque rond et uniformément convexe: bord antérieur, arrondi et avancé au-dessus de la tête; angles antérieurs, émoussés; bords latéraux, arqués, sans inflexion, ayant leur maximum de largeur vers la moitié de la longueur; angles postérieurs, à peine prononcés; bord postérieur, droit. Surface des élytres, finement pointillée et de plus criblée de points plus gros et plus enfoncés, sans aucune trace de stries. Pélage, rare et hérissé.

Couleurs. — Antennes, dessous du corps et pattes, noirs. Premier et second articles des antennes, deux derniers anneaux de l'abdomen, rougeâtres. Palpes, testacés: dernier article, obscur. Dessus de l'avant-corps, bleu. Surface des élytres, bronzée et luisante. Pélage, blanchâtre.

Sexe. — L'exemplaire unique de la collection Dupont est un mâle dont les parties génitales sont en évidence: ses plaques ventrales sont entières, la dernière est arrondie. Femelle, inconnue.

2. Corynetes pallicornis, *M.*

202. Coryn. prothorace rotundato, elytris a basi ad apicem profundius striato-punctatis. — *Tab.* xliii, *fig.* 5.

Corynetes abdominalis, *Dej. loc. cit. p.* 127.

» » *Fab. syst. eleuth.* 1, 186, 4, et

» » *Sch. syn. ins.* 2, 51, 6?

Patrie. — Sénégal, M.r Buquet: Cap de Bonne-Espérance M.r Drège.

Dimensions. — Long. du corps, 1 lig. — id. du prothorax, $\frac{3}{4}$ lig. — id. des élytres, 2 lig. — larg. de la tête, $\frac{2}{3}$ lig. — id. du prothorax à son maximum, $\frac{3}{4}$ lig. — id. de la base des élytres, 1 ligne.

Formes. — Semblables à celles du précédent. Dernier article de la massue antennaire, en ovale oblong plus régulier, extrémité obtuse. Corps, plus convexe. Sur chaque élytre, neuf ou dix stries de gros points enfoncés, ronds et équidistants, allant sans interruption de la base au bord postérieur: espaces intermédiaires, planes et finement pointillés. Pélage, rare et fin.

Couleurs. — Antennes et pattes, jaunes pâles. Palpes, d'une teinte encore plus claire. Labre et chaperon, bruns ou ferrugineux. Mandibules et onglets, couleur de poix. Dessus du corps, bleu verdâtre: dessous, bleu-violet, dernière plaque ventrale jaune. Poils, cendrés.

Sexe. — Incertain.

Le *Corynetes abdominalis* de *Fabricius* est censé avoir son abdomen d'une couleur différente de celle du corps. Le nôtre n'a que la dernière plaque ventrale de la couleur des pattes et des antennes.

3. Corynetes violaceus, *Payk.*

203. Coryn. prothorace utrinque posticè sinuato, elytris supra sparsim punctulatis. — *Tab.* xliii, *fig.* 4.

Corynetes violaceus, *Payk. fn. svec.* 2, 275, 1.

» » *Steph. brit. ent. mandib.* iii, *p.* 328, 1.

» chalybæus, *Dej. loc. cit. p.* 127.

Patrie. — Nord de l'Europe, environs de Paris: très rare, en Italie.

Dimensions. — Long. du corps, 2 lig. — id. du prothorax, $\frac{1}{3}$ lig. — id. des élytres, 1 et $\frac{1}{2}$ lig. — larg. de la tête, $\frac{1}{3}$ lig. — id. du prothorax à son maximum, la même. — id. de la base des élytres, $\frac{2}{3}$ ligne.

Formes. — Articulations de la massue antennaire, un peu plus serrées que dans les deux précédents: dernier article, moins allongé, plus arrondi, à peine un peu plus grand que l'avant-dernier. Yeux, plus saillants en dehors et plus fortement grénus. Devant de la tête, luisant et finement ponctué. Prothorax, visiblement plus long que large: dos, uniformément convexe et également ponctué, ponctuation plus rare que celle du devant de la tête; bord antérieur, droit et non avancé au-dessus du vertex; bord postérieur, en arc de courbe dont la convexité est tournée en arrière; angles antérieurs, émoussés; bords latéraux, commençant à diverger et à se courber à partir des angles antérieurs, atteignant le maximum de la largeur un peu en avant du milieu de la longueur, infléchis au-delà et décrivant une courbe rentrante jusqu'aux angles postérieurs, ceux-ci aigus et bien prononcés. Écusson, de moyenne grandeur, en demi-cercle. Élytres, tranchant brusquement par leur plus grande largeur avec le diamètre transversal du prothorax: surface, finement et confusément pointillée, parsémée d'autres points plus gros et plus enfoncés d'autant plus nombreux qu'ils sont plus voisins de la base.

Couleurs. — Antennes, noires: quelques articles intermédiaires, d'une teinte un peu plus claire. Chaperon, labre, mandibules et onglets, bruns. Palpes, noirs. Corps et pattes, d'un bleu métallique, tantôt verdâtre, tantôt à reflets violets. Tarses, testacés. Poils, blanchâtres.

Sexe. — Quelques exemplaires ont leurs antennes plus allongées, les articulations de la massue moins serrées et son dernier article ovato-oblong visiblement plus long que large. Je les crois des mâles. Dans cette hypothèse, les types de la description seraient des femelles. Du reste, ces différences dans les antennes n'en entraînent pas d'autre dans les dimensions de la taille et dans le contour des plaques ventrales.

4. Corynetes semistriatus, *M.*

204. Coryn. prothorace utrinque bisinuato, elytris in medietate anticâ striato-punctatis. — *Tab.* XLIII, *fig.* 5.

Patrie. — Le Cap de Bonne-Espérance, M.r Drège.

Dimensions et Formes. — Semblables à celles du précédent. Dernier article de la massue antennaire, ovale, oblong et plus allongé que dans les individus du *Violaceus* que je crois des mâles. Dos du prothorax, inégal; dépression antérieure peu prononcée; sillon sous-marginal, plus enfoncé; surface dorsale, fortement ponctuée, ligne médiane, lisse; bords opposés, droits, parallèles, à-peu-près égaux entr'eux; angles antérieurs et postérieurs, droits; côtés, arqués et saillants vers le milieu, infléchis et rentrants vers les deux extrémités. Élytres, striées de la base jusqu'au milieu, points des stries gros et distincts; intervalles longitudinaux et moitié postérieure, confusément pointillés.

Couleurs. — Antennes, jaunes: massue, obscure. Labre, mandibules et autres parties de la bouche, brunes ou noirâtres. Dessus du corps, bleu-violet et luisant: dessous, mat et plus obscur. Pattes, testacées. Poils, clairs.

Sexe. — Douteux, dans l'exemplaire unique de ma collection, il m'a été donné par M.r Thorey de Hambourg.

LVI. G. NECROBIA, *Latr.*

Ce genre a été établi par Latreille dans son *Hist. gen. des crust. et des ins. tom.* 9, d'après des espèces bien distinctes de celle qui avait été le type du *G. Corynetes Payk.* Fabricius les a confondues dans son *Syst. eleuth.* où il a cependant suivi la nomenclature du savant suédois. Dès lors il y a eu dissidence de langage entre les entomologistes. Les élèves de Fabricius n'ont connu que des *Corynètes* et les compatriotes de Latreille n'ont admis que des *Nécrobies*. En effet, les espèces de ces deux genres ont à-peu-près le même facies, et en les examinant de près, il est aisé de se convaincre qu'ils sont trop voisins pour qu'on puisse intercaler un troisième entr'eux deux. Cependant ils me semblent assez détachés, par les formes différentes de la massue antennaire et des derniers articles des palpes, pour justifier une distinction qui a le double avantage de n'exclure aucun des noms proposés par un des deux *Scientiæ heroes* et d'être d'ailleurs conforme à ce que nous savons de l'histoire de ces animaux.

Nous avons vu, dans notre *Première partie*, au §. 3, que les larves du *Corynetes violaceus* subissent leurs métamorphoses dans l'intérieur des substances ligneuses. Or celles des *Nécrobies* ont été prises dans des charognes et leur nom générique a rapport à cette circonstance.

La massue antennaire des Nécrobies est aplatie, perfoliée, à articulations très serrées et à articles plus larges ou aussi larges que longs: le premier, brusquement dilaté à son origine et en trapèze élargi à l'extrémité; le second, à-peu-près de la grandeur du premier, encore en trapèze élargi en avant et tel que ses côtés paraissent souvent une continuation des côtés de l'article précédent; le troisième, plus grand que le second, en ovale transversal.

Le dernier article de chaque *Palpe* est à son origine de la même épaisseur que l'extrémité de l'avant-dernier qui est lui-même obconique: à partir de ce point, il augmente en grosseur jusqu'à une certaine distance, puis il se rétrécit sans s'aplatir jusqu'à l'extrémité qui est tronquée en ligne droite.

Dans les uns, le maximum de l'épaisseur est à-peu-près vers le milieu de la longueur qui est toujours au moins le double de la largeur, et alors, le palpe de la *Nécrobie* ressemble beaucoup à celui des *Orthoptères*. Dans les autres, le palpe, également plus long que large, a son maximum d'épaisseur très près de son origine, au-delà, il s'amincit jusqu'à l'extrémité qui est encore coupée en ligne droite et il finit en cone tronqué plus ou moins acuminé. Ces *Nécrobies* font le passage aux *Opétiopalpes* qui suivent et dont les palpes sont subulés ou terminés en pointe.

Voici le tableau des six espèces que je connais.

A. *Dernier article de chaque palpe*, ayant son maximum d'épaisseur vers le milieu de sa longueur.
B. *Dernier article de la massue antennaire*, n'étant pas deux fois plus grand que l'avant-dernier. - - - - - - - - 1. NECR. RUFIPES, *Oliv.*
BB. *Dernier article de la massue antennaire*, deux fois plus grand que l'avant-dernier.
C. *Extrémité du même article*, arrondie. - - - - - - - 2. » RUFICOLLIS, *Latr.*
CC. *Extrémité du même article*, tronquée et un peu échancrée. 3. » VIOLACEA, *id.*
AA. *Dernier article de chaque palpe*, ayant son maximum d'épaisseur très près de son origine.
B. *Elytres*, striées. - - - - - 4. » TIBIALIS, *M.*
BB. *Elytres*, simplement ponctuées.
C. *Surface du dos*, veloutée et opaque.- - - - - - - - 5. » DEFUNCTORUM.
CC. *Surface du dos*, glabre et luisante.- - - - - - - 6. » BICOLOR.

1. Necrobia rufipes, *Latr.*

205. Necr. palporum articulo ultimo medium propè latiore, antennarum articulo extimo vix penultimo longiore. — *Tab.* xliii, *fig.* 6.

Corynetes rufipes, *Fab. syst. eleuth.* 1, 186, 2.
» » *Sch. syn. ins.* 2, 51, 2.
» » *Dej. loc. cit. p.* 127.
Necrobia rufipes, *Oliv. ent. t.* iv, *n.* 16 *bis*, *n.* 2, *pl.* I, *fig.* 2. a. b.

Patrie. — Cette espèce est réellement cosmopolite. On l'a trouvée dans toutes les parties du monde. — Angleterre, Mrs Curtis et Stephens. — Suède, collection Dupont. — Paris, collection Dejean.— Allemagne, collections Dejean et Sturm. — Corse, Mr Chiesi. — Sardaigne, Mrs Villa et Géné. — Sicile, Mrs Grohmann et Ghiliani. — Espagne, Mr Ghiliani et collection Dejean. — Inde orientale, deux exemplaires de la collection Dejean. — Egypte, Mr Waltl. — Côte de Barbarie, Mr Sieber dans la collection De-Cristofori. — Alger, collection Dejean. — Île de France, ibid. — Cap de Bonne-Espérance, Mrs Drège et Verreaux. — Madagascar, collection Dejean. — Californie, feu Escholtz dans la collection Dejean. — Etats-unis, Mr Leconte. — Brésil, Mr Lacordaire. — Pérou, Mr Solzi. — Nouv.-Guinée, M.[r] D'Urville. — Swan-River, un exemplaire donné par Mr Reiche. — Cette espèce est-elle réellement indigène de tous les lieux où l'homme l'a rencontrée? N'y aurait-il pas plutôt retrouvé ce qu'il aurait apporté à son insu?

Dimensions. — Long. du corps, 2 et $\frac{1}{2}$ lig. — id. du prothorax, $\frac{2}{3}$ lig. — id. des élytres, $\frac{3}{2}$ lig. — larg. de la tête, $\frac{1}{2}$ lig. — id. du prothorax à son maximum, $\frac{2}{3}$ lig. — id. de la base des élytres, $\frac{3}{4}$ ligne.

Formes. — Dernier article de la massue antennaire, plus

grand mais non le double de l'avant-dernier, en ovale transversal, contour apical très faiblement arqué et presque en ligne droite. Dernier article des palpes, en forme de gland allongé et tronqué, ayant son maximum d'épaisseur vers la moitié de la longueur. Corps, finement ponctué: points, petits, ronds et distincts, plus serrés à la surface des élytres, plus distants sur le dos du prothorax; pélage, rare, fin et hérissé. Tergum prothoracique, uniformément convexe: bord antérieur, droit; angles antérieurs, bien prononcés et non rabattus sur les flancs; côtés, en arc de courbes saillantes et sans inflexions, atteignant leur maximum à peu de distance des angles antérieurs; angles postérieurs, insensiblement arrondis; bord postérieur, droit et plus étroit que le bord opposé. Base des élytres, droite: callus, assez saillants; entre la suture et chaque callus, cinq ou six rangées longitudinales et parallèles de points enfoncés plus gros et plus profonds, partant de la base et disparaissant vers le milieu; reste de la surface des élytres, finement ponctuée et sans traces de stries. Onglets, paraissant simples au premier abord, mais étant fortement échancrés très près de leur origine, dent interne de l'échancrure ou éperon courte et obtuse.

Couleurs. — Antennes, noires : base, jaune ou rougeâtre. Chaperon, labre, mandibules et onglets, bruns ou couleur de poix. Parties de la bouche au-dessous des mandibules, rouges: dernier article des palpes maxillaires, obscur. Corps, d'un bleu métallique tendant tantôt au verd et tantôt au violet: teinte du dessous, souvent plus foncée et plus matte. Pattes, rouges. Poils, blanchâtres.

Sexe. — Quoique j'aie vu une cinquantaine d'individus de cette espèce, je n'ai apperçu aucun indice certain des différences sexuelles, lorsque les parties génitales n'étaient pas en évidence.

Variétés. — Les modifications accidentelles de la taille, de la ponctuation et des couleurs, sont d'autant plus insignifiantes, dans cette espèce, qu'elles n'ont aucun rapport avec les localités et qu'il n'y a aucune de ces variétés qu'on puisse regarder comme une race constante. Ainsi la grandeur de la taille peut varier d'une ligne et demie de longueur et même moins à deux et demi et même davantage. L'individu Australasien que M.r Dejean a eu de M.r d'Urville et qu'il a cru l'*Australis M. L.* espèce qui m'est inconnue, est vert bleuâtre. Celui de Swan-River que j'ai eu de M.r Reiche, est bleu. Un autre exemplaire de la Californie que feu Escholtz avait nommé *Reticulatus* et que M.r Dejean a réuni au *Rufipes* dans sa collection, a quelques rides transversales sur le dos de ses élytres: mais ces rides ne sont, ni régulières, ni symétriques; elles proviennent de quelque contrariété que l'insecte a subi accidentellement dans les instants critiques de sa dernière métamorphose. Tous les autres exemplaires Américains sont semblables au type de l'espèce.

2. Necrobia ruficollis, *Latr.*

206. Necr. palporum articulo extimo medium propè latiore, antennarum articulo ultimo precedente duplo longiore apice rotundato. — *Tab.* XLIII, *fig.* 6.

Corynetes ruficollis, *Fab. syst. eleuth.* 1, 286, 3.
» » *Sch. syn. ins.* 2, 51, 4.
» » *Dej. loc. cit. p.* 127.
Necrobia ruficollis, *Latr. hist. nat. des crust. et des ins. t.* 9, *p.* 156.
» » *id. gen. crust. et ins.* 1, 274, 2.
» » *Oliv. ent. t.* IV, 76 *bis. pag.* 6, *n.* 3, *et pl.* 1, *fig.* 3.

Patrie. — Aussi répandue que la précédente dans les régions chaudes et tempérées de toutes les parties du monde, plus rare dans les pays septentrionaux.

Dimensions. — Les mêmes que dans l'espèce précédente.

Formes. — Voici le petit nombre de traits qui distinguent la *Ruficollis* de la *Rufipes.* Massue antennaire, proportionnellement un peu plus longue: dernier article, deux fois plus long que le précédent, ayant son maximum de largeur près de son origine, bords latéraux faiblement arqués et un peu convergents en avant, extrémité arrondie. Côtés du prothorax, également en arc de courbe non infléchie et non rentrante, mais n'atteignant le maximum que vers le milieu de la longueur : angles postérieurs, aussi bien prononcés que les antérieurs; bord postérieur, aussi large ou plus large que le bord opposé, arrondi au milieu, faiblement échancré de chaque côté. Surface des élytres, plus égale: callus, effacés; ponctuation éparse, fine et rare ; neuf rangées longitudinales de points plus gros que les autres, mais proportionnellement plus petits que ceux des stries de la *Rufipes*, commençant à la base ou derrière le callus et atteignant presque l'extrémité; intervalles longitudinaux, planes et beaucoup plus larges que les stries.

Couleurs. — Antennes, mandibules et onglets, noirs. Dessus de la tête, écusson, moitié postérieure des élytres et abdomen, bleux, quelquefois un peu verdâtres. Dessous de la tête, prothorax, poitrine, moitié antérieure des élytres et pattes, rouges. Extrémité du dernier article des palpes maxillaires, obscure. Poils, blanchâtres.

Sexe. — Même observation qu'à l'espèce précédente.

Variétés. — Souvent le rouge de la base ne prend que le tiers des élytres: au reste, les couleurs sont en général assez constantes. La taille est au contraire très variable, les plus petits individus sont à peine la moitié des plus grands.

3. Necrobia violacea, *Latr.* (10)

207. Necr. palporum articulo extimo medium propè latiore, antennarum articulo ultimo præcedente duplo longiore, apice extus obliquè truncato sub-marginato. — *Tab.* xliv, *fig.* 1.

Necrobia violacea, *Latr. hist. gen. des crust. et des ins. t.* 9, *p.* 156.

» » *id. gen. crust. et ins.* 1, 274, 1.

» » *Oliv. ent. tom.* iv, 76 *bis*, *pag.* 5, *n.* 1, *et pl.* I, *fig.* 1, a. b. c.

Corynetes violaceus, *Dej. loc. cit. p.* 127.

» angustatus, *D. Faldermann in litteris.*

Patrie. — Espèce, aussi répandue partout que la *Rufipes* et plus que la *Ruficollis* dans les pays septentrionaux. — Laponie, Suède, Allemagne, Suisse, Dalmatie et Pyrénées, collection Dejean. — Perse, un exemplaire donné par M.r Faldermann. — États-unis de l'Amérique, M.r Leconte.

Dimensions. — Les mêmes que dans les deux espèces précédentes, taille constamment plus petite, long. du corps 1 et ½ ligne.

Formes. — Très ressemblantes encore à celles des *Necr. rufipes* et *ruficollis*, mais plus encore à celles de la dernière. Dernier article de la massue antennaire, encore deux fois plus grand que l'avant-dernier, mais ayant son maximum de largeur vers le milieu de sa longueur, ses côtés plus dilatés, extrémité tronquée obliquement d'avant en arrière et de dedans en dehors, un peu échancrée. Dos du prothorax, plus élevé et plus convexe: angles postérieurs, mieux prononcés que les antérieurs; bord postérieur, un peu plus étroit que le bord op-

(10) Le nom de *Violaceus* serait défectueux, s'il était appliqué indifféremment à deux espèces différentes du même genre. Mais il n'a aucun inconvénient lorsque les deux espèces appartiennent à des genres différents.

posé, doucement arrondi et sans échancrures latérales. Stries ponctuées des élytres, plus fortes : intervalles longitudinaux, plus étroits et plus convexes.

Couleurs. — Antennes, pattes et dessous du corps, noirs. Devant de la tête, dos du prothorax, écusson et élytres, d'un beau bleu métallique. Poils du dos, obscurs : ceux des pattes et du dessous du corps, blanchâtres.

Sexe. — Incertain, quand les pièces génitales ne sont pas en évidence. Dans quelques femelles, la ponctuation des élytres est moins profonde, les intervalles longitudinaux des élytres sont plus planes, et sous ce rapport, l'espèce se rapproche davantage de la précédente. Dans quelques mâles, les antennes m'ont paru plus longues que la tête et le prothorax réunis.

Obs. — Cette *Nécrobie* est-elle bien le *Dermestes violaceus, Lin.*, comme l'ont cru Latreille et Olivier? je ne le pense pas. Les savants compatriotes du patriarche suédois, Paykull et Gyllenhall en ont jugé autrement. Leurs descriptions ne conviennent qu'à notre *Corynetes violaceus.* Mais la synonimie du second confond les deux espèces et cette confusion a été reproduite dans la *Synonimia insectorum* par Schonherr. Fabricius ne parait pas avoir eu une idée bien nette de l'espèce Linnéenne et son erreur a été de mauvais exemple. Cependant les auteurs anglais ont été de l'avis de Paykull, leur autorité est bien imposante, puisque la collection de Linné est à Londres et pour ainsi dire sous leurs yeux. Knoch, partageant l'erreur des savants français et trompé par l'exemple de Fabricius, a regardé le *Corynetes* de Linné comme une espèce nouvelle et lui a donné le nom de *Chalybæus* que M.r Dejean a adopté dans son catalogue. M.r Faldermann, au contraire, ne connaissant dans l'origine que l'espèce de Linné, n'a pas douté que la *Nécrobie* de Latreille ne fut la même, et lorsqu'il a connu celle-ci, il l'a prise pour une nouvelle espèce qu'il a nommée *Angustatus.*

4. Necrobia tibialis, *M.*

208. Necr. palporum articulo extimo basin propè latiore, elytris striato-punctatis. — *Tab.* xliv, *fig.* 2.

Patrie. — Le Cap de Bonne-Espérance, M.r Drège.

Dimensions. — Long. du corps, 1 et $\frac{1}{4}$ lig. — id. du prothorax, $\frac{1}{3}$ lig. — id. des élytres, $\frac{3}{4}$ lig. — larg. de la tête, $\frac{1}{3}$ lig. — id. du prothorax à son maximum, $\frac{1}{3}$ lig. — id. de la base des élytres, $\frac{1}{2}$ ligne.

Formes. — Dans cette espèce et dans les deux suivantes, le dernier article des palpes n'est plus en forme de gland allongé et tronqué. Il parvient à son maximum d'épaisseur très près de son origine, et à partir de ce point, il prend la forme d'un *Cone tronqué.* L'exemplaire unique que M.r Drège m'a envoyé par l'entremise de M.r Thorey, est en très mauvais état. Il a perdu une des deux antennes et les deux derniers articles de l'autre. Il a de plus été collé sur un carton dont je n'aurais pas pu le détacher, sans m'exposer à le briser, et qui m'a caché les pattes et dérobé le dessous du corps. Ma description sera donc très incomplète. Voici à quoi elle doit se reduire.

Prothorax, un peu plus large que long: bords opposés, droits, parallèles et à-peu-près égaux; angles antérieurs et postérieurs, également émoussés; côtés arrondis, ayant leur maximum de largeur vers la moitié de la longueur; surface du dos, criblée de gros points enfoncés ronds et distincts. Sur chaque élytre, 18 ou 20 stries, c. à. d. le double du nombre ordinaire, allant de la base à l'extrémité, composées de points enfoncés équidistants plus gros que ceux du prothorax: espaces intermédiaires, étroits, élevés et convexes. Cette duplication du nombre des stries ponctuées provient de ce que chacun des intervalles longitudinaux qui séparent les rangées ordinaires est lui-même parcouru, dans toute sa longueur, par une autre rangée de points enfoncés. Cette particularité est assez fréquente dans les Coléoptères. Mais ce qui y est très rare, c'est que les rangées intermédiaires soient égales en grosseur et en profondeur aux rangées principales. Je n'en connais pas d'autre exemple, dans les *Corynétoïdes*.

Couleurs. — Antennes, rougeâtres: massue, obscure. Dessus du corps, bronzé et brillant. Pattes, obscures: tibias, rouges. Poils, blanchâtres.

Sexe. — Inobservé.

5. Necrobia defunctorum,

209. Necr. palporum articulo extimo basin propè latiore, elytris vagè punctatis, corpore supra sericeo opaco. — *Tab.* xliv, *fig.* 3.

Corynetes defunctorum, *Waltl. rev. de silb.* 4, 143.
» carbonarius, *Dej. loc. cit. p.* 128.

Patrie. — L'Espagne.

Dimensions et Formes. — Semblables à celles de la *Necr. tibialis.* Dessus du corps, sans éclat métallique, mat, couvert d'un duvet de poils ras et veloutés; ponctuation de l'avant-corps, plus fine et plus serrée; des points plus gros et plus distants, vaguement épars, sur le dos des élytres, sans aucune trace de stries. Massue antennaire, un peu plus étroite que dans les trois premières espèces congénères: le dernier article, un peu plus long que le précédent, oblong, extrémité obtuse. Onglets, largement échancrés très près de la base, sommet interne de l'échancrure doucement arrondi.

Couleurs. — Antennes, noires; les deux premiers articles, rougeâtres. Corps, noir: duvet velouté du dos, concolore. Pattes, rouges.

Sexe. — Douteux, dans les deux exemplaires de l'ancienne collection Dejean. M.r Waltl a trouvé cette espèce sur les charognes.

6. Necrobia bicolor.

210. Necr. palporum articulo extimo basin propè latiore, elytris vagè punctatis, corpore supra lævi nitido. — *Tab.* xliv, *fig.* 4.

Corynetes bicolor, *Lap. rev. de silb.* 4, 52, 2.

» thoracicus, *Dej. loc. cit. p.* 128.

Patrie. — L'Espagne, M.r Waltl et collection Dejean.

Dimensions. — Long. du corps, 1 et $\frac{1}{2}$ lig. — id. du prothorax, $\frac{1}{3}$ lig. — id. des élytres, 1 lig. — larg. de la tête, $\frac{1}{3}$ lig. — id. du prothorax à son maximum, $\frac{1}{2}$ lig. — id. de la base des élytres, 1 ligne.

Formes. — Semblables à celles de la précédente, prothorax proportionnellement plus large et élytres un peu plus longues, bord postérieur du prothorax plus étroit que le bord opposé et en arc de courbe dont la convexité est tournée en arrière. Dessus du corps, aussi lisse et aussi luisant que le dessous. Ponctuation des élytres, aussi fine et aussi serrée que celle de l'avant-corps, sans traces de stries. Duvet velouté nul, quelques poils hérissés rares et fins qui ne cachent jamais le fond lisse et luisant.

Couleurs. — Antennes, noires: premier et second articles, rouges. Tête, bleu-foncée. Chaperon et labre, rougeâtres. Mandibules, palpes et autres parties de la bouche, noirâtres. Prothorax, rouge. Arrière-corps, bleu tendant au vert en dessus et au noir en dessous.

Sexe. — Dans les mâles, la massue antennaire est comparativement plus étroite et le dernier article est de la même forme que dans mes deux exemplaires de la *Defunctorum* qui sont peut-être du même sexe. Dans les femelles, ce même article est plus large que long, en ovale transversal comme dans la *Violacea* et il a pareillement son extrémité tronquée obliquement et un peu échancrée.

VARIÉTÉS. — La couleur des pattes n'est pas constante. Elle est tantôt bleue comme à la poitrine, tantôt rougeâtre comme au prothorax, le plus souvent obscure avec du rouge aux hanches et aux tarses, la couleur claire domine toutefois davantage aux pattes de la première paire.

LXVII. G. OPETIOPALPUS, *M.*

Le caractère essentiel du *G. Opetiopalpus*, celui qui le sépare nettement du *G. Necrobia*, consiste dans *le dernier article des palpes maxillaires subulé et terminé en aleine.* Au lieu d'être tronqué, comme dans les *Necrobies*, il finit en pointe d'autant plus aiguë que la longueur du palpe est à sa largeur dans le rapport de quatre à un ou même davantage.

Palpes labiaux, plus petits que les maxillaires; le dernier article, conique et terminé en pointe, mais plus épais et plus court que le dernier des maxillaires, et sauf l'extrémité qui n'est pas tronquée, se rapprochant davantage de son analogue dans les *Necr. tibialis, defunctorum* et *bicolor*. Ces palpes ont aussi quelque ressemblance avec ceux de la *Lebasielle*, mais les deux genres sont bien distincts par le total des autres caractères.

Les *Opétiopalpes* ont la massue antennaire un peu aplatie, perfoliée, ne dépassant pas le tiers de la longueur de l'antenne: les articulations en sont ordinairement assez distinctes, mais mieux dans les mâles que dans les femelles; les pattes, de moyenne grandeur; les fémurs postérieurs, n'atteignant pas l'extrémité de l'abdomen; les tarses, moitié plus courts que les tibias; leurs trois premiers articles, larges, déprimés, à-peu-près égaux entr'eux, munis en dessous d'un appendice membraneux large et un peu échancré, mais non fendu ou bilobé; les onglets, uni-échancrés, paraissant simples ou bifides, selon que l'échancrure est plus ou moins proche de l'origine.

Des quatre espèces connues, une seule se trouve en Europe, deux autres sont du Cap de Bonne-Espérance, la quatrième est de l'Amérique septentrionale. On verra, par le tableau ci-joint, que leurs formes fournissent des caractères spécifiques assez tranchés

A. *Prothorax*, aussi long ou plus long large.- - - - - - - - - - - - 1. Opet. auricollis, *M.*
AA. *Prothorax*, plus large que long.
B. *Rebord latéral du prothorax*, crénelé. - - - - - - - - - - - 2. » scutellaris.
BB. *Rebord latéral du prothorax*, entier.
C. *Onglets tarsiens*, simples. - - 3. » luridus.
CC. *Onglets tarsiens*, bifides. - - 4. » collaris.

1. Opetiopalpus auricollis, *M.*

211. Opet. prothorace saltem æquè longo ac lato. — *Tab.* xlv, *fig.* 3.

Patrie. — Le Cap de Bonne-Espérance, M.r Drège.

Dimensions. — Long. du corps, 1 et ½ lig. — id. du prothorax, ⅓ lig. — id. des élytres, 1 lig. — larg. de la tête, ¼ lig. — id. du prothorax à son maximum, ⅓ lig. — id. de la base des élytres, ½ ligne.

Formes. — Massue antennaire, étroite, allongée: les deux premiers articles, plus longs que larges, côtés arrondis, extrémités tronquées; le dernier, aussi long que les deux autres pris ensemble, terminé en pointe mousse. Yeux, finement grénus, ne faisant pas de saillie en dehors du prothorax, en contact immédiat avec son bord antérieur. Dessus du corps, fortement ponctué: points, ronds et distincts, gros et profonds; neuf ou dix rangées longitudinales et parallèles de gros points enfoncés, allant sans interruption de la base des élytres à leur extrémité; espaces intermédiaires, planes et finement pointillés. Bords opposés du prothorax, droits et parallèles: le postérieur, un peu plus large que l'autre; angles antérieurs et postérieurs, également et faiblement prononcés; côtés, en arc de courbes à faible courbure et sans inflexions, atteignant leur maximum un peu en arrière du milieu. Dos des élytres, uniformément convexe: callus, effacés. Dessous du corps, lisse et luisant: dessus, brillant d'un bel éclat métallique. Poils, rares, longs, fins et hérissés.

Couleurs. — Antennes, jaunes rougeâtres: massue, obscure. Dessus de l'avant-corps, verd doré. Élytres, violettes. Dessous du corps, bleu foncé. Palpes, pâles: derniers articles, noirs. Pattes, jaune de paille. Mandibules et onglets, couleur de poix. Poils, blanchâtres.

Sexe. Douteux, dans l'exemplaire unique que j'ai eu de M.r Drège, par l'entremise de M.r Thorey. A en juger par analogie et d'après la longueur de la massue antennaire, il est probablement du sexe masculin.

2. Opetiopalpus scutellaris.

212. Opet. prothorace plus latiore quam longiore, scuti prothoracis lateribus subtilissimè crenulatis. — *Tab.* xlv, *fig.* 4.

Corynetes scutellaris, *Panz. fn. germ.* xxxviii, 29.

» » *Sch. syn. ins.* 2, 51, 3.

» » *Dej. loc. cit. p.* 127.

Patrie. — L'Europe et l'Afrique. — La Podolie, M.r Besser dans la collection Dejean. — L'Autriche et la Crimée, M.r Parreyss. — La Sicile, M.r Grohmann. — L'Espagne, M.r Ghiliani. — Côte de Barbarie, M.r Sieber dans la collection De-Cristofori. — Sierra-Leona, un exemplaire de la collection Reiche.

Dimensions. — Long. du corps, 1 et ½ lig. — id. du prothorax, ⅓ lig. — id. des élytres, 1 lig. — larg. de la tête, ⅓ lig. — id. du prothorax à son maximum, $\frac{1}{2}$ lig. — id. de la base des élytres, $\frac{2}{3}$ ligne.

Formes. — Stature, moins svelte que celle de l'*Auricollis*. Antennes, proportionnellement plus épaisses et plus courtes: articles de la massue, plus larges à leur origine et moins nettement détachés; le dernier, moins long que les deux autres pris ensemble, son extrémité arrondie. Yeux et tête, comme dans le précédent, ponctuation du front plus fine et plus serrée. Dos du prothorax, uniformément convexe, fortement ponctué: points, de moyenne grandeur, très rapprochés, souvent difformes et confluents; bord antérieur, droit; angles antérieurs, bien prononcés, mais rabattus sur les flancs; côtés, arrondis, atteignant le maximum de la largeur vers le milieu de la longueur; carènes qui séparent le tergum et les épisternums, finement dentelées ou crénelées; angles postérieurs, largement arrondis et presque effacés; bord postérieur, droit et plus étroit que le bord opposé. Surface des élytres, vaguement ponctuée: ponctuation, plus forte que celle de l'avant-corps, points enfoncés plus gros et plus distants; espaces intermédiaires, plus étroits ou tout-au-plus aussi larges que les points enfoncés, lisses et luisants; callus, un peu saillants. Pélage, hérissé et rare.

Couleurs. — Antennes, pattes, avant-corps et écusson, rouges. Élytres, vertes. Poitrine et ventre, noirs. Mandibules et onglets, bruns noirâtres. Pélage, blanchâtre.

Sexe. — Douteux. Quelques individus, plus minces, plus petits et que j'ai pris pour des mâles, m'ont paru avoir les articles de la massue antennaire mieux détachés et le dernier un peu plus effilé.

3. Opetiopalpus luridus.

215. Opet. prothorace plus latiore quam longiore, scuti prothoracis lateribus integris tarsorum unguiculis simplicibus. — *Tab.* xlv, *fig.* 5.

Corynetes luridus, *Dej. loc. cit. p.* 128.

PATRIE. — Etats-unis de l'Amérique septentrionale, M.r Leconte.

DIMENSIONS. — Semblables à celles du *Scutellaris*. Taille, plus petite, long. du corps 1 ligne.

FORMES. — Elles diffèrent de celles du précédent, par les traits suivants. Dernier article des antennes, plus large et plus arrondi. Angles antérieurs du prothorax, aussi bien prononcés, mais non rabattus sur les flancs: côtés, arrondis, mais atteignant leur maximum visiblement en arrière du milieu de la longueur; carènes qui séparent le tergum des épisternums, entières, c'est-à-dire, sans dents et sans crénelures; angles postérieurs, obtus et émoussés, mais non largement arrondis; bord postérieur, droit, aussi large ou plus large que le bord opposé. Ponctuation dorsale de l'avant-corps, aussi forte que celle des élytres. Ajoutons, pour distinguer cette espèce de la suivante: onglets des tarses, paraissant simples parcequ'ils sont largement et faiblement échancrés très près de leur origine et parceque la dent interne de l'échancrure est doucement arrondie.

COULEURS. — Massue antennaire, obscure. Huit premiers articles des antennes, corps et pattes, testacés ou rougeâtres. Poils, blanchâtres.

SEXE. — Douteux, dans les deux exemplaires de l'ancienne collection Dejean.

4. OPETIOPALPUS COLLARIS, *M.*

214. OPET. prothorace plus latiore quam longiore, scuti prothoracis lateribus integris, tarsorum unguiculis bifidis. — *Tab.* XLV, *fig.* 6.

Corynetes collaris, *Sch. syn. ins.* 2, 51, 5.

» » *Illiger apud Dej. loc. cit. p.* 128.

PATRIE. — Le Cap de Bonne-Espérance, M.rs Schuppel et Drège.

Dimensions. — Long. du corps, 1 et $\frac{1}{2}$ lig. — id. du prothorax, $\frac{1}{3}$ lig. — id. des élytres, 1 lig. — larg. de la tête, $\frac{1}{3}$ lig. — id. du prothorax à son maximum, $\frac{1}{2}$ lig. — id. de la base des élytres, $\frac{2}{3}$ ligne.

Formes. — Antennes, aussi minces et aussi allongées que dans l'*Auricollis:* massue antennaire, ne dépassant pas le tiers de la longueur totale, ses articles bien nettement détachés; les deux premiers, plus larges que longs, en segments de cercle; le dernier, plus long que large, en ovale insensiblement rétréci en avant, terminé en pointe mousse. Tête, comme dans les précédents. Dos du prothorax, plus voisin de celui du *Scutellaris*, uniformément convexe: bord antérieur, droit; côtés, doucement arrondis, atteignant le maximum de la largeur au milieu de la longueur, se confondant insensiblement avec le bord postérieur et décrivant avec lui une courbe continue, non infléchie et non rentrante; carènes qui séparent le tergum des épisternums, entières comme dans le *Luridus*. Ponctuation du dos, comme dans le *Scutellaris:* points de l'avant-corps, plus petits et plus rapprochés; ceux des élytres, plus gros, plus profonds et vaguement épars. Onglets des tarses, profondément échancrés près de leur extrémité: échancrure, aiguë; dent interne, en forme de pointe de sabre et semblable à la pointe apicale, ensorte que l'onglet semble bifide. — Voyez ce que j'ai dit de cette apparence, dans le §. 2 de la *Première partie*.

Couleurs. — Antennes, noires: premier et second articles, testacés. Tête, noire: yeux, mandibules et dernier article des quatre palpes, de la même couleur. Corcelet, rouge. Élytres, d'un vert-foncé assez luisant. Poitrine et ventre, noirs. Pattes, bleues ou verdâtres: hanches et genoux, rouges; tarses, noirs. Poils, blanchâtres.

Sexe. — Un mâle dont les parties génitales étaient en évidence, a servi de type à ma description. Les autres individus ne m'ont offert aucune différence sensible. Je les crois du même sexe. Dans cette supposition, femelle inconnue.

VARIÉTÉS. — Le rouge des genoux s'étend quelquefois le long des fémurs et des tibias. Un seul exemplaire, de l'ancienne collection Dejean, a une tache obscure au milieu du propectus.

LVIII. G. PARATENETUS, *M.*

Antennes, distantes, insérées en avant et à quelque distance des yeux, *de onze articles:* le premier, court, épais, obconique, ne dépassant pas le bord antérieur de l'œil du même côté; second et troisième plus minces, plus fortement obconiques et néanmoins encore plus longs que larges; art. 4—8, subcylindriques, diminuant peu-à-peu en longueur sans augmenter en épaisseur: *art.* 9—11, *formant ensemble une espèce de massue perfoliée, un peu aplatie, à articles bien distincts, les deux premiers en segments du cercle, le dernier orbiculaire.*

Yeux, distants et latéraux, saillants en dehors et fortement grénus, *en ovales longitudinaux, tronqués et non échancrés en avant.*

Tête, large et ovalaire. *Vertex*, très court, un peu rétréci en arrière. *Front*, plane, en rectangle transversal, se confondant insensiblement avec la *Face:* celle-ci, rétrécie en avant et se confondant de même avec le *Chaperon;* bord antérieur, arrondi et assez avancé pour cacher en partie les mandibules croisées.

Labre, entièrement caché par la face ou par le chaperon, comme dans le *G. Cylidrus* qui est d'ailleurs très éloigné de celui-ci.

Ouverture buccale, plus petite que dans les autres *Corynétoïdes* et contrastant même, par sa petitesse, avec l'ampleur qui lui est propre dans les trois premières sous-familles des *Clérites.*

Palpes, très courts: les *maxillaires, deux fois plus grands que les labiaux, de quatre articles;* le premier, très court; le second, mince, effilé, obconique; *le troisième, un peu aplati, en triangle renversé plus long que large: le dernier, très grand, très aplati, en triangle renversé rectiligne et presque équilatéral.*

Palpes labiaux, de trois articles, larges et aplatis: les deux premiers, en trapèzes très courts et élargis en avant; *le dernier* plus grand, *en triangle renversé.*

Cette structure singulière des palpes et notamment l'*Aplatissement des deux premiers articles des labiaux*, m'a donné l'idée d'appliquer à ce genre, d'ailleurs bien distinct, le nom de *Paratenetus* dérivé d'un adjectif grec qui est censé signifier *Digne d'être observé.*

Prothorax de quatre pièces, comme dans tous les *Corynétoïdes*, dos égal et uniformément convexe. *Prosternum*, faiblement échancré en avant, plane, rétréci entre les pattes antérieures, rejoignant le bord postérieur. Celui-ci, droit et entier. *Fosses coxales antérieures,* en arrière du milieu, moins rapprochées entr'elles que dans les genres précédents, *entièrement fermées.*

Ecusson, *élytres* et ensemble du *Facies*, comme dans les *Opétiopalpes.*

Pattes, assez fortes, de moyenne longueur. *Hanches antérieures*, coniques. *Fémurs*, épais: les postérieurs, ne dépassant pas l'extrémité de l'abdomen.

Tarses, *de quatre articles*, sans restes apparents d'un autre article avorté: les trois premiers, à-peu-près égaux entr'eux, un peu déprimés, profondément échancrés en dessus, munis en dessous d'un appendice membraneux et entier; le dernier, de la grandeur de chacun des précédents, sans appendice en dessous, dilaté à son extrémité et terminé par deux petits crochets laminiformes, larges, courts, simples et faiblement arqués.

On ne saurait nier que nos *Paraténètes* ne ressemblent beaucoup aux *Cryptophages* et à quelques autres *Clavicornes.* Mais indépendamment de plusieurs *Caractères définitivement ou provisoirement artificiels*, tels que le nombre d'articles des tarses, les particularités de structure des palpes et des antennes, les *Cryptophages* et les autres *Clavicornes* ont leurs tarses ciliés en dessous et dépourvus d'appendices nus et dotés d'une mobilité indépendante. *Or, ce Caractère est éminemment naturel.* Voyez ce que j'ai dit de son importance, dans le §. 1.er de la *Première partie.*

1. Paratenetus punctatus.

215. Parat. prothoracis latere postico angustiore. — *Tab.* xliv, *fig.* 5.

Corynetes punctatus, *Dej. loc. cit. p.* 128.

Lagria serricollis, *Kl. in coll. De-Cristofori.*

Patrie. — Etats-unis de l'Amérique septentrionale, Mr Leconte.

Dimensions. — Long. du corps, 1 lig. — id. du prothorax, $\frac{1}{4}$ lig. — id. des élytres, $\frac{2}{3}$ lig. — larg. de la tête, $\frac{1}{5}$ lig. — id. du prothorax à son maximum, $\frac{1}{4}$ lig. — id. de la base des élytres, $\frac{1}{3}$ ligne.

Formes. — Antennes, n'atteignant pas le bord postérieur du prothorax; massue antennaire, égalant tout au plus le tiers de la longueur totale de l'antenne. Dessus du corps, mat, fortement ponctué et légèrement pubescent: points, ronds et distincts, sans traces de stries à la surface des élytres; pélage, rare, fin et hérissé. Bord antérieur du prothorax, droit: angles antérieurs, un peu rabattus sur les flancs; côtés, en arcs de courbes non infléchies qui atteignent le maximum de la largeur vers la moitié de la longueur; carènes qui séparent le tergum des épisternums, saillantes, rebordées et fortement dentelées; angles postérieurs, aigus et non rabattus sur les flancs; bord postérieur, droit, plus étroit que le bord opposé, moins fortement rebordé que les carènes latérales, rebord simple et sans dentelures. Écusson, très petit, en demi-cercle. Élytres, uniformément convexes: callus, lisses et saillants au-dessus des angles antérieurs; ceux-ci arrondis; côtés, d'abord parallèles, ne commençant à se courber et à converger l'un vers l'autre que vers les deux tiers de leur longueur; angle sutural, fermé; bord postérieur, en arc de cercle; suture et bord extérieur, sans rebords.

Couleurs. — Antennes, testacées: massue, obscure. Dessus du corps, testacé-rougeâtre: dessous, brun. Pattes, testacées, plus claires et de la même teinte que les huit premiers articles des antennes. Pélage, blanc.

Sexe. — Douteux, dans les trois exemplaires de l'ancienne collection Dejean.

2. Paratenetus Lebasii, *M.*

216. Parat. prothoracis latere postico anticum latitudine æquante. — *Tab.* xliv, *fig.* 6.

Patrie. — Colombie, M.r Lebas.

Dimensions, Formes et Couleurs. — Sous ce triple rapport, ce *Paraténéte* a tant de ressemblance avec le précédent qu'il n'est pas surprenant que M.r Dejean les ait confondus dans sa collection. Je les crois cependant bien distincts. Dans le *Lebasii*, le dos du prothorax est un peu déprimé vers le centre du disque, les angles antérieurs sont aussi aigus que les postérieurs et ne sont pas rabattus sur les flancs, les côtés apparents se confondent avec les carènes dentelées qui séparent le tergum et les épisternums, celles-ci décrivent des courbes plus régulières et telles qu'elles atteignent leur maximum de largeur au milieu de la longueur, et enfin, les deux bords opposés sont également larges. Où trouverions-nous de bons caractères spécifiques, si nous réjettions, comme des accidents, des différences de formes aussi bien prononcées?

Sexe. — Douteux, dans les trois exemplaires de mon cabinet, dont deux fournis par M.r Dupont, l'autre de la collection Dejean.

SUPPLÉMENT.

Ainsi que je l'ai annoncé, dans mon *Avant-propos*, l'ouvrage de Mr Klug intitulé *Versuch einer systematischen Bestimmung und Auseinandersetzung der Gattungen und Arten den Clerii, etc. von D. fr. Klug, Berlin* 1842, ne m'est parvenu qu'après la mise au net de toute la seconde partie de mon travail, partie qui avait été achevée, avant la première, par des motifs qui seront aisément compris par tout ceux qui ont entrepris des travaux analogues au mien. En effet, les généralités de la première partie ne sont que les conséquences des faits racontés dans la seconde. On me pardonnera donc, si je n'ai pas eu le courage de me remettre à la tache à nouveaux frais. J'ai mieux aimé ajouter ce *Supplément*, en guise de correctif, destiné à combler les lacunes d'un premier essai et à retablir la concordance synonimique.

Les genres admis par Mr Klug sont peu nombreux, et par cette raison, leurs caractères sont peut-être un peu trop généraux et même un peu vagues. Mais l'auteur a sagement remédié à cet inconvénient, en subdivisant la plupart de ces genres en plusieurs coupes partielles qu'il a signalées d'une manière plus positive et qu'il regarde, avec raison, comme destinées à devenir en définitif autant de genres à part. Il a proposé, pour celles qui sont nouvelles, des noms qui méritent d'être conservés, et pour les autres, il a employé ceux des auteurs et il a même daigné accepter quelques-uns de ceux que j'avais proposés dans mon *Tableau synoptique des Clérites*, *Rev. zool. de Guér.* 1841, *n.* 3.

Les onze genres admis par M.r Klug sont: I. *G. Cylidrus*, cinq espèces; II. *G. Tillus*, vingt-huit espèces; III. *G. Priocera*, trois espèces; IV. *G. Clerus*, soixante-dix espèces; V. *G. Ptychopterus Kl.*, une espèce; VI. *G. Opilus*, dix-neuf espèces; VII. *G. Erymanthus Kl.*, une espèce; VIII. *G. Trichodes*, vingt espèces; IX. *G. Corynetes*, dix-neuf espèces; X. *G. Cylystus Kl.*, une espèce; XI. *G. Enoplium*, cinquante espèces: total, deux-cent vingt-six espèces. Passons les maintenant en revue, pour en accorder les noms avec les nôtres. Le signe, ?, exprimera mes doutes: le signe, *O*, sera un aveu de mon ignorance.

I. G. Cylidrus, *Latr.*

1. *Cylidrus cyaneus*, *Kl.* — *idem mihi*, *n.* 1.

2. » *abdominalis*, *Kl.* — *Cylidrus fasciatus m*, *Var.* B. *n.* 3. — M.r Klug l'a trouvée dans le musée de Berlin, sans indication de patrie. Il l'a crue du Brésil. Elle est certainement de Madagascar.

3. *Cylidrus fasciatus*, *Kl.* — *idem m. Var.* — Cette variété ne diffère du type que par un peu plus de noir aux pattes.

4. *Cylidrus balteatus*, *Kl.* — *O.*

5. » *albofasciatus*, *Kl.* — *Denops personatus m. n.* 6.

II. G. Tillus, *Oliv.*

Div. a.

1. *Tillus elongatus*, *Kl.* — *idem m. n.* 3. — M.r Klug a réuni, comme nous, le *Till. ambulans* au *Till. elongeatus*, mais il a partagé l'opinion de ceux qui pensent que le premier est le mâle du second. Cette manière de voir s'appuie sur de nombreux exemples. Cependant elle souffre quelques exceptions et j'en ai deja fait l'observation. Le savant directeur

du musée de Berlin a enrichi cet article, ainsi que tous ceux qui concernent des espèces anciennement connues, d'un synonimie très étendue qui suppose d'immenses recherches bibliographiques et qui est d'un intérêt incontestable pour l'histoire de la science. A la vérité, sur les cinquante citations rapportées au *Tillus elongatus*, il y en a bien quelques-unes dont on n'apperçoit pas, au premier coup d'œil, l'utilité pour la reconnaissance de l'espèce. Mais ce qu'il y a peut-être de trop, dans le travail de M.r Klug, compensera ce qu'il y a sans doute de trop peu, dans le mien.

Div. b.

2. *Tillus pectinicornis, Kl.* — *O.* — Cette espèce, de la collection Sallingre et dont la patrie est douteuse, est très remarquable pas ses *Antennes en peigne à double rang.*

Div. c. — *G. Cymatodera, Gray.*

3. *Tillus Hopei, Kl.* — *Cymatodera Hopei, m. n.* 31.

4. » *marmoratus, Kl.* — *Cymatodera undata, m. n.* 32.

5. » *cylindricollis, Kl.* — *Cymatodera cylindricollis, m. n.* 36? Voyez aussi ma *Cymatodera longicollis, Var.* B. *n.* 35.

6. *Tillus inornatus, Kl.* —?

7. » *prolixus, Kl.* — *Cymatodera modesta, m. n.* 34.

8. » *conflagratus, Kl.* —?

9. » *cingulatus, Kl.* — *O.* Cette espèce s'est trouvée, avec d'autres insectes de la Caffrerie, dans un des riches envois de M.r Krebs. Mais s'ensuit-il, pour cela, qu'elle soit de la même localité, et si elle l'était, serait-elle réellement une *Cymatodère*?

Nous ne mettrons au contraire aucune hésitation à rapporter au *G. Cymatodera*, un *Clérite* du Brésil que M.r Buquet m'a communiqué dernièrement sous nom de *Notoxus ibidioides.* Cette espèce doit être placée entre l'*Hopei n.* 31 et la *Marmorata Kl.* ou *Undata m. n.* 32. Elle diffère de la première, par les stries ponctuées de ses élytres qui ne sont pas rapprochées par paires. Elle diffère de la seconde, par ses stries dorsales interrompues avant le milieu.

1. *bis* Cymatodera ibidioides, *M.*

31. bis Cymat. elytris parallelis punctato-striatis, striis dorsalibus ante medium interruptis. — *Tab.* xlvii, *fig.* 1.

Patrie. — Le Brésil.

Dimensions. — Long. du corps, 4 lig. — larg. de la tête, $\frac{1}{3}$ lig. — id. du prothorax à son maximum. — id. de la base des élytres, $\frac{2}{3}$ ligne.

Formes. — Antennes, aussi longues et aussi effilées que que dans l'*Undata*, ne grossissant pas sensiblement vers leur extrémité. Avant-corps, luisant, presque lisse ou très finement pointillé, légèrement pubescent: pélage, rare, fin et hérissé. Front, visiblement plus long que large, séparé de la face par un sillon droit, transversal, bien prononcé et atteignant l'origine des antennes. Yeux, très saillants et fortement grénus. Prothorax, comme dans l'*Undata*, proportionnellement plus allongé, moins dilaté au milieu et moins rétréci en arrière. Élytres, étroites, parallèles; côtés, ne commençant à converger que très près de l'extrémité; bord postérieur, en arc de courbe à très faible courbure; angle sutural, fermé. Dix rangées longitudinales, équidistantes et parallèles, de points enfoncés, partant de la base et dépassant le milieu; quatrième et cinquième stries à partir de la suture, effacées entre le callus huméral et le premier tiers de l'élytre; points restants, ronds, égaux entr'eux et équidistants; intervalles longitudinaux et cloisons transversales, planes et paraissant lisses a l'œil nu. Pattes courtes: fémurs, en massue. L'abdomen n'existe plus.

Couleurs. — Antennes et pattes, testacées. Tête et prothorax, noirs: labre et palpes, pâles. Élytres, jaunâtres avec trois bandes transversales brunes: la première, basilaire, interrompue au milieu, prolongée en arrière et au long de la suture jusqu'à la rencontre de la seconde; celle-ci, étroite, en arc de courbe à forte courbure dont la convexité est tournée en arrière, n'atteignant pas le bord extérieur; la troisième, très large, occupant le dernier tiers de l'élytre, profondément échancrée en avant, échancrure en arc d'ellipse tachée de blanc en arrière, tache oblongue et située près de l'extrémité.

Sexe. — Incertain, dans l'exemplaire unique de la collection Buquet.

Div. d.

10. *Tillus compressicornis*, *Kl.* — *O.*

Div. e. — *N. G. Macrotelus*, *Klug.*

11. *Tillus terminatus*, *Say. ap. Kl.* — *Monophylla terminata*, *m. n.* 165 *bis.*

Je dois la connaissance de cet insecte intéressant à M.r Lacordaire qui en a un exemplaire unique dans sa collection. Je l'ai fait représenter Pl. VI, *fig.* 3. M.r Klug, en le plaçant dans ses *Tilles*, semble lui attribuer cinq articles distincts à chaque tarse. Dans ma manière de compter, il n'y en a que quatre. On pourra en juger, par celui de la troisième paire que j'ai fait dessiner et où on verra qu'il n'y a pas même de traces d'un cinquième article avorté. *Les antennes n'ont que dix articles* (11) *et le dernier est aussi long que les neuf autres pris ensemble.* Ces deux caractères rapprochent cette espèce de l'*Enoplium megatoma Dej.* qui à été le type de mon *G. Monophylla.* J'ai réunies ces deux espèces provisoirement, dans la même coupe générique, sauf à les séparer dans la suite et à adopter le *G. Macrotelus*, dès que la découverte de nouvelles espèces et l'examen d'un plus grand nombre d'individus m'auront démontré les avantages de cette coupure.

(11) Au moment où j'écris, je m'aperçois que mon dessinateur a donné onze articles à l'antenne. Je n'ai plus l'insecte sous les yeux et je ne puis plus décider de quel côté est l'erreur, mais je la crois dans le dessin.

XXXVIII. G. MONOPHYLLA, *M.*

1.re *Espèce.* — Monophylla megatema.

164. Monoph. antennarum articulo ultimo reliquis unâ plus quadruplo longiore. — *M. ib. t.* 1. *p.* 385.

2.de *Espèce.* — Monophylla terminata.

164. bis. — Monoph. antennarum articulo ultimo dimidiam totius antennæ longitudinem vix superante. *Tab.* vi, *fig.* 3.

Tillus terminatus, *Kl. loc. cit. p.* 18, *n.* 11.

Patrie. — L'Amérique septentrionale, collection Lacordaire.

Dimensions et Formes. — La *Monoph. terminata* diffère de la *Megatoma*, par sa taille un peu plus petite, par les art. 2—9 de ses antennes moins inégaux entr'eux et mieux distincts, les quatre premiers étant obconiques, les quatre suivants étant triangulaires, aplatis, dilatés en dedans et en dents de scie, par le dernier article à-peu-près égal à touts les autres pris ensemble et ne faisant pas certainement les cinq sixièmes de la longueur totale, par les angles postérieurs du prothorax aussi bien prononcés que les antérieurs, par ses deux bords opposés à-peu-près égaux en largeur, par ses élytres moins étroites, et enfin, par son arrière-corps proportionnellement un peu plus court.

Couleurs. — Antennes, tête, poitrine et pattes, brunes-noirâtres. Prothorax, jaune-pâle avec une grande tache obscure sur le milieu du dos. Élytres, brunes avec une tache marginale jaune placée vers le milieu de la longueur, n'atteignant pas le milieu du dos, dilatée en dehors et remontant le long du bord extérieur jusqu'aux angles antérieurs. Abdomen, rouge. — Il paraît que les parties que nous avons trouvées brunes ou noirâtres, étaient plus claires, grises ou cendrées, dans l'exemplaire du cabinet de Berlin.

Sexe. — L'Exemplaire de la collection Lacordaire est un mâle et la seule *Megatoma* que j'ai vue est du même sexe. Il est donc évident que les différences des formes que j'ai relevées, sont des caractères spécifiques et non des accidents sexuels. Femelle, inconnue.

Div. f.

12. *Tillus rubricollis*, *Guér. ap. Kl.* — *Tillus pubescens*, *m. n.* 8.

13. *Tillus transversalis*, *Kl.* — *idem m. n.* 10.

14. » *unifasciatus*, *Kl.* — *idem m. n.* 6.

15. » *notatus*, *Kl.* — *O.*

Div. g. a. — *G. Callitheres.*

16. *Tillus tricolor*, *Kl.* — *Callitheres tricolor*, *m. n.* 13.

17. » *aulicus*, *Kl.* — *O.*

18. » *viduus*; *Kl.* —? — Je soupçonne qu'il faudra placer ici un *Clérite* de Madagascar que M.r Hope a entrevu dans un morceau de Gum-Animé et qu'il a nommé *Tillus 9-maculatus*, *Tr. of. th. ent. soc. tom.* 2, *p.* 54 et *pl.* VII, *fig.* 6. Il est cependant possible que cet insecte doive rester dans le *G. Tillus.*

Je rapporte au genre *Callitheres*, avec un peu moins d'incertitude, une autre *Clérite* de Madagascar que M.r Buquet a eu la complaisance de me communiquer conjointement à sept autres espèces de la même famille qui me semblent aussi intéressantes et dont je parlerai dans la suite de ce supplément.

1. bis, Callitheres bicolor, *M.*

12. bis Callith. elytris apice vix productis angulatim unispinosis, dorso reticulato-punctato. — *Tab.* xlvi, *fig.* 7.

Patrie. — Madagascar, collection Buquet.

Dimensions. — Long. du corps, 4 et $\frac{1}{2}$ lig. — id. du prothorax, 1 et $\frac{1}{3}$ lig. — id. des élytres, 3 et $\frac{1}{3}$ lig. — larg. de la tête, $\frac{2}{3}$ lig. — id. du prothorax au bord antérieur, la même. — id. du même au bord postérieur; $\frac{1}{2}$ lig. — id. de la base des élytres, $\frac{3}{4}$ ligne.

Formes. — Antennes, faisant exception dans le genre en ce que la scie antennaire ne commence qu'au septième article. Les art. 7—10 sont aplatis, triangulaires, à-peine un peu plus longs que larges, et vont en augmentant insensiblement en largeur sans diminuer en longueur: le dernier, est encore deux fois plus long que le précédent; les articles 2—6 sont minces, allongés et obconiques. Tête, comme dans l'*Acutipennis*. Dos du prothorax, uniformément convexe: dépression antérieure, effacée; côtés, droits et parallèles du bord antérieur jusqu'au milieu, infléchis et rentrants au-delà; sillon sous-marginal, peu enfoncé; bord postérieur, sans rebord. Écusson, en demi-cercle. Élytres, uniformément convexes, confusément réticulato-ponctuées: points, ronds et profonds, diminuant insensiblement de diamètre en s'éloignant de la base; côtés, parallèles de la base jusqu'à l'extrémité; bord postérieur, peu prolongé en arrière, anguleux; sommet de l'angle saillant, aigu et sub-épineux; angle sutural postérieur, ouvert; suture, finement rebordée. Premier et second articles des tarses, plus larges et plus déprimés que dans le type du genre. Dessous du corps, comme dans l'*Acutipennis*. Pélage, rare, fin et hérissé.

Couleurs. — Antennes, tête, prothorax, poitrine et pattes, rouges. Élytres et abdomen, d'un bleu-métallique tendant au violet sur les premieres et au verd sous le second. Poils, blanchâtre.

Sexe. — Un mâle, de la collection Buquet, il a l'étui de la verge en évidence, les bords postérieurs des quatre premières plaques ventrales sont droits et entiers, la cinquième est postérieurement arrondie, la sixième, dont on ne voit que l'extrémité, parait un peu échancrée, la dernière dorsale dépasse encore la dernière ventrale, mais son bord postérieur est entier et arrondi. Femelle, inconnue.

Les particularités des tarses et des antennes exigeraient peut-être quelques corrections dans les détails secondaires donnés au *tom.* 1.er *pag.* 105 *et suiv.* Mais comme il n'y aurait aucun changement à faire à ceux du tableau synoptique, *V. ib. pag.* 48, je ne vois pas de nécessité à créer une nouvelle coupe pour cette espèce dont je n'ai vu, jusqu'à présent, qu'un seul sexe et qu'un seul individu. Je pense qu'il faut la placer entre les *Callith. acutipennis* et *tricolor.* Il n'y aurait d'ailleurs rien à changer aux diagnoses de ceux-ci.

— g. b.

19. *Tillus acutipennis, Kl.* — *Callitheres acutipennis, m. n.* 12.

— g. c. — *G. Xylobius, Guérin.* — Ce nom de *Xylobius* avait été donné par Latreille à un groupe d'*Eucnémides.* Nous lui substituerons celui de *Stenocylidrus* qui veut dire *Cylindre étroit.*

20. *Tillus venustus, Kl.* — *Xylobius azureus, m.* ♂. *n.* 22.

21. » *longulus, Kl.* — *Xylobius azureus, m.* ♀ *n.* 22.

22. » *pulchellus, Kl.* — *Xylobius azureus, m. Var.* ♀?

23. » *azureus, Kl.* — *Xylobius azureus, m. Var. altero,* ♀?

— g. d.

24. *Tillus fastigiatus, Kl.* — *O.*

— g. e.

25. *Tillus auricomus, Kl.* — *O.*

Div. h. — N. G. *Philocalus Klug.*

26. *Tillus sucinctus, Kl.* — *O.* — Cette espèce n'a aucun rapport avec mon *Tillus succinctus n.* 9 qui serait de la *Div.* f. *Kl.* et du *G. Tilloidea Lap.*

27. *Tillus zonatus, Kl.* — *O.*

Div. i. — N. G. *Cleronomus Kl.*

28. *Tillus bimaculatus*, *Kl.* — O.

III. G. Priocera, *Kirby.*

1. *Priocera variegata*, *Kl.* — *idem*, *m. n.* 15.

2. » *trinotata*, *Kl.* — *Priocera pustulata*, *m. Var. n.* 18. — ?

Je dois à M.r Buquet la connaissance de la vraie *Prioc. trinotata Kl.* N'ayant plus, sous les yeux, aucun des *Clérites* communiqués par M.r Dupont, je ne puis plus confronter le type de Colombie réprésenté *Pl.* XLVI *fig.* 5 avec l'exemplaire mutilé qui provenait du Mexique. Les couleurs sont, pour ainsi dire, identiques. Dans l'exemplaire de Colombie, la quatrième tache jaune des élytres, est plus grande. Elle atteint le bord postérieur, et elle occupe à-peu-près le dernier quart de la longueur. Une aussi légère différence n'a certainement pas une importance caractéristique. Les formes offrent d'autres particularités qui méritent plus d'attention. Dans l'exemplaire de la collection Buquet, la taille est plus grande: long. du corps, 5 lignes. On voit, sur le dos du prothorax, une petite fosette linéaire et longitudinale qui n'atteint, ni la dépression antérieure, ni le sillon sous-marginal. Les stries ponctuées des élytres sont prolongées davantage au-delà du milieu et elles cessent brusquement à la rencontre de la dernière tache jaune. Les trois latérales sont aussi longues et aussi bien prononcées que les autres. Le dos est aplati, à partir de la suture jusqu'à la cinquième strie. L'aplatissement est plus fort au tiers médian de la longueur, il est peu sensible près de la base et nul à l'extrémité. L'espace, compris entre la quatrième et la cinquième strie est plus saillant que les autres, il est relevé en côte. Si ces traits remarquables suffisent, comme je le pense, pour constater l'existence de deux espèces distinctes, voici comment il faudrait reformer le tableau diagnostique et les phrases latines qui en doivent être la fidèle expression.

I. *Tableau diagnostique.*

A. *Elytres*, entières et postérieurement arrondies.
  B. *Surface des mêmes*, n'ayant que quelques points clairsémés près de leur base. - - - - - - - 1. Prioc. variegata.
  BB. *Surface des mêmes*, striato-ponctuée.
    C. *Stries latérales*, plus faibles que les dorsales. - - - - - - - 2. » pustulata.
    CC. *Stries latérales*, aussi fortes que les dorsales.
      D. *Dos des élytres*, déprimé. - 3. » trinotata, *Kl.*
      DD. *Dos des élytres*, uniformément convexe.- - - - - 4. » rufescens,
AA. *Elytres*, postérieurement tronquées et faiblement échancrées. - - - 5. » spinosa, *Kl.*
AAA. *Elytres*, postérieurement biépineuses et fortement échancrés - - 6. » bispinosa, *Kl.*

II. *Phrases diagnostiques.*

15. Prioc. elytris integris sub-lævibus, basi tantum punctis magnis et distantibus irroratâ.

16. Prioc. elytris integris vix ultra medium striato-punctatis, striis inæqualibus obsoletioribus.

16. *bis* Prioc. elytris integris striato-punctatis, striis æqualibus longè ultra medium productis, dorso medio deplanato.

17. Prioc. elytris integris striato-punctatis, striis æqualibus longè ultra medium productis, dorso convexo.

18. Prioc. elytris apice truncatis latè emarginatis.

19. Prioc. elytris apice profundius emarginatis *ac bispinosis.*

3. *Priocera spinosa, Kl.* — *Priocera decorata, m. n.* 18.

4. » *bispinosa, Kl.* — *Priocera Reichei, m. n.* 19.

IV. G. Clerus, *Geoffr.*

Div. a. — *G. Omadius*, *Lap.*

1. *Clerus prolixus, Kl.* — *Omadius indicus, m. n.* 51. — M.r Klug a rejetté le nom spécifique proposé par M.r le Comte de Castelnau parcequ'il a voulu le reserver au *Notoxus indicus Fabr.* Mais cette espèce étant, pour nous, d'un autre genre, nous ne voyons plus d'inconvénient au maintien du plus ancien des deux noms.

2. *Clerus modestus, Kl.* — *Omadius trifasciatus Lap.* et *m. n.* 52. — L'exemplaire de la collection Gory que j'ai eu sous les yeux, avait été nommé par M.r de Laporte lui-même.

3. *Clerus nebulosus, Kl.* — *Omadius nebulosus, m. n.* 54.*bis* Voyez, ci-après.

Je dois encore la connaissance de cette espèce à M.r Lacordaire qui en avait trois exemplaires de Java et qui a eu la complaisance de m'en céder un. Au premier aspect, son prothorax, quasi aussi large que long, me l'a fait prendre pour un *Stigmatium.* Mais un examen plus attentif m'a démontré qu'il a les tarses minces et allongés des *Omadies* et que M.r Klug a eu raison de le placer dans sa *Div.* a.

XVI. G. OMADIUS, *Lap.*

1.re *Espèce.* — Omadius indicus, *Lap.*

52. Omad. prothorace manifestò plus longiore quam latiore, dorso anticè deplanato posticè carinulato. — *V. tom.* 1.er *pag.* 175.

2.de *Espèce.* — Omadius trifasciatus, *Lap.*

53. Omad. prothorace manifestò plus longiore quam latiore, dorso minus inæquali anticè deplanato posticè convexiusculo, neutiquam carinato. — *V. tom.* 1.er *pag.* 176, *n.* 53.

3.e *Espèce.* — Omadius bifasciatus, *Lap.*

54. Omad. prothorace manifestò plus longiore quam latiore, dorso inæquali anticè transversim striolato. — *V. tom.* 1.er xv, *pag.* 176, *n.* 54.

4.e *Espèce.* — Omadius nebulosus.

54.bis Omad. prothorace ferè æquè lato oc longo. — *Tab. fig.* 6.

Clerus nebulosus, *Kl. loc. cit. p.* 52, *n.* 3.

Patrie. — Java, collection Lacordaire.

Dimensions et Formes. — Le *Nebulosus* est bien le plus épais des *Omadies* puisqu'il a une ligne de largeur sur trois et demie de longueur. Son front est encore plus long que large, non linéaire et plutôt en rectangle longitudinal. La dépression antérieure du prothorax est assez bien prononcée vers le milieu du dos, mais elle s'efface sur les côtés et ceux-ci commencent, à peu de distance des angles antérieurs, à s'écarter et à décrire une courbe continue qui atteint son maximum vers le milieu, le sillon sous-marginal est étroit et non dilaté latéralement. Le dos est également et finement ponctué, sans fossettes et sans carènes. La ponctuation des élytres est plus forte que celle de l'avant-corps, les stries sont continuées de la base à l'extrémité. Le pélage est fin, court, plus ou moins épais dans certains espaces, mais non couché à plat. Les pattes, proportionnellement plus courtes que dans les espèces congenères, participent des dimensions moins sveltes de tout le corps, les fémurs postérieurs dépassent à peine l'extrémité des élytres.

Couleurs. — Antennes et pattes, testacées: une tache linéaire noirâtre, à la face supérieure de chaque fémur près de son extrémité tibiale. Tête, prothorax et élytres, couleur de canelle: vers le milieu de chaque élytre, une bande transversale noire rétrécie près de la suture. Poitrine, brune. Ventre, rougeâtre. Poils, argentés, plus épais et faisant une espèce de fourrure glacée sur le dos du prothorax et sur la portion des élytres qui est en arrière de la bande noire.

Sexe. — Douteux, je crois cependant que mon exemplaire est une femelle.

Div. b. — *G. Stigmatium*, *Gray*.

4. *Clerus cicindeloides*, *Kl.* — *Stigmatium cicindeloides*, *m.* *n.* 55.

5. *Clerus mutillarius*, *Kl.* — *Thanasimus mutillarius*, *m.* *n.* 56. — Mr Klug a très bien vu que cette espèce se distingue, par plusieurs traits importants, des autres *Thanasimes* qu'il a dispersés dans d'autres divisions de son *G. Clerus*. Cependant je ne saurais croire qu'elle soit mieux placée dans le *G. Stigmatium*. Elle s'en éloigne beaucoup par la moindre longueur de ses fémurs.

Div. c.

6. *Clerus formicarius*, *Kl.* — *Thanasimus formicarius*, *m.* *n.* 57.

7. *Clerus rufipes*, *Kl.* *Thanasimus formicarius*, *m.* *Var.* A. *n.* 57.

8. *Clerus dubius*, *Kl.* — *idem*, *m.* *n.* 101 — ?

9. » *quadrisignatus*, *Kl.* — ?

10. » *trifasciatus*, *Kl.* — *Clerus nigripes*, *m.* *n.* 100.

11. » *nigripes*, *Kl.* — ? — Je n'ai pas, à ma disposition, le mémoire dans lequel Say a sans doute déterminé positivement

les caractères essentiels de ces trois espèces. Le peu de mots du D.r Klug ne roulent guères que sur les couleurs, et ils ne suffisent certainement pas pour resoudre toutes les difficultés. Le *Nigripes Kl.* par exemple semble se rapprocher du *Fischeri m. n.* 102 plus que du *Nigripes m. n.* 100. Mais ce *Fischeri* est de la Perse occidentale et le *Nigripes* est de l'Amérique septentrionale.

12. *Clerus rosmarus, Say ap. Kl.* — O.

13. » *nigrocinctus, Kl.* — *Clerus bicinctus, m. n.* 97.

14. » *ichneumoneus, Kl.* — *Clerus rufus, m. n.* 91.

15. » *lunatus, Kl.* — *idem, m. n.* 93.

16. » *bombycinus, Kl.* — *Clerus æneicollis, m. n.* 92.

17. » *scenicus, Kl.* — ? — Est-ce une espèce réellement distincte et ne devrait-on pas la réunir à la suivante?

18. *Clerus versicolor, Kl.* — *idem. m. n.* 90.

19. » *jucundus, Kl.* —? — *Vix a precedente satis distinctus*, de l'aveu même de M.r Klug.

20. *Clerus decussatus, Kl.* — *Clerus Hopfneri, m. n.* 94.

21. » *varius, Kl.* — O.

22. » *bicinctus, Kl.* — *Clerus bicinctus, m. n.* 97. — Je crois qu'il y a ici un double emploi et que le *bicinctus Kl. n.* 22 ne diffère pas de *Nigrocinctus id. n.* 13. Ayant le choix entre les deux noms, je préférerai celui que j'ai déjà employé.

23. *Clerus zonatus, Kl.* — O.

Je placerai, près du *Zonatus Kl.* que je ne connais pas et à la suite du *Lunatus n.* 93, un *Clère* inédit qui m'a été communiqué par M.r Buquet.

15.bis Clerus Columbiæ, *M.*

93.bis Cl. niger, prothorace rufo fasciis que duabus clytrorum pallidis. — *Tab.* XLVI, *fig.* 6.

Patrie. — La Colombie, collection Buquet.

Dimensions. — Long. du corps, 2 et ½ lig. — id. du prothorax, $\frac{1}{2}$ lig. — id. des élytres, 1 et $\frac{3}{4}$ lig. — larg. de la tête, $\frac{1}{3}$ lig. — id. du prothorax à son maximum, la même. — id. de la base des élytres, $\frac{1}{2}$ ligne.

Formes. — Antennes, comme dans les précédents: corps, plus cylindrique; arrière-corps, proportionnellement moins large. Dos, ponctué et pubescent: devant de la tête et dos du prothorax finement pointillés, points rares, surface luisante; ponctuation, des élytres, confusément éparse plus forte et plus serrée, surface matte. Yeux, finement grénus, saillants latéralement en dehors du prothorax. Dépression antérieure du prothorax, courte, bien prononcée et nettement séparée du disque par un sillon droit et transversal; côtés, droits et parallèles le long de la dépression antérieure, faiblement arqués au-delà, atteignant le maximum de la largeur vers le milieu de la longueur, brusquement rentrants très près du bord postérieur; sillon sous marginal, étroit et profond; bords opposés, à-peu-près égaux; angles antérieurs et postérieurs, droits. Élytres, uniformément convexes. Pélage, rare, court, fin et hérissé.

Couleurs. — Tête et antennes, noires: face, labre et chaperon, testacés-pâles. Prothorax, rouge: bord postérieur, noir. Élytres, noires à reflets bleuâtres, avec deux larges bandes communes testacées; la première, vers le milieu, remontant un peu en avant le long du bord postérieur; la seconde, un peu ondulée, n'atteignant pas le même bord. Dessous de la tête, poitrine, ventre et pattes, noirs: hanches, trochanters et bases des fémurs, pâles. Poils, blanchâtres.

Sexe. — Douteux.

24. *Clerus viduus, Kl.* — *Clerus erythrogaster, m. n.* 107.

25. » *mœstus, Kl.* — *O.*

26. » *sphegeus, Kl.* — *idem, m. n.* 106.

27. » *arachnodes, Kl.* — *V.* ci-après. C'est encore à M.r Lacordaire que je dois la connaissance de ce *Clère* qu'il faut placer à côté du *Sphegeus*, mais qui m'en semble bien distinct.

29.bis *Espèce.* — Clerus arachnodes, *Kl.*

106.bis Cl. æneus, nitidus, nitore metallico splendens, elytris albo-sericeo fasciatis. — *Tab.* III, *fig.* 2.

Clerus arachnodes, *Kl. loc. cit. p.* 43, *n.* 27.

Patrie. — L'Amérique septentrionale, collection Lacordaire.

Dimensions et Formes. — Très ressemblantes à celles du *Clerus sphegeus* auprès duquel M.r Klug l'avait placé. Taille, plus petite : long. du corps, 3 et ½ ligne. Dessus du corps, moins velu, finement pubescent: pubescence, ne masquant la couleur du fond qu'à la bande transversale qui est semblable à celle du *Sphegeus:* fond, apparent au dessous du pélage, brillant d'un bel éclat métallique.

Couleurs. — Antennes et tarses, noirs. Chaperon, labre, base des mandibules et pattes hors les tarses, ferrugineux. Tête, prothorax, élytres et poitrine, d'un bronzé luisant tendant au violet et non au vert comme dans le *Sphegeus.* Ventre, rouge. Poils épars, blanchâtres. Duvet ras de la bande transversale des élytres, blanc.

Sexe. — Douteux, dans mon exemplaire.

28. *Clerus luscus, Kl.* — *O.*
29. » *mexicanus, Kl.* — *idem, m. n.* 88.
30. » *annulatus, Kl.* — *O.*
31. » *mysticus, Kl.* — *Clerus antiquus, m. n.* 86.
32. » *phaleratus, Kl.* —?
33. » *ruficollis, Kl.* — *idem, m. n.* 98.
34. » *lætus, Kl.* — *O.*
35. » *signatus, Kl.* — *Clerus bisignatus, m. n.* 108.

La ressemblance des couleurs m'engage à parler ici d'une nouvelle espèce que ses formes placent néanmoins à une grande distance du *Cl. signatus Kl.* Elle provient du Chili et elle m'a été communiquée par M.r Buquet.

30.bis Clerus longulus, *M.*

108.bis Cl. niger, elytrorum fasciâ albidâ ante medium unicâ propè suturam posticè incurvatâ. — *Tab.* XLVI, *fig.* 8.

Patrie. — Le Chili, collection Buquet.

Dimensions. — Long. du corps, 2 lig. — id. du prothorax, $\frac{1}{2}$ lig. — id. des élytres, 1 et $\frac{1}{3}$ lig. — larg. de la tête, $\frac{1}{3}$ lig. — id. du prothorax à son maximum, la même. — id. de la base des élytres, la même.

Formes. — Antennes, de la longueur ordinaire; massue antennaire, proportionnellement plus étroite et plus allongée, articles notablement plus longs que larges, articulations bien détachées. Yeux, très saillants, distants du bord postérieur de la tête. Vertex, en rectangle transversal bien apparent. Prothorax, visiblement plus long que large: dos, faiblement convexe; dépression antérieure, bien apparente, mais peu enfoncée; côtés, droits et subparallèles le long de la dépression, brusquement dilatés et arqués au-delà, atteignant le maximum de la largeur un peu avant le milieu, doucement infléchis et rentrants en arrière; sillon sous-marginal, large, peu enfoncé; bord postérieur, presque égal au bord opposé; angles antérieurs et postérieurs, droits. Élytres, parallèles, uniformément convexes: callus, non saillants; côtés, ne commençant à converger et à se courber qu'à peu de distance de l'extrémité; bord postérieur, en arc de courbe à très faible courbure. Corps, mat, ponctué et pubescent. Ponctuation, éparse et distincte, plus forte et plus serrée sur le dos des élytres. Pélage, assez long, rare, fin et hérissé.

Couleurs. — Antennes, labre et autres parties de la bouche, dessous des quatre pattes antérieures hors les tarses, trochanters et base des fémurs de la troisième paire, testacés. Reste du corps et des pattes, noir. Une bande transversale blanche, en arc de courbe dont la convexité est tournée en avant, sur chaque élytre un peu en avant du milieu. Poils, blanchâtres.

Sexe. — Douteux.

36. *Clerus vulneratus, Kl.* —? — M.r Klug semble croire que cette espèce n'est qu'une variété du *Signatus*. Ce soupçon me semble assez fondé. En effet, la teinte de la bande des élytres n'est pas un caractère constant. Dans le *Bisignatus* unique de l'ancienne collection Dejean, elle n'est, ni blanchâtre, ni rouge, elle est jaune.

37. *Clerus tibialis, Kl.* — *O.*

38. » *lepidus, Kl.* — *O.*

39. » *pulchellus, Kl.* —? — Ne serait-il pas une variété du *Clerus luctuosus m. n.* 82? Mon exemplaire a les trois premiers articles des antennes rouges.

Je ne sais si je dois regarder, comme une variété du *Pulchellus* ou comme une espèce distincte, le *Clère* suivant que M.r Buquet m'a fait connaître en dernier lieu.

3.bis Clerus miniatus, *M.*

80.bis Cl. totus niger, elytrorum macula basilari fasciisque tribus albido-flavis, secundâ minio notata, apice sericeo-argenteo. — *Tab.* xlvii, *fig.* 2.

Patrie. — Le Brésil.

Dimensions et Formes. — Egales à celles du *Cl. bilobus.*

Couleurs. — Antennes, corps et pattes, noirs: pélage, blanchâtre; duvet ras et épais de l'extrémité des élytres, argenté. A chaque élytre, une tache basilaire et trois bandes transversales jaunes blanchâtres: tache, oblongue, longeant le bord de l'écusson; première bande, derrière le callus huméral, large, oblique, allant d'arrière en avant et de dedans en dehors, n'atteignant pas le bord extérieur; la seconde, vers le milieu de la longueur, en ovale transversal, n'atteignant pas la suture, tachée de rouge de carmin; la troisième, étroite, linéaire, oblique, allant d'arrière en avant et de dehors en dedans.

Sexe. — Incertain, dans l'exemplaire unique de la collection Buquet.

La disposition des taches et des bandes jaunâtres n'est pas la même, dans le *Bilobus* et dans le *Miniatus*. Cependant il n'est pas absolument impossible de les rapporter à un seul et même type idéal. Cette seule possibilité doit suffire pour entretenir nos doutes et pour augmenter nos regrets de n'avoir pas vu un plus grand nombre d'individus.

40. *Clerus tarsatus*, *Kl.* — *O.*

41. » *commodus*, *Kl.* — *O.*

42. » *comptus*, *Kl.* —? — Probablement variété du suivant avec prédominance du noir dans certaines portions des pattes.

43. *Clerus erythropus*, *Kl.* — *Clerus sobrinus*, *m. n.* 81.

44. » *notatus*, *Kl.* — *O.*

45. » *interruptus*, *Kl.* — *O.*

46. » *scenicus*, *Kl.* — *O.*

Nous placerons, à la suite des espèces ou variétés précédentes et à côté de notre *Sobrinus*, *n.* 81, une espèce du Brésil dont je dois encore la connaissance à M.r Lacordaire. Malheureusement la description que j'en avais tracée sur une feuille volante, avant de rendre au propriétaire l'exemplaire unique qu'il avait eu la bonté de me communiquer, a été égarée dans un transport de papiers de la ville à la campagne. La note suivante a été faite de mémoire et à l'aide du dessin qui m'est resté.

81.*bis* *Espèce.* — Clerus Lacordairei, *M.*

N. 81.*bis* — *Clerus Lacordairei*, *m. Tab.* xxxv, *fig.* 6. — Taille du *Clerus ruficollis n.* 98. Corps, proportionnellement plus large. Antennes, ferrugineuses. Tête, noire: front et vertex, rougeâtres. Prothorax, rouge: tiers postérieur du dos, noir. Élytres, noires, vaguement ponctuées et finement pubescentes: trois bandes jaunes, sur leur dos; les deux premières, en avant du milieu, obliques, dirigées d'avant en arrière et de dehors en dedans, se rejoignant près de la suture et formant ensemble une espèce de sautoir ouvert en dehors, n'atteignant aucun des deux bords; la troisième, un peu en arrière du milieu, transversale, en arc de courbe dont la convexité est tournée en avant, atteignant les deux bords. Écusson, pattes et dessous du corps, noirs. Poils, blanchâtres. — Sexe, inobservé.

47. *Clerus pusillus*, *Kl.* — *Clerus arcuatus*, *m. Var. n.* 85.
48. » *erythopterus*, *Kl.* — *O.*
49. » *thoracicus*, *Kl.* — *idem*, *m. n.* 100.
50. » *cyanipennis*, *Kl.* — ? — Il me parait bien voisin du précédent.

Div. d.

51. *Clerus intricatus*, *Kl.* — *Chalciclerus intricatus*, *m.* Voyez ci après, n. 114.bis

J'ai reconnu l'insecte de M.r Klug, dans une troisième espèce de *Chalciclère* que M.r Melly m'a envoyée dernièrement. L'individu est endommagé. Il a perdu cinq articles à l'antenne de droite, sept à celle de gauche, quatre tibias et tous les tarses. Cependant il a encore des caractères assez tranchés pour ne me laisser aucun doute, ni sur sa place dans le *G. Chalciclerus*, ni sur son identité avec le *Clerus intricatus Kl.*

XXVI. G. CHALCICLERUS, *M.*

3.e *Espèce.* — Chalciclerus intricatus.

114.bis Chalcicl. prothoracis lateribus bisinuatis. — *Tab.* xv, *fig.* 4.

Patrie. — La terre de Van-Diemen, M.r Melly.

Dimensions. — Long. du corps, 5 lig. — id. du prothorax, 1 lig. — id. des élytres, 3 et ½ lig. — larg. de la tête, ¾ lig. — id. du prothorax à son maximum, la même. — id. de la base des élytres, 1 ligne.

Formes. — Devant de la tête, fortement ponctué: yeux, plus saillants en dehors du prothorax que dans les deux autres espèces du même genre; vertex, un peu plus apparent (12). Dos du prothorax, inégal: dépression antérieure, bien prononcée et occupant à-peu-près le quart de la longueur totale; sillon sous-marginal, étroit, mais assez profond; bords opposés, à-peu-près égaux en largeur; côtés, bisinueux ou doublement infléchis, droits et parallèles vis-à-vis de la dépression antérieure, dilatés ensuite et en arcs de courbes qui atteignent leur maximum vers le milieu, infléchis et rentrants vers les trois quarts de la longueur, droits au-delà et parallèles jusqu'aux angles postérieurs; ponctuation du dos, confluente et rugueuse. Elytres, proportionnellement plus larges que dans l'*Unicolor* et plus déprimées que dans le *Bimaculatus*, criblées de points enfoncés ronds et distincts, plus grands que les espaces intermédiaires et disposés par rangées longitudinales telles que l'élytre semble réticulée plutôt que ponctuée; son extrémité, plus lisse et plus luisante. Dessous du corps, brillant et finement pointillé. Poils, rares et fins sur le dos, très épais et un peu couchés en arrière à l'écusson et aux flancs inférieurs de l'arrière corps.

Couleurs. — Antennes, corps et pattes, d'un violet plus ou moins luisant: extrémité postérieure des élytres, un peu plus foncée. Poils épars, cendrés: poils serrés de l'écusson, du ventre et de la poitrine, blancs.

Sexe. — Douteux.

Div. e.

(12) Ce dernier trait ne tient peut-être qu'à la position accidentelle de la tête.

52. *Clerus quadrimaculatus*, *Kl.* — *Thanasimus quadrimaculatus*, *m. n.* 60.

53. *Clerus abdominalis*, *Kl.* — *Thanasimus pictus*, *m. n.* 61.

54. » *indicus*, *Kl.* —?

55. » *marmoratus*, *Kl.* — *Thanasimus capensis*, *m. n.* 63. — M.r Klug nous apprend, dans son Supplément *loc. cit. p.* 123, que cet insecte est le véritable *Notoxus chinensis Fab.* Il est bon de le savoir, pour éviter les doubles emplois. Mais faudra-t-il, par égard pour une priorité malencontreuse, remettre à fleur d'eau un nom qui est mensonger, puisque l'espèce est du Cap et non de la Chine, et qui n'a pas même le mérite fortuit d'avoir été légitimé par l'usage, puisque l'espèce est jusqu'à présent très rare dans les collections et puisqu'elle n'y a pas de nom consacré?

56. *Clerus mitis*, *Kl.* — *Thanasimus Verreauxii*, *m. n.* 59.

Div. f. — *G. Thaneroclerus*, *Westw.*

57. *Clerus sanguineus*, *Kl.* — *Thaneroclerus sanguineus*, *m. n.* 60.

58. *Clerus Buquetii*, *Kl.* — *Thaneroclerus Buquetii*, *m. n.* 67.

59. » *dermestoides*, *Kl.* — *O.*

Div. g. — N. G. *Perophorus*, *Klug.*

60. *Clerus coarctatus*, *Kl.* — *O.*

Div. g. — *G. Lemidia*, *m.*

61. *Clerus nitens*, *Kl.* — *Lemidia nitens*, *m. n.* 177.

Div. i. — *G. Hydnocera*, *Newm.*

62. *Clerus humeralis*, *Kl.* — *Hydnocera humeralis*, *m. n.* 180.

63. » *basalis*, *Kl.* — *O.*

64. *Clerus attenuatus*, *Kl.* —?

65. » *lividus*, *Kl.* —? — Il est bien difficile de reconnaître des *Hydnocères* dont les couleurs sont si variables, lorsqu'on n'a pas de plus amples renseignements sur les particularités de leurs formes.

66. *Clerus brachypterus*, *Kl.* — *Hydnocera lineatocollis*, *m. n.* 185.

67. *Clerus suturalis*, *Kl.* — *Hydnocera limbata*, *m. Var. n.* 184.

68. *Clerus tenellus*, *Kl.* — *O.*

69. » *steniformis*, *Kl.* — *Hydnocera sub-œnea*, *m. Var. n.* 186.

Div. k. — *G. Evenus*, *Lap.*

70. *Clerus filiformis*, *Kl.* — *Evenus filiformis*, *m. n.* 176.

V. G. Ptychopterus, *Klug.*

Ptychopterus dimidiatus, *Kl. loc. cit. pag.* 60, *et tab.* 1, *fig.* 5. — *O.*

Cet insecte de la Caffrerie m'est tout à fait inconnu, mais d'après la description et d'après le dessin de l'auteur, je ne doute pas qu'il ne doive constituer un genre à part. Il est aussi très probable que ce genre doit entrer dans la famille des *Clérites*, et cette probabilité se changerait en certitude, s'il était bien prouvé que le *Ptychoptère* est un *Appendicitarse*. Dans ce cas, les antennes et les tarses placeraient cet insecte bien près de notre *Tillicera javana*.

VI. G. Axina, *Kirby.*

Axina analis, *Kl.* — *idem*, *m. n.* 19.

VII. G. Opilus, *Latr.*

Div. a.

1. *Opilus porcatus*, *Kl.* — *Natalis poreata*, *m. n.* 64.

Div. b.

2. *Opilus mollis*, *Kl.* — *Notoxus mollis*, *m. n.* 74.

3. » *domesticus*, *Kl.* — *Notoxus mollis*, *Var.* A. *m. n.* 74.

4. » *pallidus*, *Kl.* — *Notoxus mollis*, *Var.* D. *m. n.* 74.

5. » *tœniatus*, *Kl.* — *Notoxus mollis*, *Var.* B. *m. n.* 74.

6. » *thoracicus*, *Kl.* —? — Je ne serais pas surpris qu'il fallut tôt ou tard le réunir au suivant.

7. *Opilus frontalis*, *Kl.* — *Notoxus cruentatus*, *m. Var. n.* 75.

8. » *univittatus*, *Kl.* — *Tarsostenus univittatus*, *m. n.* 117.

9. *Opilus tropicus*, *Kl.* — *Notoxus gigas*. *m.* *n.* 72.
10. » *cinctus*, *Kl.* — *O.*
11. » *obscurus*, *Kl.* — *O.*
Div. c.
12. *Opilus interruptus*, *Kl.* — *Phloiocopus tricolor*, *m.* *n.* 139.
13. *Opilus basalis*, *Kl.* — *O.*
Div. d.
14. *Opilus suberosus*, *Kl.* — *O.*
Div. e. — *sub-div* α.
15. *Opilus tristis*, *Kl.* — *Notoxus funebris*, *m.* *n.* 70.
16. » *callosus*, *Kl.* — *Eburiphora Reichei*, *m.* *n.* 116.
17. » *patricius*, *Kl.* — *O.*
— *Sub-div.* β. — G. *Platyclerus*, *m.*
18. *Opilus planatus*, *Kl.* — *Platyclerus planatus*, *m.* *n.* 137.

Une seconde espèce de ce genre m'a été communiquée dernièrement par M.r Buquet. Elle est aussi aplatie, mais proportionnellement plus étroite que l'espèce type. On en jugera mieux, en comparant leurs dimensions respectives. Ce caractère qui est aussi facile à reconnaître à la première vue qu'il est difficile à exprimer dans une phrase spécifique qui ne comporte rien de vague et d'indéterminé, est cependant le seul qui m'ait semblé bien tranché.

XXXIII. G. PLATYCLERUS, *M.*

Seconde espèce — Platyclerus elongatus, *M.*

137.*bis* Platyc. — *Tab.* xlvi, *fig.* 2.

Patrie. — Madagascar.

Dimensions — Long. du corps, 3 et ¼ lig. — larg. du même, à la base des élytres, ¾ ligne.

Formes. — Très ressemblantes à celles du *Planatus* dont je

l'aurais cru un mâle, si je n'eusse connu les deux sexes de celle-ci. Dos du prothorax, moins fortement granulé: dépression antérieure, sillon sous-marginal et bord postérieur, luisants et finement pointillés; granulations du disque, plus aplaties, plus rares et plus largement perforées. Stries ponctuées des élytres, disparaissant brusquement un peu au-delà du milieu: intervalles longitudinaux et cloisons transversales, planes, mais très étroits; extrémité postérieure, luisante, très finement pointillée et paraissant lisse à l'œil nu. Pélage hérissé, plus rare que dans le *Planatus*, nul dans les espaces luisants: une rangée de soies épaisses et couchées en arrière, le long de la suture, à partir de l'écusson jusqu'au delà de milieu et de ce point s'étendant jusqu'au bord extérieur en décrivant une courbe à faible courbure dont la convexité est tournée en arrière.

Couleurs. — Antennes, testacées. Corps et pattes, noirs: espaces couverts par les soies épaisses et couchées en arrière, blanchâtres: soies, de la même couleur; poils hérissés, blancs.

Sexe. — Incertain.

Div. f. — G. Trogodendron, Guér.

19. *Opilus fasciculatus.* — *Trogodendron fasciculatum, m. n.* 69.

VIII. G. Erymanthus, *Klug.*

Erymanthus gemmatus, Kl. — idem, m. n. 189.

IX. G. Trichodes, *Herbst.*

1. *Trichodes crabroniformis, Kl. — idem, m. n.* 126.
2. » *apiarius, Kl. — idem, m. n.* 124.
3. » *apivorus, Kl. — idem, m. n.* 125.
4. » *favarius, Kl. — idem, m. n.* 128.
5. » *alvearius, Kl. — idem, m. n.* 128.
6. » *nobilis, Kl. — Trichodes sanguineosignatus, m. Var.* C. *n.* 127.
7. *Trichodes umbellatarum, Kl. — idem, m. n.* 119.
8. » *octopunctatus, Kl. — idem, m. n.* 118.

9. *Trichodes Olivierii*, *Kl.* — *Trichodes syriacus*, *m. n.* 129.
10. » *bifasciatus*, *Kl.* — *idem*, *m. n.* 134.
11. » *Nuthalli*, *Kl.* — *idem*, *m. n.* 130.
12. » *leucopsideus*, *Kl.* — *idem*, *m. n.* 131.
13. » *aulicus*, *Kl.* — *idem*, *m. n.* 132.
14. » *quadriguttatus*, *Kl.* — *Trichodes ammios*, *Var.* H. *m. n.* 133.
15. *Trichodes sipylus*, *Kl.* — *Trichodes ammios*, *Var.* G. *m. n.* 133.
16. *Trichodes ammios*, *Kl.* — *idem*, *m. n.* 133.
17. » *ornatus*, *Kl.* — *idem*, *m. n.* 134.
18. » *australis*, *Kl.* — *Zenithicola australis*, *m. n.* 113.
19. *Trichodes ochropus*, *Kl.* — *Yliotis Passerinii*, *m. n.* 112.
20. » *instabilis*, *Kl.* — *Aulicus instabilis*, *m. n.* 137.

Un *Clérite*, de la Colombie, faisant partie de la collection Buquet, sera pour nous le type d'un nouveau genre à intercaler entre les *G. Aulicus* et *Platyclerus*. En voici les caractères exprimés par les mêmes lettres que dans le tableau synoptique de la famille. Voyez, *Première partie*, §. 2.[d] *pag.* 48.

Clérites, A, B, C, CC bis, DDD, EE, FF, GG, I, KK, L.

M. *Derniers articles des quatre palpes*, aussi larges ou plus larges que longs. - - - XXXII. G. Aulicus, *M.*

MM. *Derniers articles des quatre palpes*, moins visiblement larges que longs.- - XXXII bis G. Muisca, *M.*

Les *Muiscas* habitaient le plateau de Bogota, lorsque les Espagnols pénétrèrent dans cette contrée. Ils disparurent après la conquête. Leur nom est resté à l'histoire. Trouvera-t-on mauvais qu'il se glisse dans la nomenclature entomologique où il se présente sous les auspices de la communauté d'origine?

Je ne connais jusqu'à présent qu'une seule espèce de ce genre.

XXXII. G. MUISCA, *M.*

Espèce unique. — Muisca bitæniata, *M.*

137.*bis* Muisc. — *Tab.* XLVII, *fig.* 4.

Patrie. — La Colombie, collection Buquet.

Dimensions. — Long. du corps, 3 et $\frac{1}{2}$ lig. — id. du prothorax, $\frac{2}{3}$ lig. — id. des élytres, 2 lig. — larg. de la téte, $\frac{1}{3}$ lig. — id. du prothorax à son maximum, la même. — id. de la base des élytres, 1 ligne.

Formes. — Antennes, atteignant le bord postérieur du prothorax, naissant au-dessous de l'échancrure oculaire: premier article, épais, obconique, ne pouvant pas atteindre le bord postérieur de la tête; second article, beaucoup plus mince, très court, obconique; art. 3—8, aussi minces et deux fois plus longs que le second, à-peu-près égaux entr'eux, sub-cylindriques ou faiblement obconiques, à articulations bien distinctes; art. 9—11, formant ensemble une massue aplatie, étroite, serriforme, moitié plus courte que les art. 2—8 réunis; neuvième et dixième articles en triangles renversés, le dixième un peu plus court et plus large que le neuvième; le dernier, extérieurement arrondi et terminé en pointe penchée un peu en dedans. Yeux, saillants des deux côtés en dehors du prothorax, fortement grénus, distants, en ovales transversaux, échancrés en avant, échancrure arrondie. Vertex, nul. Front, large, faiblement convexe, doucement penché en avant, se confondant insensiblement avec la face et avec le chaperon, bord antérieur de celui-ci coupé en ligne droite. Labre, en rectangle transversal, faiblement échancré en avant, n'atteignant pas l'extrémité des mandibules croisées. Autres parties de la bouche, inobservées. Prothorax, cylindrique: dos, faiblement convexe ; côtés, droits et parallèles, brusquement dilatés vers le milieu de leur longueur, dilatation arrondie et tuberculiforme; bords opposés, droits, parallèles et égaux en largeur; dépression antérieure, peu prononcée, à peine sensible en arrière; sillon sous-marginal, peu enfoncé près de la ligne médiane, effacé latéralement. Prosternum, brusquement rétréci entre les pattes antérieures, n'atteignant pas le bord postérieur: fosses coxales, très grandes, rondes, ouvertes à leur angle postéro-interne. Mésosternum, rétréci et prolongé en avant ensorte que l'avant-corps peut aisément glisser en dessous. Métasternum, non renflé. Ventre, plane: bord postérieur de tous les segments entiers, le dernier petit et arrondi, les autres droits. Dernière plaque dorsale, plus large que la dernière ventrale, la dépassant en arrière, tronquée en ligne droite. Ecusson, petit, en demi-ovale transversal. Élytres, uniformément convexes: base, droite; callus, peu saillants; angles antérieurs, arrondis; côtés, droits et parallèles; bord postérieur, arrondi; angle sutural, fermé. Pattes, moyennes, simples: fémurs postérieurs, atteignant à peine l'extrémité de l'abdomen; tibias, droits; tarses, larges, déprimés, plus courts que les tibias, de quatre articles seulement, sans rudiments d'un cinquième article avorté; les trois premiers, bifides en dessus et munis en dessous d'un appendice membraneux grand et bilobé; le quatrième, terminé par deux crochets laminiformes et unidentés ou plutôt à arète interne échancrée en arc de cercle à partir de la moitié de la longueur jusqu'à l'extrémité, sommet interne de l'échancrure en angle droit, sommet externe en pointe courbe et tranchante. Corps, ponctué et pubescent: ponctuation, plus forte et plus serrée au devant de la tête et sur le dos du prothorax; sur chaque élytre, neuf rangées longitudinales de points plus gros et équidistants, partant de la base et disparaissant brusquement un peu au-delà du milieu. Ailes inférieures, inobservées. Pubescence, rare, fine et hérissée.

Couleurs. — Antennes, corps et pattes, roux. Yeux et extrémités des mandibules, noirs. Deux bandes noires, sur chaque élytre: la première à la base, plus large, échancrée à l'angle antéro-interne; la seconde un peu au-delà du milieu, étroite, en zigzag. Poils, cendrés.

Sexe. — Les organes génitaux ne sont pas en évidence dans l'exemplaire unique que j'ai sous les yeux, je le crois un mâle.

X. G. Corynetes, *Paykull.*

Div. 1.

1. *Corynetes cœruleus*, *Kl.* — *Corynetes violaceus*, *m. n.* 203. — M.r Klug a reservé le nom de *Violaceus* à un autre *Corynète* qu'il a décrit à son *n.* 7. Mais comme ces deux espèces ne sont plus pour nous du même genre, il n'y a plus d'inconvénient à leur laisser le même nom spécifique.

2. *Corynetes ruficornis*, *Kl.* —?

3. » *pusillus*, *Kl.* —?

4. » *geniculatus*, *Kl.* —? Est-il bien prouvé que ces trois *Corynètes* soient spécifiquement distincts et qu'ils ne soient pas des variétés du *Violaceus m. n.* 203?

5. *Corynetes analis*, *Kl.* — *Corynetes pallicornis*, *m. n.* 202.

6. » *pectoralis*, *Kl.* —?

Div. 2.

7. *Corynetes violaceus*, *Kl.* — *Necrobia violacea*, *m. n.* 207. — M.r Klug rapporte, à cette espèce, le *Corynetes violaceus* de Paykull. Je ne saurais être de son avis.

8. *Corynetes rufipes*, *Kl.* — *Necrobia rufipes*, *m. n.* 205.

9. » *ruficollis*, *Kl.* — *Necrobia ruficollis*, *m. n.* 206.

Div. 3.

10 *Corynetes scutellaris*, *Kl.* — *Opetiopalpus scutellaris*, *m. n.* 212.

11. *Corynetes bicolor*, *Kl.* — *Necrobia bicolor*, *m. n.* 210.

12. » *collaris*, *Kl.* — *Opetiopalpus collaris*, *m. n.* 214.

13. *Corynetes rubricollis*, *Kl.* — *Opetiopalpus collaris*, *m. n.* 214. — Des différences légères, dans les teintes des pattes et des antennes, ne sauraient m'empêcher de réunir cette espèce à la précédente.

14. *Corynetes defunctorum*, *Kl.* — *Necrobia defunctorum*, *m. n.* 209.

15. *Corynetes ater*, *Kl.* — *O.*

Div. 4.

16. *Corynetes discolor*, *Kl.* — *O.*

17. » *pallipes*, *Kl.* — *O.*

Div. 5. *G. Notostenus*, *Dej.*

18. *Corynetes viridis*, *Kl.* — *Notostenus viridis*, *m. n.* 200.

19. » *Thumbergi*, *Kl.* — *O.*

XI. G. Cylistus, *Klug.* — *G. Tenerus*, *Lap.*

Cylistus variabilis, *Kl.* — *Tenerus terminatus*, *m. n.* 43 et *Tenerus bifasciatus*, *m. n.* 48. — J'adopte l'opinion du D.r Klug quant à la réunion de ces deux espèces. Mais le nom générique de *Tenerus* qui est à la vérité un barbarisme en latinité, n'en a pas moins la priorité. J'ai cru qu'il était juste de le conserver. D'ailleurs celui de *Cylistus* avait été déjà appliqué à un autre genre de la famille des *Histérites*.

XII. G. Enoplium, *Latr.*

Div. 1.

1. *Enoplium sanguinicolle*, *Kl.* — *Orthoplevra sanguinicollis*, *m. n.* 197.

2. *Enoplium damicorne*, *Kl.* — *Orthoplevra damicornis*, *m. n.* 196.

3. *Enoplium murinum*, *Kl.* — ? — Je la regarde comme une variété de mon *n.* 196. Elle ne diffère de la *Var.* A que par le dos du prothorax entièrement brun.

4. *Enoplium velutinum*, *Kl.* — *O.*

5. » *lepidum*, *Kl.* — *Lebasiella erythrodera*, *m. n.* 195.

Div. 2.

6. *Enoplium serraticorne*, *Kl.* — *idem*, *m. n.* 141.

7. » *pilosum*, *Kl.* — *Pelonium pilosum*, *m. n.* 147.

8. » *marginatum*, *Kl.* — *Pelonium pilosum*, *Var.* B. *m. n.* 147.

9. *Enoplium geniculatum*, *Kl.* — *O.*

10. » *alcicorne*, *Kl.* — *O.*

11. » *posticum*, *Kl.* — *O.*

12. » *viridipenne*, *Kl.* — *Pelonium viridipenne*, *m. n.* 150.

13. *Enoplium kirbyi*, *Kl.* — *O.*

14. » *trifasciatum*, *Kl.* — *Pelonium cléroïdes*, *m. n.* 161.

C'est avant le *Trifasciatum* et immédiatement après notre *Gallerucoides* que nous aurons à placer un grand et beau *Pelonium* inédit dont je dois encore la connaissance à Monsieur Buquet.

XXXVI. G. PELONIUM, *M.*

18.bis Pelonium Buquetii, *M.*

160.bis — Pel. Fronte plus latiore quam longiore, elytris apice conjunctim rotundatis, prothoracis lateribus anticè rectis dorsoque fortius punctato, elytrorum pilis ubique erectis dorsoque vagè punctato, prothoracis margine postico neutiquam angustato *lateribusque ponè medium abruptè tuberculatis* — *Tab.* XLVI, *fig.* 3.

Patrie. — La Colombie, coll. Buquet.

Dimensions. — Long. du corps, 6 et ½ lig. — id. du prothorax, 1 et ⅓ lig. — id. des élytres, 4 et ½ lig. — larg. de la tête, 1 et ¼ lig. — id. du prothorax à son maximum, 1 et ⅓ lig. — id. de la base des élytres, 2 lignes.

Formes. — Tête et antennes, à-peu-près comme dans le *Gallerucoides:* dernier article de la massue antennaire, n'étant pas plus long que le premier; face, front et vertex, mats, fortement et distinctement ponctués. Dos du prothorax, aussi mat et aussi fortement ponctué que le dessus de la tête, uniformément convexe et sans dépression antérieure: sillon sous-marginal, à peine sensible; côtés, droits et parallèles du bord antérieur jusqu'au milieu, brusquement dilatés ensuite; dilatation latérale, en forme de tubercule, ayant son sommet vers les deux tiers de la longueur totale: angles postérieurs, droits ainsi que les antérieurs; bord postérieur, peu relevé, aussi large que le bord opposé. Écusson, triangulaire. Élytres, proportionnellement plus courtes et plus allongées que dans le *Gallerucoides*, mais aussi mattes que l'avant-corps: ponctuation, plus fine et aussi serrée. Pattes, fortes et proportionnellement plus courtes: fémurs postérieurs, ne dépassant pas l'avant-dernière plaque ventrale; tibias, droits; onglets, comme dans le *Trifasciatum Klug*. Pélage, hérissé partout, plus long et plus épais sur le dos de l'avant-corps.

Couleurs. — Antennes, corps et pattes, testacés: teinte de l'écusson et des élytres, un peu plus pâle. Sur chaque élytre, cinq petites taches noires ponctiformes; les deux antérieures basilaires, l'extérieure plus grande sur le sommet du callus, la troisième avant le premier tiers et vers le milieu de la portion dorsale, les deux autres sur la même ligne longitudinale, l'une au premier tiers, l'autre au second tiers de l'élytre. Poils, blanchâtres.

Sexe. — Douteux.

Voici maintenant le changement qu'il faudra faire subir à la diagnose du *Pelonium gallerucoides*.

18. Pelonium gallerucoides, *M.*

160. Pel. fronte plus latiore quam longiore, elytris apice conjunctim rotundatis, prothoracis lateribus dorsoque subtiliter punctulato, elytrorum pilis dorsoque vagè et æqualiter punctato, prothoracis margine postico neutiquam angustiore *lateribusque medio sensim arcuato-dilatatis.*

15. *Enoplium rufipes, Kl.* —? — Probablement une variété du précédent.

16. *Enoplium ornatum, Kl.* — *O.* — Ce bel insecte que je n'ai pas vu, ne ressemble au suivant que par la parure du manteau. Du reste, ses élytres sont droites et parallèles, il doit rester dans les *Pélonies.*

17. *Enoplium ramicorne, Kl.* — *Chariessa ramicornis, m. n.* 198.

18. » *vestita, Kl.* — *Chariessa vestita, m. n.* 199.

19. » *decorum, Kl.* — *O.*

20. » *fasciculatum, Kl.* — *Pelonium amœnum, m. n.* 148.

21. *Enoplium scoparium, Kl.* — *O.*

22. » *fugax, Kl.* —?

23. » *leucophæum, Kl.* — Je ne serais pas surpris que quelques-unes de ces trois espèces, si non toutes, ne fussent que des variétés de mon *n.*° 148.

24. *Enoplium testaceum, Kl.* —?— Il faudrait le placer à côté de nos *Pelonium variabile n.* 155 et *nigrosignatum n.* 156, peut-être n'est-il qu'une variété de l'un ou de l'autre.

25. *Enoplium hirtulum, Kl.* — *Pelonium cribripenne, m. n.* 163.

Nous placerons, à la suite de l'*Hirtulum*, une espèce très jolie du Brésil que M.r Buquet a eu la complaisance de me communiquer et qui fait partie de sa collection.

XXXVI. G. PELONIUM, *M.*

21. bis Pelonium apicale, *Buq.*

163. bis Pel. fronte plus latiore quam longiore, elytris apice conjunctim rotundatis dorsoque striato-punctato, prothoracis lateribus vix arcuatis posticè sensim convergentibus. — *Tab.* xlvii, *fig.*

Patrie. — Le Brésil.

Dimensions. — Long. du corps, 3 lig. — id. du prothorax, 1 lig. — id. des élytres, 1 et $\frac{1}{4}$ lig. — larg. de la tête, $\frac{1}{2}$ lig. — id. du prothorax à son maximum, la même ou à peine un peu moindre. — id. de la base des élytres, $\frac{2}{3}$ ligne.

Formes. — Antennes, comme dans l'*Hirtulum:* dernier article, brusquement rétréci près de l'extrémité, échancré au bord interne et terminé en pointe. Yeux, très saillants en dehors du prothorax. Front, un peu plus large que long, rétréci vers le haut. Dos de l'avant-corps, fortement et distinctement ponctué. Prothorax, sub-cylindrique: dos, uniformément convexe; côtés, très faiblement arqués, la dilatation latérale n'étant sensible que lorsque l'insecte est renversé sur les flancs; bord postérieur, un peu plus étroit que l'antérieur. Élytres, fortement striato-ponctuées: stries, égales, équidistantes, disparaissant brusquement aux trois quarts de la longueur; points, ronds, unipiligères, plus grands que les cloisons transversales et au moins égaux aux intervalles longitudinaux; ceux-ci, planes et lisses à l'œil nu: dernier quart des élytres, lisse et luisant.

Couleurs. — Antennes, pâles. Tête et prothorax, bruns-noirâtres: labre, pâle. Élytres, couleur de puce avec une tache blanchâtre assez large qui longe le bord postérieur et qui n'atteint pas la suture. Poitrine et abdomen, fauves. Pattes, brunes: hanches, trochanters et bases des fémurs, pâles. Poils, de la couleur du fond.

Sexe. — Incertain.

26. *Enoplium quadripunctatum*, *Kl.* — *idem*, *m. n.* 142.

27. » *sex-notatum*, *Kl.* — *Pelonium variabile*, *m. Var. n.* 155.

28. *Enoplium* 12-*punctatum*, *Kl.* —?

29. » *contaminatum*, *Kl.* — ? — Voyez plus bas mes observations au sujet du *Pelonium scutellatum*, *Buq.*

30. *Enoplium pilosum*, *Kl.* —? — Probablement variété du précédent. Dans tous les cas, il faudrait toujours reformer le nom spécifique. Nous avons un autre *Pilosum* au *n.* 7 *Kl.* et au *n.* 147 *m.*

31. *Enoplium crinitum*, *Kl.* — *Pelonium collare*, *m. n.* 152. — L'*Enopl. crinitum*, *Dej. cat.* n'est pas le *Crinitum Kl.* quoique M.r Dejean l'ait confondu avec lui. L'exemplaire unique de cette collection était mutilé, quand je l'ai eu. Ses restes ne méritaient pas d'être décrits et encore moins d'être figurés, mais ils ont suffi heureusement pour reconnaître l'espèce, dans un individu bien conservé que M.r Buquet a eu encore la complaisance de me communiquer.

XXXVI. G. PELONIUM, *M.*

11.*bis* Pelonium scutellatum, *Buq.*

154.*bis* Pel. Fronte vix plus latiore quam longiore, elytris apice conjunctim rotundatis, prothoracis lateribus anticè rectis posticè arcuato-emarginatis, elytrorum pilis ubique erectis striisque sub-æqualibus a basi ad apicem ferè productis.

Pelonium scutellatum, *D. Buquet in litteris.*

Enoplium crinitum, *Dej. coll.*

Patrie. — Le Brésil.

Dimensions. — Long. du corps, 2 et ½ lig — id. du prothorax, $\frac{3}{4}$ lig. — id. des élytres, 1 et $\frac{1}{2}$ lig. — larg. de la tête, $\frac{2}{3}$ lig. — id. du prothorax à son maximum, la même. — id. du même au bord postérieur, $\frac{1}{2}$ lig. — id. de la base des élytres, $\frac{3}{4}$ ligne.

Formes. — Antennes, comme dans l'*Enoplium crinitum*, *Kl.* Tête, luisante, fortement et distinctement ponctuée : front, proportionnellement moins large, presque carré. Dos du prothorax, uniformément et faiblement convexe, mat et plus fortement ponctué que le devant de la tête, points plus gros, plus serrés, mais toujours distincts; dépression antérieure, effacée; sillon sous-marginal postérieur, nul; angles antérieurs, émoussés; côtés, droits et parallèles à partir des angles antérieurs jusqu'aux deux tiers de la longueur, fléchis au-delà en arcs de courbes rentrantes et convergents jusqu'aux angles postérieurs; largeur du bord postérieur, étant à celle du maximum dans le rapport de trois à quatre. Élytres, striato-ponctuées comme dans le n.° 152; stries, brusquement effacées à une certaine distance de l'extrémité et au-delà des trois quarts de la longueur.

Couleurs. — Antennes, pattes et ventre, testacés-pâles. Dessus de l'avant-corps, fauve. Écusson, noir. Élytres, testacées avec trois taches dorsales noires avant le milieu et un petit point de la même couleur à l'endroit où finissent les stries ponctuées. Dessous du prothorax et poitrine, bruns. Poils, blanchâtres.

Sexe. — Douteux.

Cette espèce est remarquable par la forme des derniers articles des quatre palpes qui sont aplatis et tronqués, mais non dilatés, et qui contraste avec celle des mêmes articles dans la plupart des congénères et notamment dans le *Trifasciatum* *n.°* 161 où ils sont en triangles renversés souvent aussi larges ou plus larges que longs. Il y a trop de passages intermédiaires entre ces deux extrêmes, pour que ce caractère, essentiellement relatif et provisoirement artificiel, puisse actuellement justifier le sectionnement du *G. Pelonium* et l'introduction de quelques nouvelles coupes génériques. Je crois cependant qu'on aurait pu l'employer à la reconnaissance des espèces, et qu'au défaut d'autres caractères plus apparents, il vaudrait encore mieux que les accidents des couleurs. On a vu combien celles-ci sont variables dans d'autres *Pélonies*, nous avons pu en juger en comparant plusieurs exemplaires des mêmes espèces. Je ne les crois pas plus constantes, dans le *Scutellatum*. L'individu mutilé que j'ai trouvé dans l'ancienne collection Dejean, avait du noir à la base des élytres, les taches noires du milieu formaient une espèce de bande en zigzag et le point de l'extrémité était devenu une petite ligne transversale. Il venait de la Colombie et on aurait pu le rapporter à l'*Enoplium contaminatum Kl. loc. cit. p.* 112, *n.*° 29.

Voici deux autres espèces du même genre que j'ai eues de M.r Buquet, conjointement à la précédente.

11.ter Pelonium testaceum, *Buq.*

154.ter Pel. fronte manifestô plus latiore quam longiore, elytris apice conjunctim rotundatis, prothoracis lateribus anticè rectâ divergentibus posticè arcuato-emarginatis, elytrorum pilis ubique erectis striisque subæqualibus a basi ad apicem ferè productis. — *Tab.* XLVII, *fig.*

Enoplium pilosum, *Kl. loc. cit. p.* 113. *n.* 30?

Patrie. — Le Pérou, collection Buquet.

Dimensions et Formes. — Assez ressemblantes à celles du *Scutellatum* pour que nous puissions nous en tenir à une description comparative. Front, évidemment plus large que long, en rectangle transversal. Angles antérieurs du prothorax, également émoussés et côtés également droits à partir du même point, mais divergents et non parallèles: maximum de la longueur également en arrière du milieu, mais la dilatation latérale un peu plus tuberculiforme, son sommet plus arrondi; bords opposés, à-peu-près égaux en largeur, le postérieur étant au diamètre du maximum dans le rapport de trois à quatre. Autres formes extérieures, comme dans le *Scutellatum*.

Couleurs. — Antennes, corps et pattes, testacés: dessus de l'avant-corps, d'une teinte un peu plus foncée et tendant au fauve; sur le prothorax, deux bandes noirâtres, longitudinales et parallèles, allant des angles antérieurs aux angles postérieurs; quelques points noirs, épars sur les flancs des élytres, au-delà du milieu. Pélage, blanchâtre.

Sexe. — Incertain.

Cette espèce doit être placée entre la précédente et le *Pelonium variabile*, *m. n.* 155. Les couleurs la rapprochent beaucoup de l'*Enoplium pilosum*, *Kl. n.* 30. Mais la description de cet auteur ne nous apprend pas s'il y a autant de ressemblance dans les formes. Quand cela serait et quand il y aurait identité entre ces deux *Pélonies*, le nom de *Pilosum* n'en serait pas moins à rejetter. Il appartient exclusivement à la *Lampyris pilosa* de Forster, *Enoplium pilosum*, *Kl. loc. cit. p.* 104, *n.* 7 et *Pelonium pilosum*, *m. n.* 147.

C'est encore à cette *Div.* 2 du *G. Enoplium Klug* que nous rapporterons le beau *Pelonium* qui suit.

16.bis Pelonium vittatum, *Buq.*

158.bis Pel. fronte plus latiore quam longiore, elytris apice conjunctim rotundatis, prothoracis lateribus anticè rectis dorsoque sparsim punctulato, elytrorum pilis ubique erectis dorsoque obsoletè striato-punctato, prothorace posticè neutiquam angustiore. — *Tab.* XLVIII, *fig.*

Pelonium vittatum, *D. Buq. in litt.*

Patrie. — Le Brésil collection Buquet.

Dimensions. — Long. du corps, 4 lig. — id. du prothorax, 1 lig. — id. des élytres, 2 et ¾ lig. — larg. de la tête, ¾ lig.

— id. du prothorax à son maximum, la même. — id. du même, à chacun des deux bords opposés, $\frac{1}{2}$ lig. — id. de la base des élytres, 1 ligne.

Formes. — Plus ressemblantes à celles du *Gallerucoides* qui doit le suivre qu'à celles du *Nigrosignatum* qui doit le précéder. Massue antennaire, comme dans le *Gallerucoides:* articulation intermédiaire des septième et huitième articles, encore moins apparente, huitième article excessivement court. Prothorax, proportionnellement plus raccourci: angles antérieurs et postérieurs, également droits; dilatations latérales, plus brusquement tranchées, le maximum de la largeur étant un peu en arrière du milieu et le rapport de la largeur des bords opposés à celle du maximum étant de deux à trois. Arrière-corps, proportionnellement plus étroit et plus allongé : côtés des élytres, conservant leur parallélisme plus près de l'extrémité; bord postérieur, en arc de courbe à très faible courbure; surface, distinctement ponctuée, points épars et distincts; sur le dos de chaque élytre, sept rangées longitudinales et parallèles de points semblables aux autres, à peine un peu plus gros et un peu plus profonds, partant de la base et disparaissant au-delà du milieu; flancs vaguement ponctués.

Couleurs. — Antennes, corps et pattes, testacés-pâles: tarses et tibias, fauves. Deux raies longitudinales violettes, sur chaque élytre: la première, partant de la base vis-à-vis des callus huméraux, longeant les flancs parallélement au bord extérieur, se rétrécissant insensiblement en arrière et terminée en pointe aux trois quarts de la longueur; la seconde, commençant en pointe à une certaine distance de la base, entre la première et la seconde strie, s'écartant peu-à-peu de la suture, s'élargissant insensiblement en arrière et brusquement terminée à peu de distance de l'extrémité. Poils, blanchâtres.

Sexe. — Douteux dans l'exemplaire de la collection Buquet, je le crois une femelle.

Div. 3. — *G. Epiphlœus*, *Dej.*

32. *Enoplium nubilum*, *Kl.* — *O.*

33. » 12-*punctatum*, *Kl.* — *Epiphlœus pantherinus*, *m. n.* 167.

34. *Enoplium mucoreum*, *Kl.* — *O.*

35. » *fasciatum*, *Kl.* — ? — Peut-être, la femelle du précédent.

36. *Enoplium variegatum*, *Kl.* — *Epiphlœus tomentosus*, *m. n.* 170.

37. *Enoplium speculum*, *Kl.* — *O.*

38. » *humerale*, *Kl.* — *Epiphlœus humeralis*, *m. n.* 172.

39. » *sericeum*, *Kl.* — *O.*

40. » *distrophum*, *Kl.* — *O.*

Div. 4. — *G. Platynoptera*, *Chevrolat.*

41. *Enoplium lyciforme*, *Kl.* — *Platynoptera lyciformis*, *Chevrol.* — Je n'ai pas vu cette espèce que je n'en crois pas moins bien distincte de ses congénères. Voyez ce que j'en ai dit, à la suite mon *n.*° 191.

42. *Enoplium ampliatum*, *Kl.*

Div. 5. — *G. Ichnea*, *Lap.*

43. *Enoplium lycoides*, *Kl.* — *Ichnea lycoides*, *Var.* A, ♀. *m. n.* 174.

44. *Enoplium melanurum*, *Kl.* — *Ichnea lycoides* (le type) *m. n.* 174.

45. *Enoplium prœustum*, *Kl.* — *Ichnea lycoides*, *Var.* B. *m. n.* 174.

46. *Enoplium marginellum*, *Kl.* — *Ichnea enoplioides*, *Var.* *m. n.* 175.

47. *Enoplium opacum*, *Kl.* — *Ichnea enoplioides*, (le type.) *m. n.* 175.

48. *Enoplium laterale*, *Kl.* — *Ichnea lycoides*, *m.* ♀. *n.* 174. — Exemplaire, de très petite taille.

49. *Enoplium suturale, Kl.* — *Ichnea enoplioides, m. Var. altera n.* 175.

50. *Enoplium aterrimum, Kl.* — ? — Je ne serais pas surpris qu'il fallut plus tard le réunir à l'*Enoplioides, m. n.* 175. Cette manière de voir reduirait à deux espèces seulement toutes les *Ichnées* qui nous seraient connues, si M.r Buquet ne m'en avait pas communiqué dernièrement une troisième aussi nettement caractérisée par ses formes que par ses couleurs.

XLII. G. ICHNEA, *Lap.*

3. Icdnea dimidiatipennis, *M.*

175.*bis* Ichn. prothoracis margine postico recto lateribusque extus rotundato-dilatatis. — *Tab.* XLV, *fig.* 1.

Patrie. — La Colombie, collection Buquet.

Dimensions. — Long. du corps, 3 et $\frac{1}{4}$ lig. — id. du prothorax, $\frac{1}{3}$ lig. — id. des élytres, 1 et $\frac{1}{2}$ lig. — larg. de la tête, $\frac{1}{3}$ lig. — id. du prothorax à son maximum, la même. — id. de la base des élytres, $_{3}$ lig. — id. des mêmes à leur maximum, 1 ligne.

Formes. — Antennes, proportionnellement plus longues que dans les deux autres congénères, pouvant atteindre le tiers antérieur des élytres: les deux premiers articles de la massue antennaire, égaux entr'eux, leur bord interne dilaté, arrondi et brusquement rétréci près de l'extrémité; le dernier, aussi large et un peu plus long que chacun des deux précédents, son bord interne coupé en ligne droite à peu de distance de la base, l'externe en arc de courbe à faible courbure, l'extrémité en pointe mousse. Tête, conformée comme dans l'*Enoplioides*, fortement et distinctement ponctuée. Prothorax, ponctué de même: dos, inégal; dépression antérieure, bien prononcée, en rectangle transversal; disque, déprimé et trifoveolé, fossette médiane linéaire et rejoignant la dépression antérieure, les deux autres un peu dilatées en arrière et atteignant le sillon sous-marginal; celui-ci, étroit et peu enfoncé; bord postérieur, droit, au-moins aussi large que le bord opposé, peu rélevé et non rebordé; côtés, droits et sub-parallèles, dilatés ensuite en courbes non rentrantes et atteignant le maximum de la largeur au-delà du milieu de la longueur totale. Écusson, petit, en ovale transversal. Élytres, entourant l'extrémité de l'abdomen, droites à leur base: callus, non saillants; angles antérieurs, émoussés; surface, faiblement convexe, s'aplatissant ensuite progressivement et presque plane vers l'extrémité, fortement et confusément ponctuée, parcourue par trois côtes longitudinales peu élevées et presque lisses qui commençent à quelque distance de la base et qui disparaissent vers les deux tiers de la longueur; côtés, droits et divergents jusqu'aux quatre cinquièmes de la longueur où est en effet le maximum de la largeur; bord postérieur, arrondi; angle sutural, fermé. Dessous du corps, aplati. Pélage, généralement hérissé, soyeux et serré sur le dos des élytres.

Couleurs. — Antennes, corps et pattes, noirs: moitié postérieure des élytres, rougeâtre ou orangée. Pélage, de la couleur du fond.

Sexe. — Douteux.

La découverte de cette troisième *Ichnée* nous fait une loi de modifier la diagnose de la seconde espèce du même genre. Voici la phrase qu'il faudra substituer à celle de la *Page* 25 *ib.*

3. Ichnea enoplioides.

175. Ichn. prothoracis margine posticè recto *lateribusque itidem rectis ac sub-parallelis*.

Donnons maintenant la liste des *Clérites* que j'ai décrits, dans cet ouvrage, avec les noms qu'ils peuvent conserver en définitif, du moins à mon avis. Tous ceux qui sont en majuscules italiques, ont été changés pour les accorder avec la nomenclature de M.r Klug. Je suis persuadé que la quantité des reformes aurait été plus considérable, si j'eusse connu tous les types de cet auteur et si j'eusse pu faire d'autres rapprochements. Je n'avais aussi qu'à m'abandonner aux conjectures, j'aurais pu les multiplier à loisir, mais en fait de *Synonimie*, on ne saurait marcher avec trop de précautions, DANS LE DOUTE, ABSTIENS-TOI.

N.°		N.°	
1.	CYLIDRUS CYANEUS.	19.	» *BISPINOSA.*
2.	» BUQUETII.	20.	AXINA ANALIS.
3.	» FASCIATUS.	21.	» SEX-MACULATA.
4.	DENOPS PERSONATUS.	22.	STENOCYLIDRUS AZUREUS.
5.	TILLUS ELONGATUS.	23.	» ELEGANS.
6.	» UNIFASCIATUS.	24.	SYSTENODERES AMÆNUS.
7.	» COLLARIS.	25.	» VIRIDIPENNIS.
8.	» *RUBRICOLLIS.*	26.	COLYPHUS SIGNATICOLLIS.
9.	» SUCCINCTUS.	27.	» CINCTIPENNIS.
10.	» TRANSVERSALIS.	28.	» RUFIPENNIS.
11.	PERYLIPUS CARBONARIUS.	29.	» TERMINALIS.
12.	CALLITHERES ACUTIPENNIS.	30.	» INTERCEPTUS.
12.*bis*	» BICOLOR.	31.	CYMATODERA HOPEI.
13.	» TRICOLOR.	31.*bis*	» IBIDIOIDES.
14.	» LOUVELII.	32.	» *MARMORATA.*
15.	PRIOCERA VARIEGATA.	33.	» LÆTA.
16.	» POSTULATA.	34.	» *PROLIXA.*
16.*bis*	» *TRINOTATA.*	35.	» LONGICOLLIS.
17.	» RUFESCENS.	36.	» CYLINDRICOLLIS.
18.	» *SPINOSA.*	37.	EPICLINES GAYI. (13)

(13) Le mauvais état de l'exemplaire de la collection Gory m'a induit en erreur. Le *G. Epiclines* mérite d'être conservé. Il en sera parlé dans la description des *Clérites* que M.r Gay a recueillis dans le Chili. J'ai du me convertir, d'après une revision d'un certain nombre d'individus de ce genre que j'aurai à repartir en cinq ou six espèces. Si j'en disais davantage actuellement, je risquerais de commettre un abus de confiance.

38. Cymatodera angustata.
39. Xylotretus viridis.
40. » Reichei.
41. » foveolatus.
42. Tillicera javana.
43. Tenerus cyanopterus.
44. » *variabilis*, *type*.
45. » dimidiatus.
46. » lineatocollis.
47. » præustus.
48. » signaticollis.
49. » bimaculatus.
50. » *variabilis*, *var*.
51. Serriger Reichei.
52. Omadius indicus.
53. » trifasciatus.
54. » bifasciatus
54.*bis* » *nebulosus*.
55. Stigmatium cicindeloides.
56. Thanasimus mutillarius.
57. » formicarius.
58. » ruficeps.
59. » *mitis*.
60. » quadrimaculatus.
61. » *abdominalis*.
62. » columbicus.
63. » *marmoratus*.
64. Natalis porcata.
65. » cribricollis.
66. » Laplacei.
67. Thaneroclerus Buquetii.
68. » sanguineus.
69. Trogodendron fasciculatum.
70. Notoxus *tristis*.
71. » Buquetii.
72. » gigas.
73. » Dregei.
74. » mollis.
75. » *frontalis*.
76. Olesterus australis.
77. Scrobiger Reichei.
78. Clerus lævigatus.
79. » flavosignatus.
80. » bilobus.
80.*bis* » miniatus.
81. » sobrinus.
81.*bis* » Lacordairei.
82. » *pulchellus*.
83. » artifex.
84. » distinctus.
85. » *pusillus*.
86. » *mysticus*.
87. » crabronarius.
88. » mexicanus.
89. » variegatus.
90. » versicolor.
91. » *ichneumoneus*.
92. » *bombycinus*.
93. » lunatus.
93.*bis* » Colombiæ.
94. » *decussatus*.
95. » ornatus.
96. » Laportei.
97. » bicinctus.
98. » ruficollis.
99. » tricolor.

100. Clerus nigripes.
101. » dubius.
102. » Fischeri.
103. » brevicollis.
104. » oculatus.
105. » trogositoides.
106. » sphegeus.
106.bis » *arachnodes*
107. » *viduus.*
108. » *signatus.*
108.bis » longulus.
109. » maculicollis.
110. » thoracicus.
111. » gambiensis.
112. Chalciclerus unicolor.
112.bis » *intricatus.*
113. » bimaculatus.
114. Yliotis *ochropus.*
115. Zenithicola australis.
116. Tarsostenus univittatus.
117. Eburiphora callosa.
118. Trichodes octopunctatus.
119. » umbellatarum.
120. » Dahli.
121. » alvearius.
122. » affinis.
123. » *craboniformis*, *var.*
124. » apiarius.
152. » apivorus.
126. » crabroniformis.
127. » *nobilis*
128. » favarius.
129. Trichodes *Olivieri.*
130. » Nutalli.
131. » leucopsideus.
132. » aulicus.
133. » ammios.
134. » bifasciatus.
135. » ornatus.
136. Aulicus nero.
137. » instabilis.
137.bis Muisca bitæniata.
138. Platyclerus planatus.
138.bis » elongatus.
139. Phloioscopus tricolor.
140. » Buquetii.
141. Enoplium serraticorne.
142. » quadripunctatum.
143. Pelonium lampyroides.
144. » luctuosum.
145. » suturale.
146. » flavolimbatum.
147. » pilosum.
148. » *fasciculatum.*
149. » vetustum.
150. » amabile.
151. » marginipenne.
152. » *crinitum.*
153. » quadrisignatum.
154. » humerale.
154.bis » scutellatum.
154.ter » testaceum.
155. » variabile.
156. » præustum.

157. Pelonium viridipenne.
158. » nigrosignatum.
158.bis » Buquetii.
159. » gallerucoides.
160. » *trifasciatum.*
161. » lituratum.
162. » pulchellum.
163. » *hirtulum.*
164.bis » apicale, Buq.
164. Apolopha Reichei.
165. Monophylla megatoma.
166.bis » *terminata.*
167. Epiphlæus 12-*punctatus.*
168. » Buquetii.
169. » ornatus.
170. » *variegatus.*
171. » marginellus.
172. » humeralis.
173. Plocamocera sericella.
174. Ichnea lycoides.
175. » enoplioides.
175.bis » dimidiatipennis.
176. Evenus filiformis.
177. Lemidia nitens
178. Ellipotoma tenuiformis.
179. Hydnocera bicarinata.
190. » humeralis.
181. Hydnocera serrata.
182. » *steniformis.*
183. » cincta.
184. » *suturalis.*
185. » *brachyptera.*
186. » brevipennis.
187. » azurea.
188. » punctata.
189. Erymanthus gemmatus.
190. Platynoptera Duponti.
191. » Goryi.
192. » lycoides.
193. Pyticera Duponti.
194. Ryparus tomentosus.
195. Lebasiella erythrodera.
196. Orthoplevra damicornis.
197. » sanguinicollis.
197.bis » quadraticollis. (14)
198. Chariessa ramicornis.
199. » vestita.
200. Notostenus viridis.
201. Corynetes scabripennis.
202. » *analis.*
203. » violaceus.
204. » semistriatus.
205. Necrobia rufipes.
206. » ruficollis.

(14 On sera surpris que cette espèce représentée à la Pl. XXXII, fig. 4. n'ait été décrite, ni dans la seconde partie de cet ouvrage, ni dans le supplément. La note volante qui aurait du diriger mes souvenirs avait été égarée avec celle où il était question du *Cl. Lacordairei.* Tout ce que je puis en dire actuellement, c'est que l'*Orthopl. quadraticornis* est bien distincte de ses congénères, par son prothorax aussi long que large et en carré régulier. Quant aux couleurs, la figure suffira pour rendre l'espèce reconnaissable.

107. NECROBIA VIOLACEA.	212. OPETIOPALPUS SCUTELLARIS.
308. » TIBIALIS.	213. » LURIDUS.
209. » DEFUNCTORUM.	214. » COLLARIS.
210. » BICOLOR.	215. PARATENETUS PUNCTATUS.
211. OPETIOPALPUS AURICOLLIS.	216. » LEBASII.

Total, 235 espèces, en y comprenant celles dont le genre m'a paru douteux. Ajoutons-en 17 du Chili qui entreront dans le voyage de M.r Gay, et les 44 de M.r Klug cottées — *O*. Le nombre des *Clérites* connus montera au moins à 296 espèces. Je dis au moins parce qu'il est plus que probable que toutes les espèces du savant de Berlin cottées —? ne sont pas de simples variétés. A la vérité, il faudra peut-être en défalquer quelques variétés réelles que je puis avoir pris pour des espèces parceque je n'en ai eu qu'un seul exemplaire à ma disposition. Mais maintenant au lieu de me prononcer sur ces autres *Clérites* que je n'ai pas vus, au lieu de pousser plus loin des recherches synonimiques qui seraient nécessairement incomplettes et hazardées puisque je n'aurais ici d'autres ressources que celles de mon propre cabinet, je vais entrer dans quelques détails sur deux genres de même ordre et qu'on a pu croire de la même famille. Le premier est mon *G. Dupontiella* que j'avais pris moi-même pour un *Clérite*. Le seconde est le *G. Eurypus Kirby* que son auteur avait placé dans les *Clerii* et que M.r Klug a proposé de placer dans la section des *Hétéromères*.

1.° G. DUPONTIELLA, *M.*

Antennes, placées au-devant des yeux, en face de l'échancrure oculaire, *de onze articles:* 1.er article, épais, obconique; art. 2—8, moitié plus minces, encore obconiques, le troisième un peu plus long que le second, les suivants à-peu-près égaux entr'eux, les articulations assez distinctes; *trois derniers articles, formant ensemble une espèce de massue serriforme*, très aplatie et plus courte que les art. 2—8 réunis: art. 9.e et 10.e, de la même forme, en triangles curvilignes renversés, dilatés en dedans, ayant l'angle antéro-interne qui répond à la dent de la scie obtus et l'extrémité un peu échancrée, le neuvième aussi long que large, le dixième plus large que long; le dernier, pareillement dilaté en dedans, aussi large mais plus long que l'avant-dernier, ovale et terminé en pointe mousse.

Yeux, petits, peu saillants, finement grénus, très distants, en ovales longitudinaux, *échancrés en avant.*

Tête, très grande comme dans les *G. Cylidrus* et *Denops. Vertex*, spacieux, carré, se confondant insensiblement avec le *Front.* Celui-ci, doucement penché en avant, un peu concave, se confondant insensiblement avec la *Face* qui est également concave et de plus rétrécie et échancrée en avant. *Chaperon*, inapparent.

Labre, déprimé, transversal, n'atteignant pas l'extrémité des mandibules croisées, fortement échancré en avant: échancrure, aiguë et profonde.

Mandibules, grandes et très fortes, épaisses et rapprochées dès leur origine: face externe, très élevée, sans arètes qui la séparent nettement des faces supérieure et inférieure, uniformément convexe, en surface de cone courbé en dedans; arète interne, mince, droite, denticulée, plus largement échancrée près de l'extrémité, terminée en pointe courbe et tranchante.

Palpes maxillaires, de quatre articles: le dernier, non aplati, renflé vers le milieu, terminé en pointe mousse.

Palpes labiaux, n'étant pas plus grands que les maxillaires, de trois articles: le dernier, aplati, en palette ovale qui a son maximum de largeur à peu de distance de l'extrémité, celle-ci doucement arrondie.

Autres *Parties de la bouche*, inobservées.

Corps, étroit et cylindriforme comme dans les *G. Cylidrus* et *Denops :* formes et dimensions relatives de ses différentes pièces, à-peu-près les mêmes.

Prothorax, composé de deux pièces seulement, comme dans les trois premières sous-familles de nos *Clérites*. *Fosses coxales antérieures*, entièrement fermées.

Élytres, entourant l'extrémité de l'abdomen: côtés, droits et parallèles.

Poitrine et *Ventre*, très faiblement convexes.

Pattes, hors les tarses, comme dans le *G. Denops*.

Tarses, *filiformes*, *de cinq articles* également libres et indépendants: *les quatre premiers*, à-peu-près égaux entr'eux, tronqués ou faiblement échancrés en dessus, *tapissés en dessous de poils fins et soyeux* qui laissent cependant à nu à la ligne médiane, *mais complettement dépourvus d'appendices membraneux:* le dernier, plus long que chacun des précédents, terminé par deux crochets simples.

DUPONTIELLA ICHNEUMONOIDES.

DUP. *Tab.* XII, *fig.* 4. (15)

Clerus ichneumonoides, *Dup. coll.*

PATRIE. — La Colombie, M.r Lebas.

DIMENSIONS. — Long. du corps, 2 lig. — id. de la tête, ½ lig. — id. du prothorax, la même. — id. des élytres, 1 lig. — larg. de la tête, ¼ lig. — id. du bord antérieur du prothorax, la même. — id. de la base des élytres, ¾ ligne.

FORMES. — Antennes, n'atteignant pas le bord postérieur du prothorax. Face, tri-échancrée: échancrure médiane, laissant le labre en évidence; échancrures latérales, obliques d'avant

(15) La figure de l'insecte entier donne aux antennes un peu trop de longueur relative. Les vraies proportions ont été observées plus fidèlement, dans le dessin particulier de la tête qui a été fait sur une plus grande échelle.

en arrière et de dedans en dehors, placées à l'origine supérieure des mandibules. Ponctuation du devant de la tête, très forte: points, arrondis au vertex, oblongs au front, linéaires et rugiformes à la face. Dos du prothorax, plus inégalement ponctué: des points plus gros et plus distants, épars sur le disque; espaces intermédiaires, finement et visiblement pointillés; dépression antérieure, assez apparente. Côtés, un peu arqués et dilatés au-delà de cette dépression, atteignant le maximum de la largeur vers la moitié de la longueur, convergents ensuite sans être rentrants ou infléchis: sillon sous-marginal, large et profond; bord postérieur, plus étroit que le bord opposé, rebordé à rebord épais et élevé. Surface des élytres, inégale: callus, lisses et saillants; deux autres élévations, également lisses; la première plus grande vers le milieu de l'élytre et près de la suture, en forme de croissant dont les cornes sont tournées en dehors; la seconde vis-à-vis du centre du croissant, en bande transversale, partant du milieu du dos et atteignant le bord extérieur; reste de la surface, mat, finement pointillé, sans aucune trace de stries; côtés, parallèles de la base jusqu'aux quatre cinquièmes de la longueur; extrémité, en arc de cercle; angle sutural postérieur, fermé. Pélage, inégal, long et hérissé aux gros points de la tête et du prothorax, court et ras aux espaces pointillés du prothorax et des élytres, rares et courts aux pattes et au dessous du corps, nuls aux callus et aux autres élévations des élytres.

Couleurs. — Antennes, rougeâtres: massue antennaire, noire. Tête, noire; labre, palpes et autres parties de la bouche hors les mandibules, rougeâtres. Prothorax, noir: dépression antérieure, brune ou ferrugineuse. Élytres, noires: callus, ferrugineux; autres élévations, blanches. Dessous du corps, noir. Pattes, brunes: extrémités des fémurs et des tibias, noirs; la couleur la plus obscure, dominant davantage aux deux premières paires. Poils, hérissés, blanchâtres: duvet ras, noir; quelques bandes ondulées sur les élytres, blanc de neige.

Sexe. — Douteux.

Obs. — La structure des mandibules de notre *Dupontiella* mérite toute notre attention. En les comparant avec celles de la plupart de nos *Clérites*, on reconnaît qu'elles ont plus de force pour fouïr la terre et pour perforer le bois, tandisqu'elles ont moins d'agilité pour mordre les larves ou les autres petits animaux dont les téguments opposent peu de resistance. Y aurait-il quelque rapport entre cette structure des mandibules et les habitudes de la *Dupontiella* dans l'un quelconque de ses états? La larve serait-elle en effet peu carnassière? Ce genre n'aurait-il pas plus d'affinités avec certains *Xylophages* et notamment avec les *Trogosites* et avec les *Colydies*?

Ces reflexions ne s'appliquent cependant pas à l'espèce qui a été représentée à la *Pl.* VIII, *fig.* 5 et à la quelle j'ai donné le nom de *Dupontiella fasciatella*, nom qu'il faudra sans doute reformer lorsque les caractères du genre seront mieux connus. Je n'en ai vu qu'un seul exemplaire communiqué par M.r Buquet. Il avait beaucoup souffert dans le trajet de Paris à Gênes et ses tarses étaient arrivés dans un état pitoyable. N'ayant pas apperçu de traces d'appendices, je l'ai réuni avec doute à la *Dupontiella*. Mais mes doutes sont d'autant mieux fondés que je n'ai pas même réussi à compter le nombre des articles, ensorte que le dessin qui en offre cinq n'est au fond qu'une divination très hazardée. Plusieurs traits extérieurs rapprochent d'ailleurs cet insecte du *G. Denops*. Telles sont les mandibules de la forme ordinaire, la face antérieurement arrondie et non triéchancrée, le labre plus grand et plus largement échancré, le front non concave, plane ou faiblement convexe. Les autres parties de la bouche et les pièces génitales n'étaient pas en évidence. Je ne puis en rien dire.

La *Dup. fasciatella* est plus petite que l'*Ichneumonoides*, long. du corps, 1 et ½ ligne, les proportions relatives des pièces de l'avant-corps étant d'ailleurs les mêmes; arrière-corps, proportionnellement plus étroit, base des élytres de la même largeur que la tête et que le bord antérieur du prothorax. Dessus du corps, luisant, totalement dépourvu de duvet velouté et n'ayant que des poils épars fins et hérissés. Ponctuation de l'avant-corps, égale, moyenne et distincte. Surface des élytres, uniformément convexe: callus huméraux, non saillants; gibbosités derrière les callus, nulles; dix rangées longitudinales et parallèles de points enfoncés assez grands et équidistants, partant de la base et dépassant le milieu; espaces intermédiaires, lisses à l'œil nu. Antennes, pattes, labre et palpes, jaunes. Corps, noir en dessus: un peu au-delà du milieu de chaque élytre, une bande transversale d'un blanc sale ou jaunâtre, partant du bord extérieur et n'atteignant pas la suture. — Sexe, douteux.

Amérique méridionale, collection Buquet.

II. G. EURYPUS, *Kirby*.

Antennes, distantes, naissant à quelque distance et en avant des yeux, *de onze articles:* le premier, épais, obconique, remontant tout au plus à la moitié de la hauteur des yeux; le second, plus mince et plus court, pareillement obconique; le troisième, un peu plus court, mais de la même forme et de la même épaisseur que le précédent; *les art.* 4—10, à-peu-près égaux entr'eux, applatis, en triangles renversés et dilatés en dedans, *formant ensemble une espèce de scie à dents égales et aiguës;* le dernier, plus étroit et plus allongé que chacun des précédents, en ovale longitudinal rétréci à son origine et arrondi à son extrémité.

Yeux, distants, latéraux, de moyenne grandeur, peu saillants en dehors, ne touchant pas le bord antérieur du prothorax, *presque orbiculaires*, *coupés en ligne droite et non échancrés en avant.*

Tête, ovalaire. *Vertex*, large, court, en trapèze un peu rétréci en arrière. *Front*, plane, doucement penché en avant, visiblement plus large que long, se confondant insensiblement avec la *Face* et avec le *Chaperon*. Bord antérieur de celui-ci, coupé en ligne droite.

Labre, séparé du chaperon par un sillon bien apparent, plane, corné, en rectangle transversal, couvrant l'extrémité des mandibules croisées: bord antérieur, droit et entier.

Mandibules, inobservées.

Machoires, cornées, n'embrassant pas la base du menton, en sorte que les angles postérieurs de celui-ci sont à découvert, *terminées par deux lobes membraneux* qui ne dépassent pas l'extrémité des mandibules, *l'extérieur un peu plus grand.*

Palpes maxillaires, deux fois au moins plus grands que les labiaux, de quatre articles : le premier, court, cylindrique; les second et troisième, à-peu-près égaux entr'eux, plus grands que le premier, obconiques et plus longs que larges; *le dernier, très grand et très aplati, en triangle renversé presque équilatéral.*

Palpes labiaux, de trois articles: le premier, très court, cylindrique; le second, mince, effilé, faiblement obconique; *le dernier, semblable au dernier des maxillaires, mais trois fois plus petit.*

Prothorax, de deux pièces seulement comme dans les trois premières sous-familles des *Clérites*, moins cylindriforme et aussi aplati que dans la plupart des *Corynétoïdes*. Dos du *Tergum*, déprimé; flancs, convexes et brusquement rabattus en dessous.

Prosternum, faiblement convexe, non échancré en avant, en triangle rétréci en arrière, *terminé en pointe entre les hanches antérieures et atteignant le bord postérieur du propectus:* celui-ci, largement échancré, bisinueux près du milieu. *Fosses coxales*, très rapprochées, petites, *sub-orbiculaires, ouvertes en arrière.*

Mésosternum, *avancé en pointe* le long de la ligne médiane, *pouvant* s'insinuer entre les hanches antérieures et *rejoindre l'extrémité postérieure du prosternum.*

Métasternum, non renflé et ne descendant pas au dessous du niveau du *Ventre*. Celui-ci, plane ou très faiblement convexe: bords postérieurs des quatre premières plaques ventrales, droits; la cinquième qui est la dernière en évidence, arrondie et entière.

Ecusson, petit, en demi-cercle.

Elytres, parallèles, entourant l'extrémité de l'abdomen.

Pattes, courtes et néanmoins assez minces. *Hanches antérieures*, coniques. *Fémurs*, non renflés: les postérieurs, ne dépassant pas le second anneau de l'abdomen. *Tibias*, droits, cylindriques, aussi longs ou plus longs que les fémurs, extrémités tarsiennes mutiques.

Tarses, hétéromères, de cinq articles aux quatre pattes antérieures et de quatre seulement aux deux postérieures, tous les articles dépourvus d'appendices membraneux. Premier et second articles des deux premières paires, courts, sub-triangulaires, à-peu-près égaux entr'eux, leur face inférieure velue, poils fins et soyeux ne formant pas de brosse: troisième article, semblable aux précédents, de la même longueur, mais deux fois plus large; quatrième article, aussi court que le troisième, mais encore plus large, coupé obliquement de haut en bas et d'avant en arrière, sans prolongement inférieur, entièrement corné, dilaté, pubescent en dessous, échancré et cilié à son extrémité. Premier article des tarses de la troisième paire, aussi long que les trois autres pris ensemble, mince et grossissant insensiblement vers l'extrémité: le second, de la même forme que le troisième des autres pattes et le troisième semblable au quatrième des mêmes. Dernier article de tous les tarses, terminé par deux crochets laminiformes, courts, larges et faiblement échancrés près de l'extrémité.

Espèce unique. — Eurypus rubens, *Kirby.*

Eurypus rubens, *K.by. ed. Leq. p.* 16, *n.* 20, *pl.* 1, *fig.* 5.
» » *Dej. loc. cit. p.* 125.

Patrie. — Le Brésil.

Dimensions. — Long. du corps, 4 et $\frac{1}{3}$ lig. — id. du prothorax, 1 lig. — id. des élytres, 3 et $\frac{1}{4}$ lig. — larg. de la tête, $\frac{2}{3}$ lig. — id. du prothorax à son maximum, $\frac{3}{4}$ lig. — id. de la base des élytres, 1 et $\frac{1}{2}$ ligne.

Formes. — Antennes, moins longues que la tête et le prothorax pris ensemble. Corps, mat, ponctué et pubescent: ponctuation du dessus du corps, plus forte que celle du dessous, également éparse par-tout, sans traces de stries aux élytres; pubescence, rare et hérissée. Yeux, finement grénus. Bord antérieur du prothorax, droit: dos, très faiblement convexe, ayant deux petites fossettes au milieu du disque, sans dépression antérieure et sans sillon sous-marginal postérieur; côtés, commençant à s'arrondir en partant du bord antérieur, divergents au-delà et décrivant une courbe à très faible courbure; bord postérieur, un peu plus large que le bord opposé, arrondi au milieu, faiblement échancré des deux côtés, peu sensiblement rebordé. Élytres, planes près de la suture: callus huméraux, peu saillants; angles antérieurs, émoussés; côtés, droits et parallèles, ne commençant à se courber qu'aux deux tiers de la longueur; bord postérieur, en arc d'ellipse; angle sutural, fermé.

Couleurs. — Antennes noires, les deux premiers articles rougeâtres. Tête hors les yeux et les mandibules, prothorax, écusson, poitrine et pattes, testacés-roussâtres. Yeux et mandibules, noirs. Surface des élytres, de la couleur du corps: une bande noire assez large, parcourant le bord extérieur de la base jusqu'à l'angle sutural, émettant deux bandes transversales, la première plus étroite suivant les contours de la base et de l'écusson et descendant un peu le long de la suture, la seconde plus courte vers le milieu et n'atteignant pas la suture. Poils, blanchâtres.

Sexe. — Douteux, dans l'exemplaire unique de l'ancienne collection Dejean.

Obs. — Les tarses et les parties de la bouche éloignent décidément le *G. Eurypus* des *Clérites* et de tous les *Appendicitarses*. Si le système tarsaire, fondé principalement sur le nombre des articles des tarses, n'est plus admissible, il ne peut plus être question d'une section d'*Hétéromères*. C'est cependant parmi les genres qui composaient cette section que nous aurions trouvé les Coléoptères les plus voisins de l'*Eurypus*. Je le placerais volontiers entre les *G. Sparedrus* et *Lagria*. Qu'on le compare sur-tout avec le premier, on sera surpris de la grande analogie de toutes les pièces homologues, on verra qu'elles ne diffèrent que par les rapports de leurs dimensions, et enfin on reconnaîtra, dans l'*Eurype*, un *Sparèdre* à taille épaisse et à membres ramassés, dans les *Sparèdres*, des *Eurypes* à taille élancée et à membres effilés.

EXPLICATION DES PLANCHES.

Pl. I.

Fig. 1. *Cylidrus Buquetii*, n 2, grossi. — a, id. gr. nat. — b, antenne. — c, tarse postérieur. — d, onglet tarsien.

» 2. *Cylidrus fasciatus*, n. 3, grossi. — a, gr. nat. — b, antenne. — c, labre. — d, lèvre inférieure avec palpes labiaux. — e, machoire avec palpe maxillaire. — f, mandibule.

» 3. *Cylidrus cyaneus*, n. 1, grossi. — a. gr. nat. — b, tête et antennes, grossies et vues de face.

» 4. *Denops personatus*, n. 4, grossi. — A, *le type*, grossi. — a, id. gr. nat. — B, id. Var. A. — aa, id. gr. nat. — b, tête et antennes, grossies et vues de face. — c, tarse postérieur. — d, onglet tarsien.

Pl. II.

Fig. 1 *Tillus transversalis*, n. 10, grossi. — a, id. gr. nat. — b, antenne, grossie. — c, tarse postérieur, id. — d, onglet id. — e, labre, id. — f, lèvre inférieure avec palpes labiaux, id. — g, machoire avec palpe maxillaire, id. — h, mandibule, id.

» 2. *Tillus elongatus*, n. 5, *le type*, grossi. — a, id. gr. nat. — b, tarse postérieur, grossi. — c, onglet, id. — e, labre, id. — f, lèvre inférieure avec palpes labiaux, id. — g, machoire avec palpe maxillaire, id. — h, mandibule, id.

» 3. *idem*, Var. *hyalinus*, grossi. — a, id. gr. nat. — b, antenne, grossie. — e, élytre, id.

» 4. *Tillus unifasciatus*, n. 6, grossi. — a, id. gr. nat. — b, antenne, grossie.

» 5. id. Var. A, *tricolor*. grossi — a, id. gr. nat. — b, antenne, grossie.

» 6. *Tillus collaris*, n. 7, grossi. — a, id. gr. nat. — b, antenne, grossie.

Pl. III.

Fig. 1. *Tillus elongatus*, n. 5, Var. *ambulans*, grossi. — a, id. gr. nat.
« » 2. *Clerus arachnodes*, n. 106.bis, grossi. — a, id gr. nat.
« » 3. *Tillus rubricollis*, n. 8, grossi. — a, id. gr. nat. — b, antenne, grossie. — c, élytre, id.
« » 4. *Tillus succinctus*, n. 9, grossi. — a, id. gr. nat. — b, élytre, grossie.
« » 5. *Callitheres Louvelii*, n. 14, grossi. — a, id. gr. nat. — b, antenne, id. — c, moitié antérieure d'une élytre, très grossie.
« » 6. *Callitheres tricolor*, n. 13, grossi. — a, id. gr. nat. — b, antenne, grossie. — c, tarse postérieur, id. — d, tête avec les parties de la bouche, vue de face et très grossie.

Pl. IV.

Fig. 1. *Callitheres acutipennis*, n. 12, grossi. — a, id. gr. nat. — b, tête avec les antennes et les parties de la bouche, vues de face et et très grossies. — c, tarse postérieur, grossi. — d, onglet, id. — e, labre, id. — f, lèvre inférieure avec palpes labiaux, id. — g, machoire avec palpe maxillaire, id. — h, mandibule, id. — i, extrémité postérieure de l'abdomen vue en dessous et très grossie. — k, étui du pènis, id.
« » 2. *Priocera variegata*, n. 15, grossie. — a, id. gr. nat. — b, tête, antennes et parties de bouche, vues de face et très grossies. — c, tarse postérieur, vu en dessus, grossi. — d, le même vu en dessous, id. — e, palpe maxillaire, id. — f, palpe labial, id.
« » 3. *Priocera rufescens*, 17, grossie. — a, id. gr. nat. — b, tarse postérieur, grossi.
« » 4. *Priocera trinotata*, n. 16bis, grossie. — a, id. gr. nat.

Pl. V.

Fig. 1. *Priocera spinosa*, n. 18, grossie. — a, id. gr. nat.
« » 2. *Axina analis*, n. 20, grossie. — a, id. gr. nat. — c, palpe labial, grossi. — d, palpe maxillaire, id. — e, tarse postérieur, id.

» 3. *Axina sexmaculata*, n 21, grossie. — a, id. gr. nat.

» 4. *Perilypus carbonarius*, n. 11, grossi. — a, id gr. nat. — b, tête, parties de la bouche et antennes vues de face et très grossies. — c, moitié postérieure du corps avec la patte postérieure de gauche, vue de porfil et très grossie.

» 5. *Colyphus signaticollis*, n. 26, grossi. — a, id. gr. nat. — b, antenne, grossie. — c, tibia et tarses posterieurs, grossis.

» 6. *Colyphus cinctipennis*, n. 27, grossi. — a, id. gr. nat.

Pl. VI.

Fig. 1. *Stenocylidrus elegans*, n 23, grossi. — a, id. gr. nat. — b, tête, bouche et antennes, vues de face et très grossies. — c, tarse antérieur, grossi. — d, tarse postérieur, id.

» 2. *Xylotretus viridis*, n. 23, un peu grossi. id. gr. nat. — a, machoire grossie avec palpe adjacent. — b, tête et bouche vues en dessous. — d, tête id. vue en dessus. — e, antenne, grossi. — f, tarse antérieur, id. — g, tarse postérieur, id.

» 3. *Monphylla terminata*, n. 160.*bis*, grossie. — a, id. gr. nat. — b, antenne, grossie. — c, tibia et tarse postérieur, id.

» 4. aile grossie du *Trogodendron fasciculatum*, n. 69.

» 5. idem du *Tillus transversalis*, n. 10.

» 6. idem de l'*Enoplium serraticorne*, n. 141.

» 7. idem de la *Necrobia ruficollis*, n. 206.

Pl. VII.

Fig. 1. *Cymatodera angustata*, n. 38, grossie. — a, id. gr. nat.

» 2. *Stenocylidrus azureus*, n. 22, grossi. — a, id. gr. nat. — b, tête et antennes vues de face, très grossies. — c, tibia et tarse postérieur, id. — d, 1, extrémité de l'abdomen du mâle, vue en dessus, id. d, 2, la même vue en dessous; k, étui de la verge, id. — e, abdomen de la femelle vu en dessous, id.

» 3. *Xylotretus Reichei*, n. 40, grossi. — a, id. gr. nat. — b, antenne grossie.

» 4. *Tenerus lineatocollis*, n. 45, grossi. — a, id. gr. nat. — b, antenne, très grossie. — c, labre, id. — d, palpe maxillaire, id. — d, palpe labial, id. — f, extrémité du tibia et tarse postérieur, id. — g, onglet, id.

Pl. VIII.

Fig. 1. *Systenoderes amœnus*, n. 24, le type, grossi. — a, id. gr. nat.
» 2. *Le même*, Var. A, grossi. — a, id. gr. nat. — b, antenne, grossie.
» 3. *Systenoderes viridipennis*, n. 25, grossi. — a, id. gr. nat.
» 4. *Tenerus cyanopterus*, n. 43, grossi. — a, id. gr. nat. — b, antenne, grossie.
» 5. *Dupontiella? fasciatella*, grossie. — a, id. gr. nat.
» 6. *Notoxus mollis*, Var. *pallidus*, n. 74, grossi. — a, id. gr. nat.

Pl. IX.

Fig. 1. *Colyphus terminalis*, n. 29, grossi. — a, id. gr. nat. — b, antenne, grossie.
» 2. *Colyphus rufipennis*, n. 28, grossi. — a, id. gr. nat. — b, tarse postérieur, grossi.
» 3. *Colyphus interceptus*, n. 30, grossi. — a, id. gr. nat.
» 4. *Cymatodera marmorata*, n. 32, grossie. — a, id. gr. nat. — b, tête et antennes, vues de face et très grossies. — c, machoire et palpe maxillaire, grossi. — d, palpe labial, id. — e, tarse antérieur, id. — f, tarse postérieur, id.
» 5. *Cymatodera Hopei*, n. 31, grossie.

Pl. X.

Fig. 1. *Cymatodera longicollis*, n. 35, grossie. — a, id. gr. nat.
» 2. *Cymatodera prolixa*, n. 34, mâle, grossi. — a, id. gr. nat. — B, id. femelle, grossie. — aa, id. gr. nat. — a, extrémité postérieure du mâle, vue en dessus et très grossie. — b, la même, vue en dessous. — c, dard de la verge, grossi. — Pour les lettres grecques α, β, γ, δ, ε, φ, λ, μ et π, voyez le texte de la seconde partie au *n.° 34, tom.* 1.er *pag.* 146.
» 3. *Cymatodera cyllindricollis*, n. 35, grossie. — a, id. gr. nat.
» 4. *Cymatodera laeta*, n. 33, grossie. — a, id. gr. nat.

Pl. XI.

Fig. 1. *Tenerus bimaculatus*, n. 49, grossi. — a, id. gr. nat.
» 2. *Tenerus præustus*, n. 47, grossi. — a, id. gr. nat.
» 3. *Tenerus signaticollis*, n. 48, grossi. — a, id. gr. nat.
» 4. *Tenerus dimidiatus*, n. 45, grossi. — a, id. gr. nat.
» 5. *Tenerus variabilis*, Var. A, n. 50, grossi. — a, id. gr. nat. — b, antenne, grossie. — c, labre, id. — d, lèvre inférieure avec palpes labiaux, id. — e, machoire et palpe maxillaire, id. — f, mandibule, id.

Pl. XII.

Fig. 1. *Tenerus variabilis*, n. 44, le type, grossi. — a, id. gr. nat.
» 2. *Tillicera javanica*, n. 42, grossie. — a, id. gr. nat. — b, élytre, grossie. — c, labre, id. — d, palpe labial, id. — e, palpe maxillaire, id. — f, antenne, id. — g, tarse postérieur, id. — h, onglet tarsien, id.
» 3. *Serriger Reichei*, 51, grossi. — a, id. gr. nat. — b, antenne, grossie. — c, palpe maxillaire, id. — d. palpe labial, id.
» 4. *Dupontiella ichneumonoides*, *Suppl.* grossie. — a, id. gr. nat. — b, tête et antennes, vues de face et très grossies. — c, palpe maxillaire, grossi. — d, palpe labial, id. — e, antenne, id. — f, tarse postérieur avec extrémité du tibia, id.

Pl. XIII.

Fig. 1. *Omadius indicus*, n. 52, grossi. — a, id. gr. nat. — b, tête avec antenne gauche, vue en dessus et très grossie. — c, tarse antérieur, grossi. — d, tarse intermédiaire, id. — e, tarse postérieur, id. — f, onglet, id.
» 2. *Omadius bifasciatus*, n. 54, grossi. — a, id. gr. nat.
» 3. *Omadius trifasciatus*, n. 53, grossi. — a, id. gr. nat.
» 4. *Stigmatium cicindeloides*, Var. A, n. 55, grossi. — a, id. gr. nat. — b, antenne, grossie. — c, tarse postérieur, id.
» 5. le même, n. 54, le type, grossi. — a, gr. nat.

Pl. XIV.

Fig. 1. *Scrobiger Reichei*, n. 77, grossi. — a, id. gr. nat. — b, tête et antennes, vues de face et très grossies. — c, élytre droite, grossie. — d, antenne, id. — e, fémur, tibia et tarse postérieurs, id.

» 2. *Thanasimus formicarius*, n. 57, grossi. — id. gr. nat. — b, prothorax, vu en dessus et grossi. — c, extrémité du fémur, tibia et tarse postérieurs, grossis. — d, tête et antennes, vues de face et très grossies.

» 3. *Thanasimus ruficeps*, n. 58, grossi. — b, prothorax, vu de face et grossi. — c, antenne, grossie.

Pl. XV.

Fig. 1. *Thanasimus abdominalis*, n. 61, grossi. — a, gr. nat. — b, élytre droite, grossie.

» 2. *Thanasimus marmoratus*, n. 63, grossi. — a, gr. nat. — b, antenne, grossie. — c, tibia et tarse postérieurs, idem.

» 3. *Thanasimus quadrimaculatus*, n. 60, grossi. — a, gr. nat. — b, antenne, grossie. — c, tibia et tarse postérieurs, id.

» 4. *Xylotretus? foveolatus*, n. 41, grossi. — a, gr. nat. — b, antenne, grossie.

» 5. *Chalcicleru*s *intricatus*, n. 112.*bis*, grossi. — a, gr. nat.

» 6. *Omadius nebulosus*, n. 54.*bis* grossi. — a, gr. nat.

» 7. *Tillus? sanguinicollis*, grossi. — a, gr. nat. — b, cinq premiers articles de l'antenne droite, grossis.

Pl. XVI.

Fig. 1 *Thanasimus mitis*, n. 59, grossi. — a, gr. nat. — b, antenne, grossie.

» 2. *Natalis porcata*, n. 64, grossie. — a, gr. nat. — b, labre, grossi. — c, menton, lèvre inférieure, languette et palpes labiaux, id. — d, machoire et palpe maxillaire, id. — e, mandibule, id. — f, dos du prothorax, id. — g, antenne, id. — h, tibia et tarse postérieurs, vues de profil, id. — i, le même tarse seul, vu en dessous, id.

Fig. 3. *Natalis Laplacei*, n. 66, grossie. — a, gr. nat. — b, dos du prothorax, grossi.

» 4. *Natalis cribricollis*, n. 65, grossie. — a, gr. nat. — b, dos du prothorax, grossi.

» 5. *Notoxus Buquetii*, n 71, grossie. — a, gr. nat. — b, élytre gauche, grossie.

Pl. XVII.

Fig. 1. *Phloiocopus tricolor*, n. 139, grossi. — a, gr. nat. — b, labre grossi. — c, palpe labial, id. — d, palpe maxillaire, id. — e, antenne d'un mâle, id. — f, antenne d'une femelle, id. — g, tarse postérieur avec le bout du tibia, id.

» 2. *Thaneroclerus sanguineus*, n. 68, grossi. — a, gr. nat. — b, antenne grossie.

» 3. *Thaneroclerus Buquetii*, Var. A, n. 67, grossi. — a, gr. nat.

» 4. *Thanasimus mutillarius*, n. 56, grandeur naturelle. — a, labre grossi. — b, menton, lèvre inférieure, languette et palpes labiaux, vus en dessous, id. — c, machoire et palpe maxillaire, id. — e, tête vue de face, id. — f, antenne, id. — g, tibia et tarse postérieurs avec la bout du fémur, id.

Pl. XVIII.

Fig. 1. *Trogodendron fasciculatum*, n. 69, grossi. — a, gr. nat. — b, labre, grossi. — c, lèvre inférieure et palpes labiaux, id. — d, machoire et palpe maxillaire, id. — e, mandibule, id. — f, antenne, id. — g, tibia et tarse postérieurs, vus en dessus, id. — h, le même tarse seul, vu en dessous, id.

» 2. *Priocera bispinosa*, n. 19, grossi. — a, gr. nat.

» 3. *Phloiocopus Buquetii*, n 140, grossi. — a, gr. nat. — b, antenne, grossie.

» 4. A, *Thanasimus columbicus*, ♀, n. 62, grossi. — a, gr. nat. — B, *id.* ♂, grossi. — aa, gr. nat. — b, antenne, grossie.

Pl. XIX.

Fig. 1. *Notoxus gigas*, n. 72, grossi. — a, gr. nat. — b, labre, grossi. — c, lèvre inférieure et palpe labial, grossis. — d, machoire et palpe maxillaire, id. — e, antenne, id. — f, tarse postérieur avec le bout du tibia, vu en dessus, id. — g, le même, vu en dessous, id.

Fig. 2. *Notoxus tristis*, n. 70, grossi. — a, gr. nat.

» 3. *Notoxus Dregei*, n. 73, grossi. — a, gr. nat. — b, tarse postérieur avec le bout du tibia, vu en dessus et grossi. — c, le même, vu en dessous, id.

» 4. *Notoxus mollis*, n. 74, le type, grossi. — a, gr. nat. — b, élytre gauche, grossie.

» 5. *Notoxus mollis*, Var. *unifasciatus*, n. 74, grossi. — a, gr. nat. — b, élytre gauche, grossie.

Pl. XX.

Fig. 1. *Chalcicleras bimaculatus*, n. 113, grossi. — a, gr. nat. — b, labre, grossi. — c, deux derniers articles du palpe labial, id. — d, antenne, id. — e, tibia et tarse postérieurs avec bout du fémur, id.

» 2. *Olesterus australis*, n. 76, grossi. — a, gr. nat. — b, antenne, grossie. — c, tarse postérieur avec bout du tibia, vu en dessus, id. — d, trois derniers articles apparents du palpe maxillaire, id. — e, palpe labial, id. — f, moitié antérieure du corps, vue de profil, id.

» 3. *Eburiphora callosa*, n. 117, grossie. — a, antenne, id. — b, palpe labial, id. — c, palpe maxillaire, id. — d, tarse postérieur avec bout du tibia, vu en dessous, id.

Pl. XXI.

Fig. 1. *Clerus lævigatus*, n. 78, le type, grossi. — a, gr. nat.

» 2. *Clerus lævigatus*, V. *nebulosus*, n. 78, grossi.

» 3. *Clerus flavosignatus*, n. 79, grossi. — a, gr. nat.

» 4. *Clerus bilobus*, n. 80, grossi. — a, gr nat. — b, antenne, grossie.

» 5. *Chalcicleras unicolor*, n. 112. — a, gr. nat.

» 6. Bouche du *Clerus ichneumoneus*, n. 91. — a, labre, vu en dessus et grossi. — b, menton, lèvre, languette et palpes maxillaires, vus en dessous et grossis. — c, machoire et palpe maxillaire, id. — d, mandibule, id. — Voyez l'insecte parfait, Pl. XXIV, *fig.* 3.

Pl. XXII

Fig. 1. *Clerus pusillus*, n. 85, grossi. — a, gr. nat.
» 2. *Clerus pulchellus*, n. 82, grossi. — a, gr. nat.
» 3. *Clerus artifex*, n. 83, grossi. — a, gr. nat.
» 4. *Clerus sobrinus*, n. 81, grossi. — a, 1 et 2, mesures extrêmes de la grandeur naturelle prises dans les divers exemplaires de mon cabinet.
» 5. *Clerus mysticus*, n. 86, grossi. — a, gr. nat.
» 6. *Clerus distinctus*, n. 84, grossi. — a, gr. nat.

Pl. XXIII.

Fig. 1. *Clerus crabronarius*, n. 87, grossi. — a, gr. nat. — b, antenne, grossie.
» 2. *Clerus mexicanus*, Var. B, n. 88, grossi. — a, gr. nat. — b, massue antennaire, grossie.
» 3. *Clerus nigripes*, Var. A, n. 100, grossi. — a, gr. nat. — b, antenne du mâle, grossie. — c, antenne de la femelle, id.
» 4. *Clerus variegatus*, n. 89, grossi. — a, gr. nat.
» 5. *Clerus signatus*, n. 108, grossi.
» 6. *Clerus maculicollis*, n. 109, grossi. — a, antenne, id.

Pl. XXIV.

Fig. 1. *Clerus bombycinus*, n. 92, grossi. — a, gr. nat.
» 2. *Clerus lunatus*, n. 93, grossi. — a, gr. nat.
» 3. *Clerus ichneumoneus*, n. 91, grossi. — a, gr. nat. — Voyez les parties de la bouche, Pl. XXI, *fig* 6.
» 4. *Clerus bicinctus*, n. 97, grossi. — a, gr. nat.
» 5. *Clerus gambiensis*, n. 111, grossi. — a, gr. nat. — b, antenne, grossie — c, dernier article des tarses, id.
» 6. *Clerus tricolor*, n. 99, grossi. — a, gr. nat.

Pl. XXV.

Fig. 1. *Clerus decussatus*, n. 94, grossi — a, gr. nat.
» 2. *Clerus ornatus*, n. 95, grossi. — a, gr. nat.

» 3. *Clerus nigripes*, n. 100, le type, grossi. — a, gr. nat.
» 4. *Clerus dubius*, n. 101, grossi. — a, gr. nat.
» 5. *Clerus brevicollis*, n. 103, grossi. — a, gr. nat.
» 6. *Clerus Fischeri*, n. 102, grossi. — a, gr. nat.

Pl. XXVI.

Fig. 1. *Clerus oculatus*, n. 104, grossi.
» 2. *Clerus ruficollis*, n. 98, grossi.
» 3. *Clerus thoracicus*, n. 110, gr. — a, dernier article des tarses avec les onglets, id.
» 4. *Clerus Laportei*, n. 96, grossi.
» 5. *Clerus* de la coll. Dupont dont il ne me reste que le dessin, il parait très voisin des *Cl. interruptus* et *scenicus*, *Kl. loc. cit. p.* 49, *n.* 45 et 46. Mais il en diffère par la couleur noire des pattes.
» 6. *Clerus versicolor*, n. 90, grossi.

Pl. XXVII.

Fig. 1. *Clerus trogositoides*, n. 105, grossi. — a, gr. nat.
» 2. *Clerus mexicanus*, Var. A, n. 88, grossi. — a, gr. nat.
» 3. *Clerus viduus*, n. 107, grossi. — a, gr. nat.
» 4. *Clerus sphegeus*, n. 106, grossi. — a, gr. nat.
» 5. *Aulicus nero*, n. 136, grossi. — a, gr. nat. — b, antenne grossie.
» 6. *Notoxus frontalis*, n. 75, grossi. — a, gr. nat.

Pl. XXVIII.

Fig. 1. *Aulicus instabilis*, Var. *episcopalis m. olim*, n. 137, grossi. — a, antenne, id.
» 2. *Zenithicola australis*, n. 115, grossi. — a, gr. nat. — b, machoire et palpe maxillaire, grossis. — c, palpe labial, id. — d, antenne, id. — e, tibia et tarse postérieurs avec bout du fémur, id.
» 3. *Yliotis ochropus*, n. 114, grossi. — a, antenne, id.
» 4. *Platyclerus planatus*, n. 138, grossi. — a, gr. nat. — b, antenne, grossie.
» 5. *Monophylla megatoma*, n. 165, grossie. — a, gr. nat. — b, antenne,

grossie. — c, neuf premiers articles de l'antenne avec base du dixième, plus considérablement grossis.

» 6. *Pelonium luctuosum*, n. 144, grossi. — a, antenne, id.

PL. XXIX.

Fig. 1. *Trichodes favarius*, VAR. H, n. 128, grossi. — a, 1 et 2, grandeurs naturelles extrêmes. — b, antenne grossie. — c, abdomen de la femelle, vu en dessous, id. — d, abdomen du mâle, id. — Voyez le type, PL. XXI, *fig.* 1.

» 2. *Trichodes octopunctatus*, n. 118, grossi. — a, gr. nat. — b, élytre droite de la variété pâle, grossie.

» 3. *Trichodes umbellatarum*, n. 119, grossi. — a, gr. nat.

» 4. *Trichodes Dahli*, n. 120, grossi. — a, gr. nat.

» 5. *Trichodes alvearius*, n. 121, grossi. — a, 1 et 2, grandeurs naturelles extrêmes. — b, ventre du mâle, grossi.

» 6. *Trichodes affinis*, n. 122, grossi. — a, arrière-corps du mâle, vu en dessous, id.

PL. XXX.

Fig. 1. *Trichodes crabroniformis*, VAR. *Zebra*, n. 123, grossi. — a, gr. nat. — Voyez le type, même PL. *fig.* 3.

» 2. *Trichodes apiarius*, n. 124, A, le type, grossi. — a, gr. nat. — b, patte postérieure du mâle, grossie. — B, élytre gauche de VAR. B, id. — D, la même de la VAR. D, id. — E, la mê[illegible] de la VAR. E, id.

» 3. *Trichodes crabroniformis*, n. 126, le type, grossi.

» 4. *Trichodes apivorus*, n. 125, grossi.

» 5. *Trichodes nobilis*, n. 127, grossi. — a, gr. nat. — D, le mêm[illegible] VAR. B, grossi. — aa, id. gr. nat.

» 6. *Trichodes Olivieri*, n. 129, grossi. — a, gr. nat.

PL. XXXI.

Fig. 1. *Trichodes favarius*, n. 128, le type grossi. — a, gr. nat. — B, le même, VAR. D, grossi. — aa, id. gr. nat. — E, le même, VAR. F, grossi. — aaa, id. gr. nat. — Voyez la VAR. H, PL. XXIX, *fig.* 1.

Fig. 2. *Trichodes Nutalli*, n. 130, grossi. — a, gr. nat.
» 3. *Trichodes leucopsideus*, n. 131, grossi. — a, gr. nat. — B, le même, Var. B. — aa, gr. id. nat.
» 4. *Trichodes aulicus*, n. 132, grossi. — a, gr. nat. — b, antenne, grossie.
» 5. *Trichodes ornatus*, n. 135, grossi. — a, gr. nat.

Pl. XXXII.

Fig. 1. *Trichodes ammios*, n. 135, le type, grossi. — a, id. gr. nat. — A, *Trichodes ammios*, Var A *arthriticus*. — A 1, élytre gauche grossie. — A 2, ventre du mâle, id. — A 2, patte postérieure du même, id. — aa, id. gr. nat. — B 1, élytre gauche de la Var. B, grossie. — B 2, patte postérieure du mâle, id. — aaa, gr. nat. du même. — C, E, G et I, élytres gauches grossies des Var. C, E, G, et I.
» 2. *Trichodes bifasciatus*, 134, grossi. — a, gr. nat.
» 3. *Tarsostenus univittatus*, n. 116, grossi. — a, gr. nat. — b, antenne, grossie. — c, tibia et tarse postérieurs, id.
» 4. *Orthopleura quadraticollis*, n. 197 *bis*, grossie. — a, gr. nat. — b, antenne, grossie.

Pl. XXXIII.

Fig. 1. *Pelonium amabile*, n. 150, grossi. — a, gr. nat. — b, antenne, grossie.
» 2. *Pelonium pilosum*, 147, grossi. — a, antenne, id. — b, tibia et tarses postérieurs avec bout du fémur, grossis et vus de profil.
» 3. *Pelonium quadrisignatum*, n. 153, grossi. — a, gr. nat.
» 4. *Enoplium serraticorne*, n. 141, grossi. — a, gr. nat. — b, antenne, grossie. — c, tibia et tarse postérieurs avec bout du fémur, grossis et vus en dessus.
» 5. *Pelonium hirtulum*, n. 163, grossi. — a, gr. nat.
» 6. *Pelonium lampyroides*, n. 141, grossi. — a, gr. nat. — b, antenne grossie.
» 7. *Pelonium crinitum*, n. 152, grossi. — a, gr. nat.

Pl. XXXIV.

Fig. 1. *Pelonium lituratum*, n. 161, grossi. — a, gr. nat. — b, antenne, grossie.

» 2. *Pelonium gallerucoides*, n. 159, grossi. — a, gr. nat. — b, antenne, grossie.

» 3. *Pelonium trifasciatum*, n, 160, grossi. — a, gr. nat. — b, antenne, grossie.

» 4. *Pelonium pulchellum*, n. 162, grossi. — a, gr. nat. — b, antenne, grossie.

» 5. *Enoplium quadripunctatum*, n. 142, grossi. — a, gr. nat. — a, antenne, grossie. — c, tibia et tarse postérieurs, id.

» 6. *Pelonium nigro-signatum*, n. 158, grossi. — a, gr. nat.

Pl. XXXV.

Fig. 1. *Pelonium viridipenne*, n. 157, grossi. — a, gr. nat. — b, antenne, grossie. — c, tibia et tarse postérieurs, id.

» 2. *Pelonium suturale*, n. 145, grossi. — a, gr. nat. — b, antenne, grossie.

» 3. *Pelonium humerale*, n. 154, grossi. — a, gr. nat.

» 4. *Pelonium vetustum*, n. 149, grossi. — a, gr. nat.

» 5. *Pelonium flavo-limbatum*, n. 146, grossi. — a, gr. nat.

» 6. *Pelonium marginipenne*, n. 151, grossi. — a, gr. nat.

Pl. XXXVI.

Fig. 1. *Apolopha Reichei*, n. 164, grossie. — a, gr. nat. — b, antenne, grossie. — c, tarse postérieur avec partie du tibia, vu en dessus, id. — d, tête et antennes, vues de profil, id.

» 2. *Pelonium prœustum*, 156, grossi. — a, gr. nat. — b, antenne grossie.

» 3. *Pelonium fasciculatum*, n. 148, grossi. — a, gr. nat. — b, antenne, grossie.

» 4. *Pelonium pilosum*, Var. B, n. 147, grossi. — a, gr. nat. — b, antenne grossie. — Voyez le type, Pl. XXXIII, *fig.* 2.

Fig. 5. *Pelonium variabile*, n. 155, grossi. — a, gr. nat.
» 6. *Clerus Lacordairei*, n. 81 *bis*, grossi. — a, gr. nat.

Pl. XXXVII.

Fig. 1. *Ichnea enoplioides*, Var. *roseicollis*, n. 175, grossie. — a, gr. nat. — b, antenne, grossie.
» 2. *La même*, autre variété grossie — a, gr. nat.
» 3. *Ichnea lycoides*, n. 174, grossie. — a, gr. nat. — b, antenne, grossie.
» 4, 5 et 6. *La même*, variétés différentes, grossies. — a, grandeurs naturelles.

Pl. XXXVIII.

Fig. 1. *Lemidia nitens*, n. 177, grossie. — a, gr. nat. — b, antenne, grossie. — c, tibia et tarse postérieurs avec bout du fémur, vus de profil, id. — d, tête et antennes, vues de face, id.
» 2. *Evenus filiformis*, n. 176, grossi. — a, gr. nat. — b, antenne, grossie. — c, tarse postérieur avec bout du tibia, id.
» 3. *Epiphlaeus variegatus*, n. 170, grossi. — a, gr. nat. — b, tête et antenne, vues de face et très grossies.
» 4. *Plocamocera sericella*, n. 173, grossie. — a, gr. nat. — b, tête et antenne, vues de face et très grossies.
» 5. *Epiphleus humeralis*, n. 172, grossi. — a, gr. nat.

Pl. XXXIX.

Fig. 1. *Hydnocera bicarinata*, n. 179, grossie. — a, gr. nat.
» 2. *Hydnocera humeralis*, n. 180, grossie. — a, gr. nat.
» 3. *Hydnocera brevipennis*, n. 186, grossie. — a, gr. nat.
» 4. A, *Hydnocera serrata*, n. 181, grossie. — a, gr. nat. — B, mandibule, grossie. — C, machoire et palpe maxillaire, id. — D, palpe labial, id. — E, antenne, id. — F, tarse postérieur avec bout du tibia, vu de profil, id.
» 5. *Hydnocera cincta*, n. 183, le type, grossi. — a, gr. nat. — b, élytre droite de la Var. A, grossie.

Pl. XL.

Fig. 1. ***Hydnocera brachyptera***, n. **185**, grossie. — a, gr. nat.
» 2. ***Hydnocera steniformis***, n. **182**, grossie. — a, gr. nat.
» 3. ***Hydnocera azurea***, n. **187**, grossie. — a, gr. nat.
» 4. ***Hydnocera punctata***, n. **188**, grossie. — a, gr. nat.
» 5. ***Ellipotoma tenuiformis***, n. **178**, grossie. — a, gr. nat. — b, antenne, grossie.
» 6. ***Phyllobænus transversalis***, n. **166**, grossi. — a, gr. nat. — b, tête et antenne, vues de face, grossies.

Pl. XLI.

Fig. 1. ***Platynoptera Goryi***, n. **191**, grossie. — a, gr. nat. — b, antenne, grossie.
» 2. ***Platynoptera lycoides***, n. **192**, un peu grossie. — b, antenne, très grossie.
» 3. ***Pytycera Duponti***, n. **193**, grossie. — a, gr. nat. — b, antenne, grossie.
» 4. ***Platynoptera Duponti***, n. **190**, grossie. — a, gr. nat. — b, antenne, grossie.
» 5. ***Erymanthus gemmatus***, n. **189**, grossi. — a, gr. nat. — b, antenne, grossie. — c, fémur, tibia et tarse antérieurs, grossis.
» 6. ***Ryparus tomentosus***, n. **194**, grossi. — a, gr. nat. — b, antenne, grossie. — c, patte postérieure hors la hanche, vue de profil, id.

Pl. XLII.

Fig. 1. ***Epiphlaeus* 12-*punctatus***, n. **167**, grossi. — a, gr. nat.
» 2, ***Epiphlaeus marginellus***, n. **171**, grossi. — a, gr. nat.
» 3. ***Notostenus viridis***, n. **200**, grossi. — a, gr. nat. — b, antenne, grossie.
» 4. ***Orthoplevra damicornis***, n. **196**, grossie. — a, gr. nat. — b, avant-corps, vu de profil et grossi.
» 5. ***Orthoplevra sanguinicollis***, n. **197**, grossie. — a, gr. nat. — b, antenne, grossie. — c, prothorax, vu de profil et grossi.
» 6. ***Necrobia rufipes***, n. **205**, grossie. — a, gr. nat. — b, antenne, grossie.

Pl. XLIII.

Fig. 1. *Lebasiella erythrodera*, n. 195, grossie. — a, gr. nat. — b, antenne, grossie.

» 2. *Corynetes scabripennis*, n. 201, grossi. — a, gr. nat.

» 3. *Corynetes analis*, n. 202, grossi — a, gr nat.

» 4. *Corynetes violaceus*, n. 203, grossi. — a, gr. nat. — b, antenne, grossie. — c, deux derniers articles d'un palpe maxillaire, id.

» 5. *Corynetes semi-striatus*, n. 204, grossi. — a, gr. nat.

» 6. *Necrobia ruficollis*, n. 206, grossie. — a, gr. nat. — b, deux derniers articles d'un palpe maxillaire, grossis. — c, prothorax et et base des élytres, vus en dessus, id.

Pl. XLIV.

Fig. 1. *Necrobia violacea*, n. 207, grossie. — a, gr. nat.

» 2. *Necrobia tibialis*, n. 208, grossie. — a, gr. nat.

» 3. *Necrobia defunctorum*, n. 209; grossie. — a, gr. nat.

» 4. *Necrobia bicolor*, n. 210, grossie. — a, gr. nat.

» 5. *Paratenetus punctatus*, n. 215 grossi. — a, gr. nat. — b, palpe maxillaire, grossi — c, palpe labial, id. — d, avant-corps, antennes et base des élytres, vus en dessus et grossis.

» 6. *Paratenetus Lebasii*, n. 216, grossi. — a 1 et 2, grandeurs naturelles extrêmes. — b, avant corps avec antennes et base des élytres, vu en dessus et grossi.

Pl. XLV.

Fig. 1. *Chariessa ramicornis*, n. 198, grossie. — a, gr. nat. — b, antenne, grossie.

» 2. A, *Chariessa vestita*, n. 199, vue en dessus et grossie. — B, la même, vue de profil, id. — a 1, gr. nat. — a 2, id. d'un mâle de la coll. Buquet. — b, antenne, grossie.

» 3. *Opetiopalpus auricollis*, n. 211, grossi. — a, gr. nat. — b, trois derniers articles d'un palpe maxillaire, grossi. — c, antenne, id.

» 4. *Opetiopalpus scutellaris*, n. 212, grossi. — a, gr. nat.

» 5. *Opetiopalpus luridus*, n. 213, grossi. — a, gr. nat.

» 6. *Opetiopalpus collaris*, n. 214, grossi. — a, gr. nat.

Pl. XLVI.

Fig. 1. *Ichnea dimidiatipennis*, n. 175.bis, grossie. — a, gr. nat.
» 2. *Platyclerus elongatus*, n. 138.bis, grossi. — a, gr. nat. — b. prothorax, vu en dessous et grossi.
» 3. *Pelonium Buquetii*, n. 160.bis, grossi. — a, gr. nat.
» 4. *Muisca bitaeniata*, n. 157.bis, grossie. — a, gr. nat. — b, antenne, grossie.
» 5. *Priocera trinotata*, n. 16.bis, grossie. — a, gr. nat.
» 6. *Clerus colombiae*, n. 93.bis, grossi. — a, gr. nat.
» 7. *Callitheres bicolor*, n. 12.bis, grossi. — a, gr. nat.
» 8. *Clerus longulus*, n. 108.bis, grossi. — a, gr. nat.

Pl. XLVII.

Fig. 1. *Cymatodera ibidioides*, n. 31.bis, grossie. — a, gr. nat.
» 2. *Clerus miniatus*, n, 80.bis, grossi. — a, gr. nat.
» 3. *Pelonium vittatum*, n. 158.bis, grossi. — a, gr. nat.
» 4. *Pelonium apicale*, n. 163.bis, grossi. — a, gr. nat.
» 5. *Pelonium scutellatum*, n. 154.bis, grossi. — a, gr. nat.
» 6. *Pelonium testaceum*, n. 154.ter, grossi. — a, gr. nat.

TABLE ALPHABÉTIQUE

DES NOMS PROPRES.

ABBRÉVIATIONS.

a, premier volume. — b, second volume. — p, page. — n, numéro d'ordre de l'espèce dans la famille. — T, tribu. — S. T., sous-tribu. — G, genre. — E, espèce.
Les synonimes et les simples citations ont été mis en caractères italiques.

26

TABLE ANALYTIQUE

DES MATIÈRES

I. *Premier volume.* — II. *Second volume.*

Essai monographique sur les Clérites.

(1) V. *Tillus rubricollis*, — II. Suppl. p. 164.
(2) V. *Priocera trinotata*, — II. Suppl. p. 164, n. 16.
(3) V. *Priocera spinosa*, — II. Suppl. p. 164, n. 18.
(4) V. *Priocera bispinosa*, — II. Suppl. p. 164, n. 19.

(5) V. *Stenocylidrus azureus*, — II. Suppl. p. 164, n. 24.
(6) V. *Stenocylidrus elegans*, — II. Suppl. p. 164, n. 25.
(7) V. *Cymatodera marmorata*, — II. Suppl. p. 164, n. 52.
(8) V. *Cymatodera prolixa*, — II. Suppl. p. 164, n. 54.
(9) V. *Epiclines Gayi*, — II. Suppl. p. 164, n. 57.

(10) V. *Tenerus variabilis*, — II. Suppl. p. 165, n. 44.
(11) V. *Tenerus variabilis*, *Var.* — II. Suppl. p. 165, n. 50.
(12) V. *Thanasimus abdominalis*, — II. Suppl. p. 165, n. 61.
(13) V. *Thanasimus pictus*, — II. Suppl. p. 165, n. 65.

(14) V. *Notoxus tristis*, — II. Suppl. p. 165, n. 70.
(15) V. *Notoxus frontalis*, — II. Suppl. p. 165, n. 75.
(16) V. *Clerus pulchellus*, — II. Suppl. p. 165, n. 82.
(17) V. *Clerus pusillus*, — II. Suppl. p. 165, n. 85.
(18) V. *Clerus mysticus*, — II. Suppl. p. 165, n. 86.
(19) V. *Clerus ichneumoneus*, — II. Suppl. p. 165, n. 91.
(20) V. *Clerus bombycinus*, — II. Suppl. p. 165, n. 92.
(21) V. *Clerus decussatus*, — II. Suppl. p. 165, n. 94.

(22) V. *Clerus viduus*, — II. Suppl. p. 166, n. 107.
(23) V. *Clerus signatus*, — II. Suppl. p. 166, n. 108.
(24) V. *Yliotis ochropus*, — II. Suppl. p. 166, n. 114.
(25) V. *Eburiphora callosa*, — II. Suppl. p. 166, n. 117.

(26) V. *Trichodes crabroniformis, Var.* — II. Suppl. p. 166, n. 125.
(27) V. *Trichodes nobilis*, — II. Suppl. p. 166, n. 127.
(28) V. *Trichodes Olivieri*, — II. Suppl. p. 166, n. 129.
(29) V. *Pelonium fasciculatum*, — II. Suppl. p. 166, n. 148.

(30) V. *Pelonium crinitum*, — II. Suppl. p. 166, n. 152.
(31) V. *Pelonium trifasciatum*, — II. Suppl. p. 167, n. 160.
(32) V. *Pelonium hirtulum*, — II. Suppl. p. 167, n. 163.
(33) V. *Epiphlœus duodecim-punctatus*, — II. Suppl. p. 167, n. 167.
(34) V. *Epiphlœus variegatus*, — II. Suppl. p. 167, n. 170.

(35) V. *Hydnocera steniformis*, — II. Suppl. p. 167, n. 182. — Lisez, 182.
(36) V. *Hydnocera suturalis*, — II. Suppl. p. 167, n. 184.
(37) V. *Hydnocera brachyptera*, — II. Suppl. p. 167, n. 185.

(38) V. *Corynetes analis*, — II. Suppl. p. 167, n. 202.

FIN DU SECOND ET DERNIER VOLUME.

Vu pour l'Autorité Ecclésiastique
F. S. CH. GRAFFAGNI Rev. Archiep.

Bon à imprimer
G. C. GANDOLFI Rev. pour la G. C.

fig. 1.

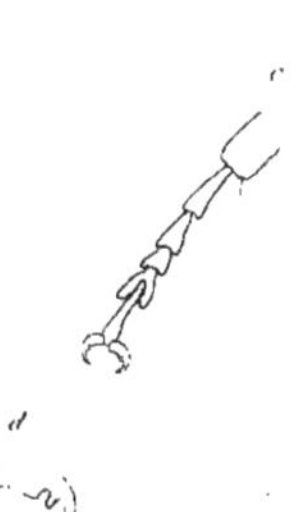

fig. 2.

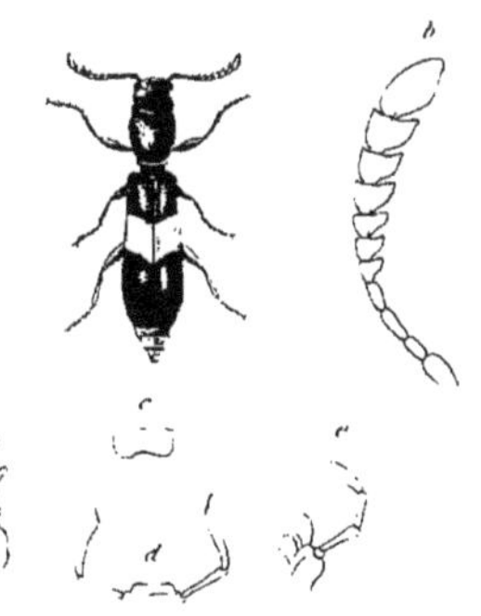

fig. 3.

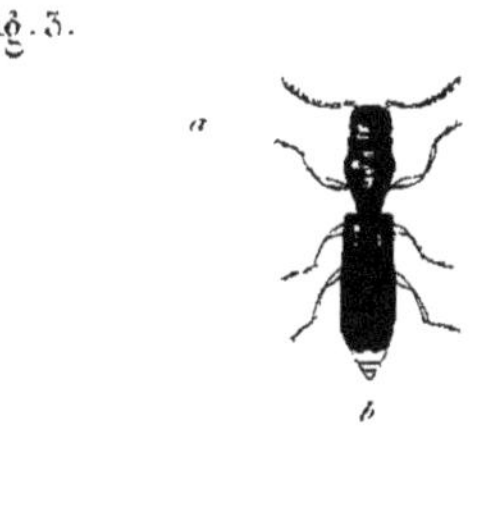

fig. 4.

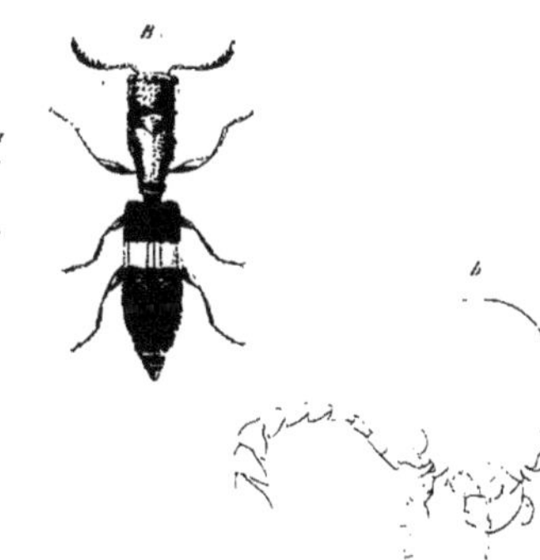

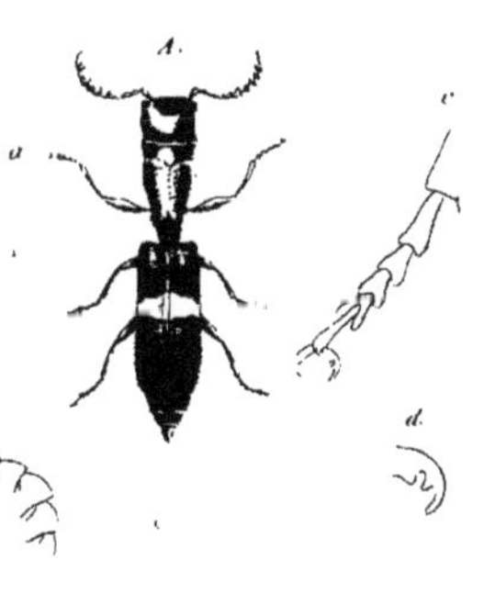

C. Spinola pinxit. Annedouche sculp.

fig. 1. Cylidrus *Buquetii* n.º 2. fig. 3 Cylidrus *cyaneus* n.º 1.
2. id. *fasciatus* n.º 3. 4. Denops *personatus* n.º 4.

Impr. de Delarue.

PL. II.

fig. 1.

fig. 2.

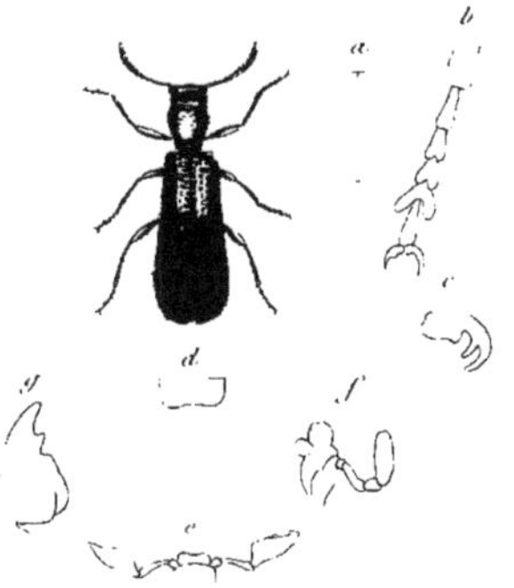

fig. 3.

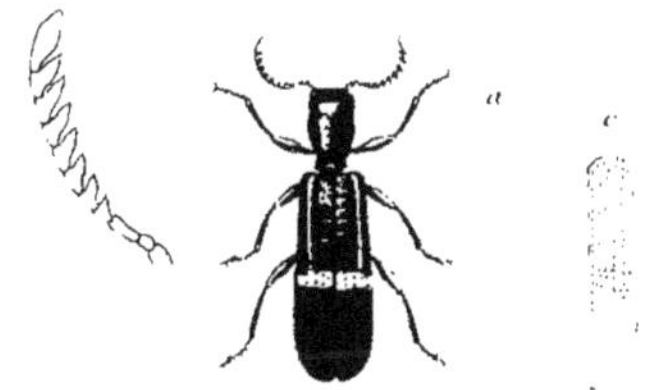

fig. 4.

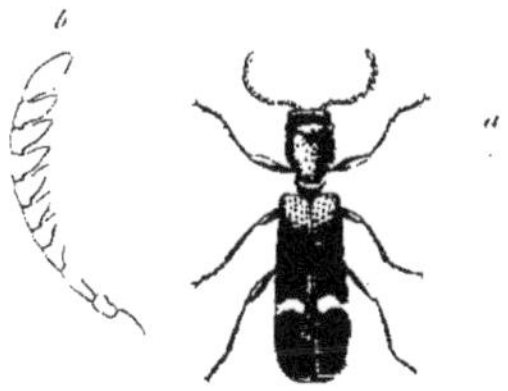

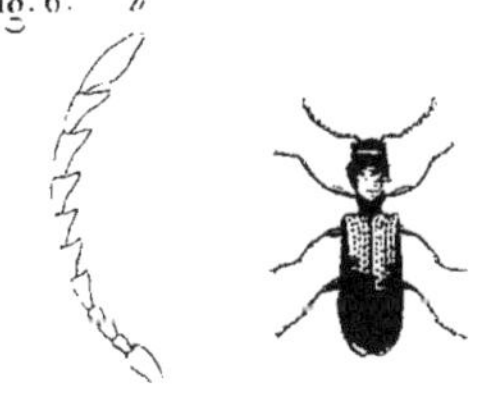

fig. 5.

fig. 6.

C. Spinola pinxit   Annedouche sculpt.

fig. 1.	Tillus	*transversalis*	n° 10.	fig. 4.	Tillus	*unifasciatus*	n° 6.
2.	id.	*elongatus*	n° 5	5.	id.	*var. A.*	n° 6.
3.	id.	*var. hyalinus* et.m	n° 5	6.	id.	*collaris*	n° 7.

Impr. de Delarue

Pl. III.

fig. 1.

fig. 2.

fig. 3.

fig. 4.

fig. 5.

fig. 6.

C. Spinola pinxit

Annedouche sculp.

fig. 1. Tillus *elongatus var. ambulans*	n° 5	fig. 4. Tillus *succinctus*	n° 9
2. Clerus *arachnodes*	n° 106 bis	5. Callitheres *Lourelii*	n° 14
3. Tillus *rubricollis*	n° 8	6. id. *tricolor*	n° 13

Impr. de Delarue

fig. 1.

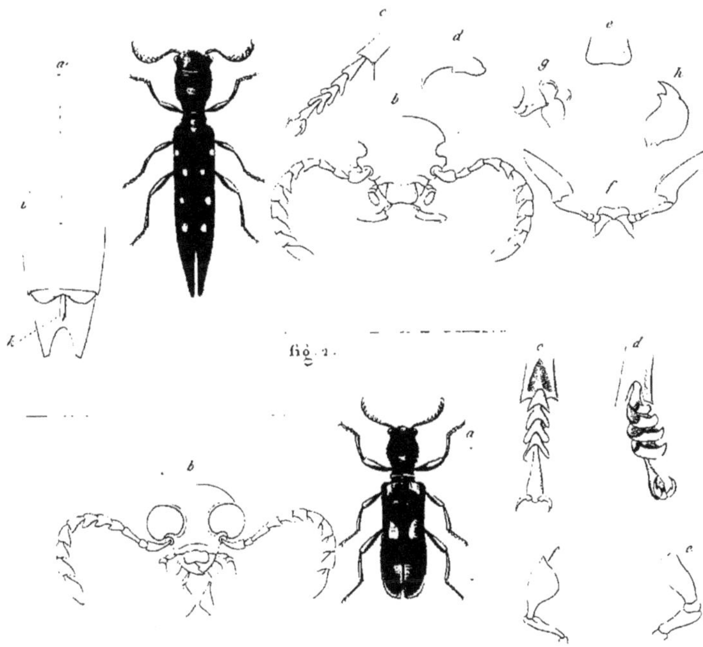

fig. 2.

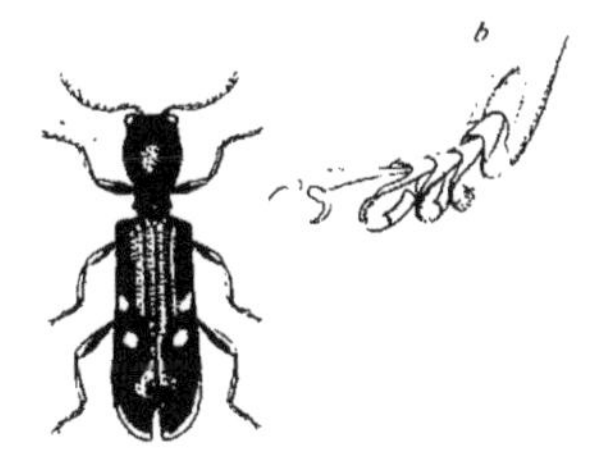

fig. 3.

fig. 4.

C. Spinola pinxit

Annedouche sculp.

fig. 1. Callitheres acutipennis — N° 12

2. Priocera variegata — N° 15.

fig. 3. Priocera rufescens — N° 17

4. id. trinotata, var ? — N° 16

Impr. de Delarue

PL. V.

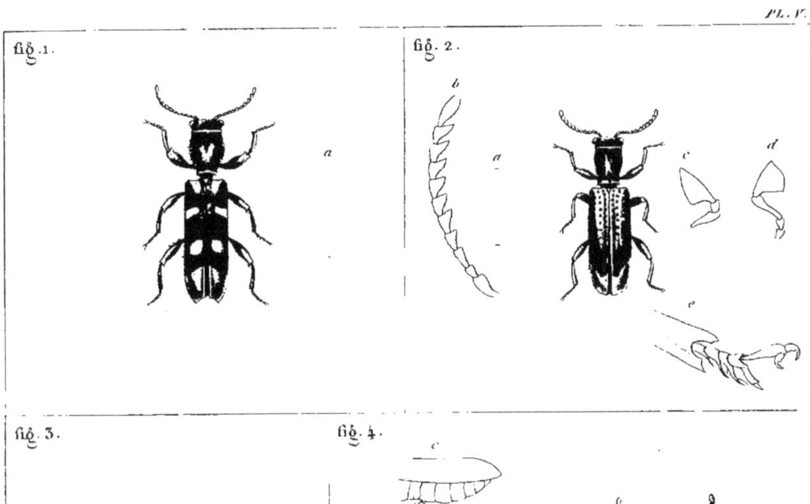

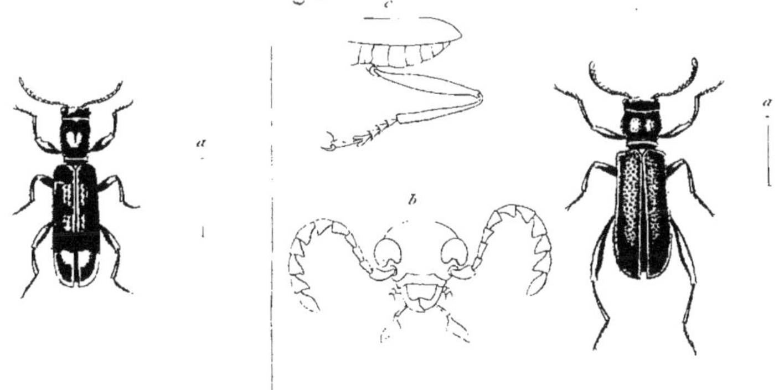

C. Spinola p.^{re} Annedouche sc.

fig. 1.	Priocera *spinosa*	n.° 18.	fig. 4.	Perilypus *carbonarius*	n.° 11.
2.	Axina *analis*	n.° 20.	5.	Colyphus *signaticollis*	n.° 26.
3.	id. *sex-maculata*	n.° 21.	6.	id. *cinctipennis*	n.° 27.

Imp.^{ie} de Delarue

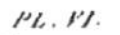

fig. 4. fig. 5.

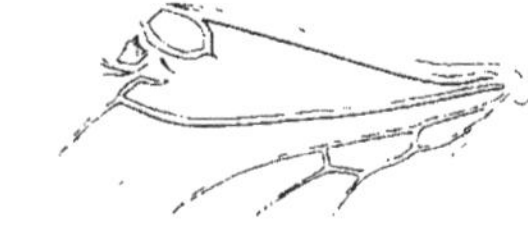

fig. 6. fig. 7.

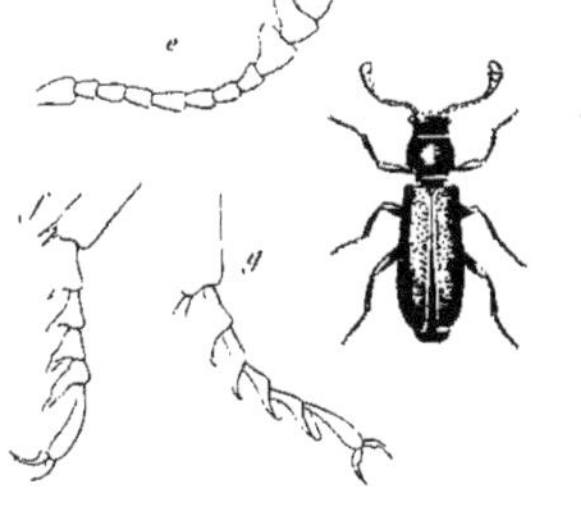

fig. 2. fig. 1.

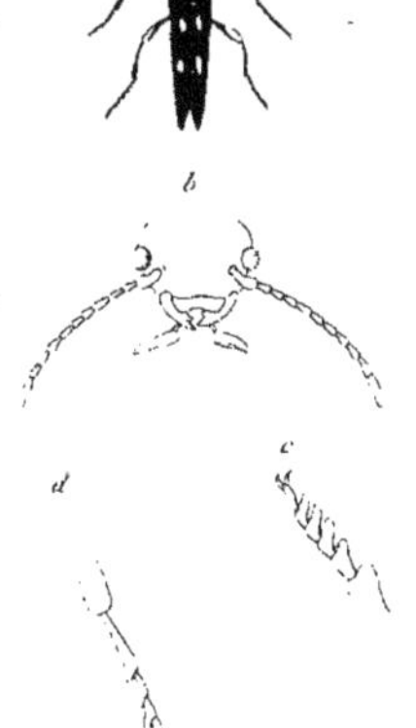

fig. 3.

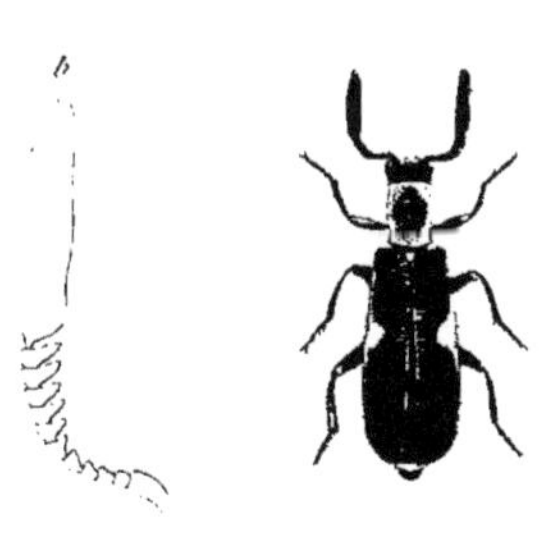

C. Spinola pinx. Annedouche sc.

fig. 1. Stenocylidrus *elegans* n.° 23.
2. Xylotretus *viridis* n.° 39.
3. Monophylla *terminata* n.° 160 bis.
4. Trogodendron *fasciculatum* ale n.° 69.

fig. 5. Tillus *transversalis* ale n.° 10.
6. Enoplium *serraticorne* id n.° 141.
7. Necrobia *ruficollis* id n.° 206.

Impr. de Delarue

fig. 1.

fig. 2.

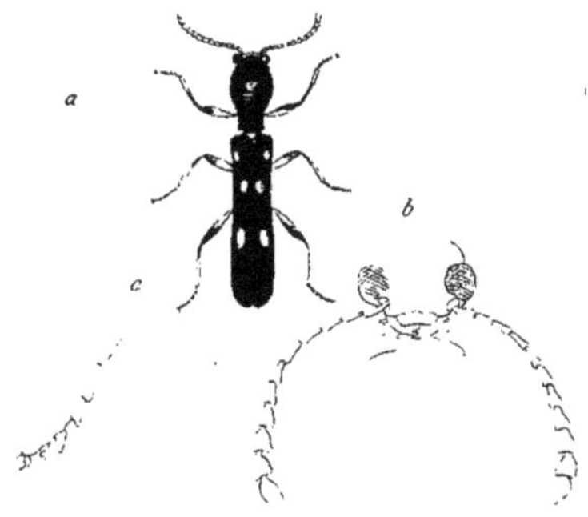

fig. 3.

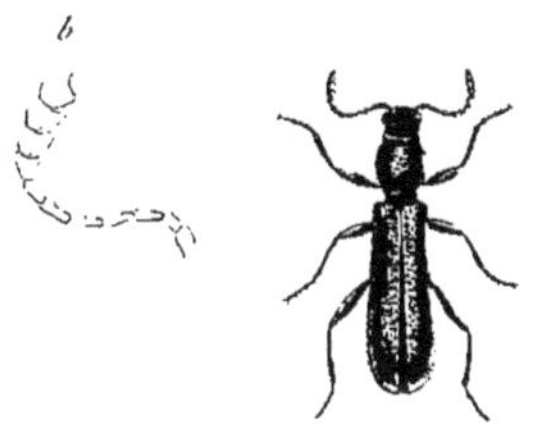

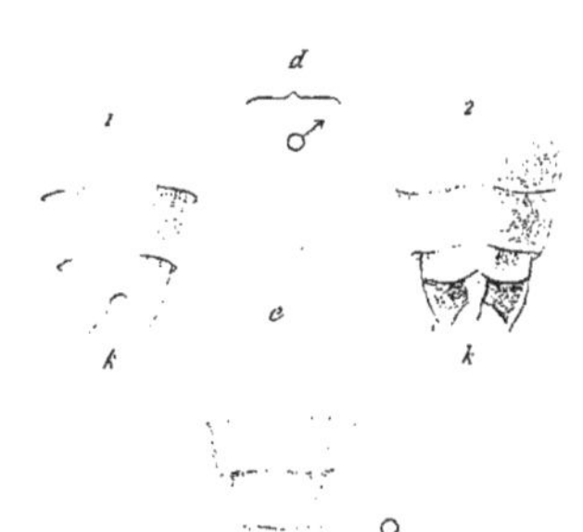

fig. 4.

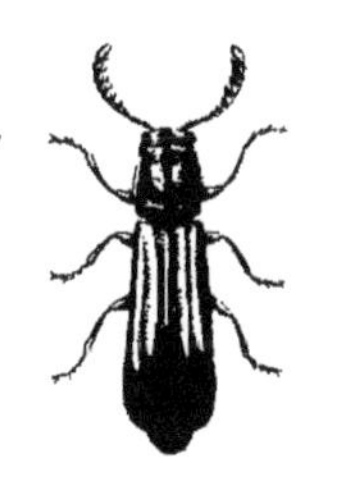

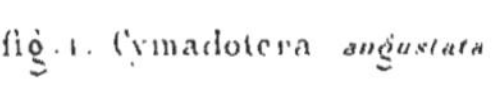

C. Spinola pinx^t

Annedouche sculp^t

fig. 1. Cymadotera *angustata* n° 38 fig. 3 Xylotretus *Reichei* n° 40
2. Stenocylidrus *azureus* n° 22 4 Tenerus *lineatocollis* n° 45

Imp^ie de Delarue

PL. VIII.

fig. 2

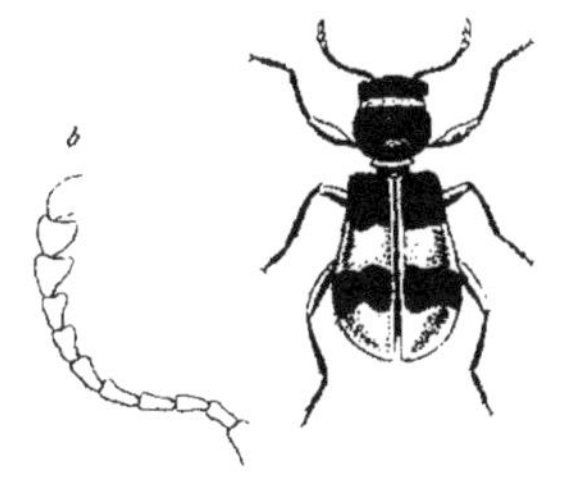

fig. 1.

fig. 3.

fig. 4.

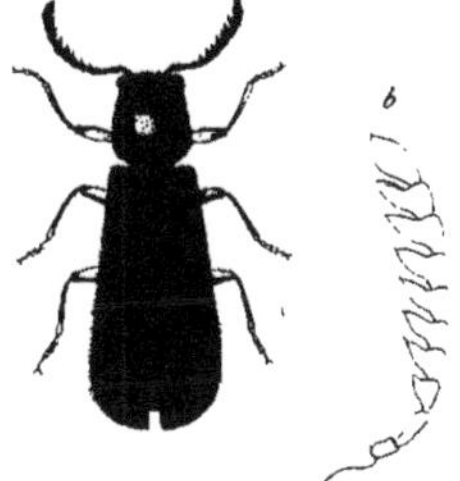

fig. 5.

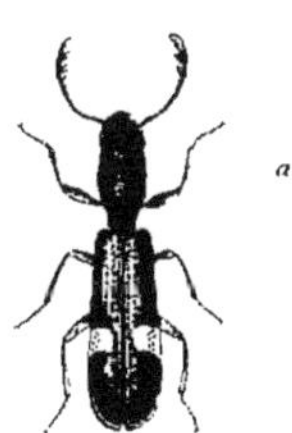

fig. 6.

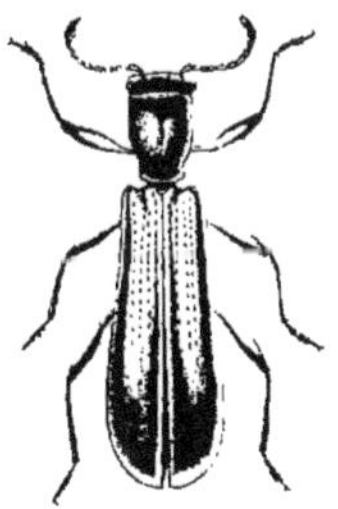

C. Spinola pinx.t *Annedouche sculp.t*

fig. 1. Systenoderes *amœnus* n.° 23 type
2. id. *var*
3. id. *viridipennis* n.° 25

fig. 4. Tenerus *cyanopterus* n.° 42.
5. Dupontiella ? *fasciatella*
6. Notoxus *mollis*. *var pallidus* n.° 74.

Imp.rie de Bélarue

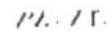

Pl. II.

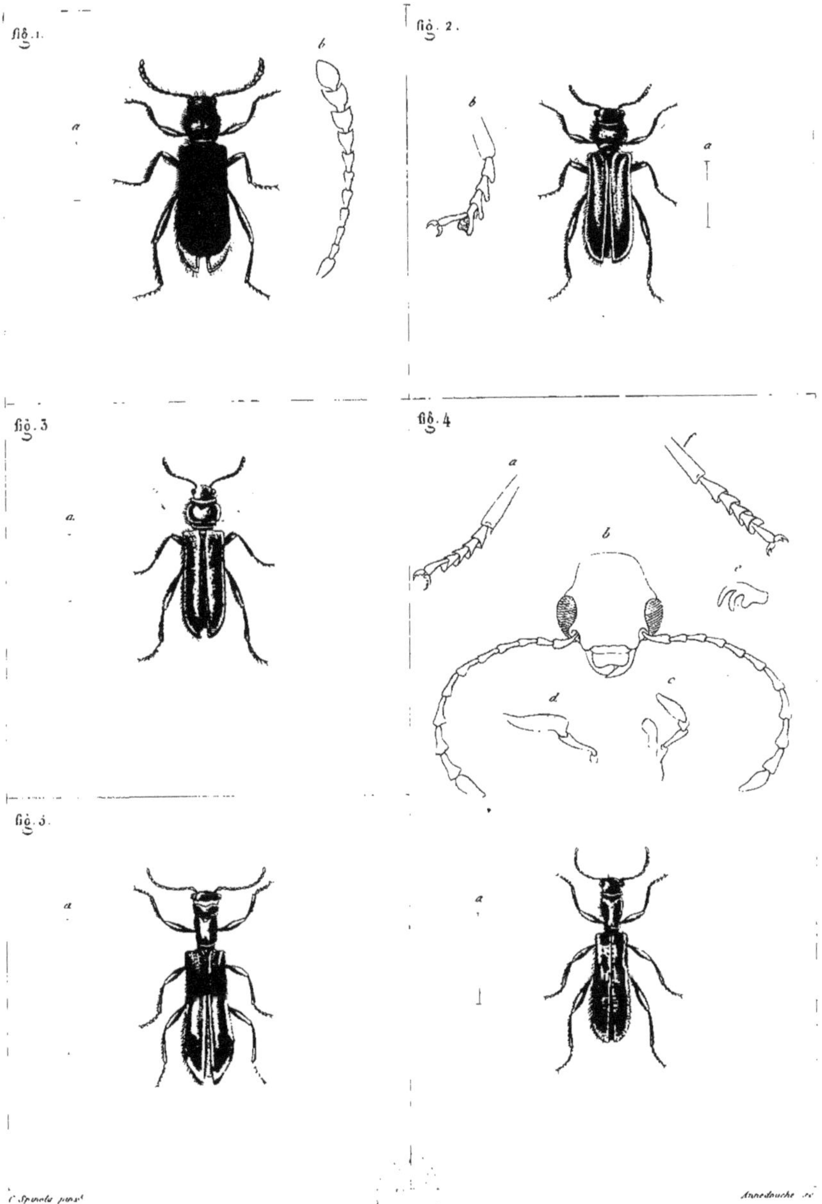

C. Spinola pinx.t *Annedouche sc.*

fig. 1. Colyphus *terminalis.* n.° 29.
2. id. *rufipennis.* n.° 28
3. id. *interruptus.* n.° 30.

fig. 4. Cymatodera *marmorata.* n.° 32
5. id. *Hopei.* n.° 31

Imp.ie de Delarue

fig. 1.

fig. 2.

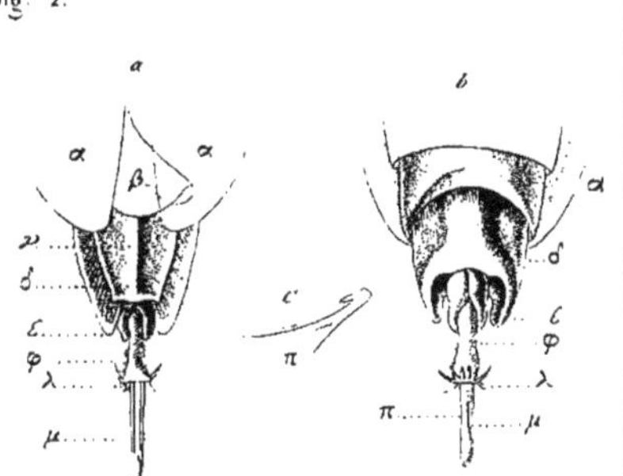

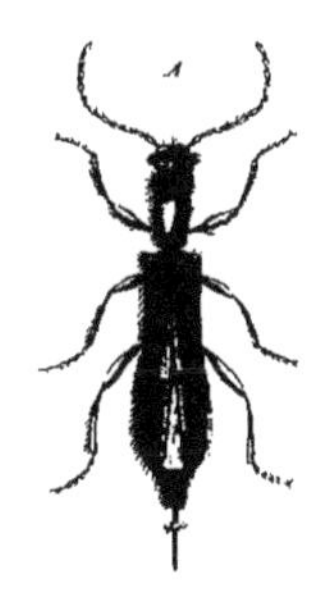

fig. 4.

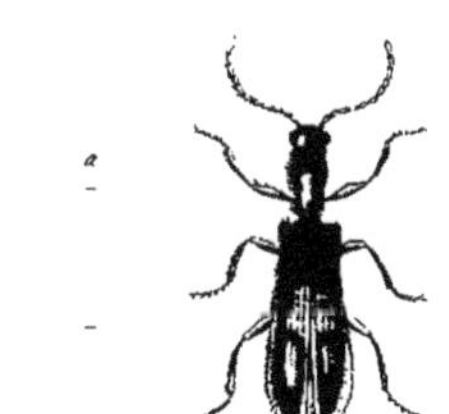

fig. 3.

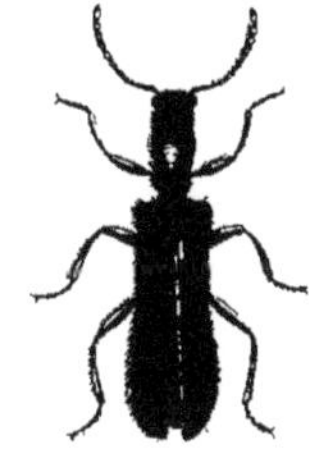

C. Spinola pinx^t — Annedouche sc.

fig. 1.	Cymatodera	*longicollis.*	n° 35.	fig. 3	Cymatodera	*cylindricollis.*	n° 38
2.	id.	*prolixa*	n° 34	4.	id	*laeta.*	n° 33

Imp^ie de Delarue

fig. 1.

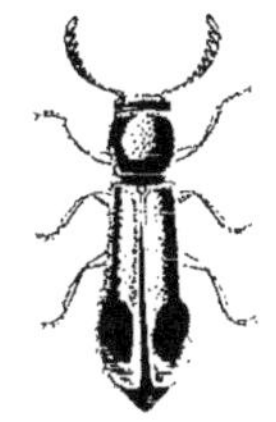

fig. 2.

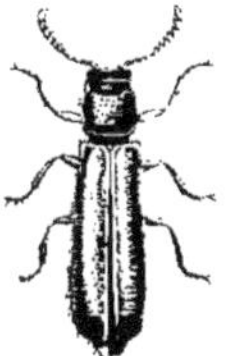

fig. 3.

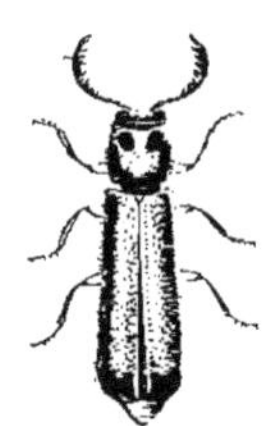

fig. 4.

fig. 5.

a

b

C. Spinola pinx.t Annedouche sc.

fig. 1. Tenerus *bimaculatus*. n° 49.
2 id *praeustus* n° 46
3. id. *signaticollis*. n° 47

fig. 4. Tenerus *dimidiatus*. n° 44.
5 id. *variabilis*. n° 48 bis var.

Imp.ie de Delarue

PL. XIII.

fig. 1.

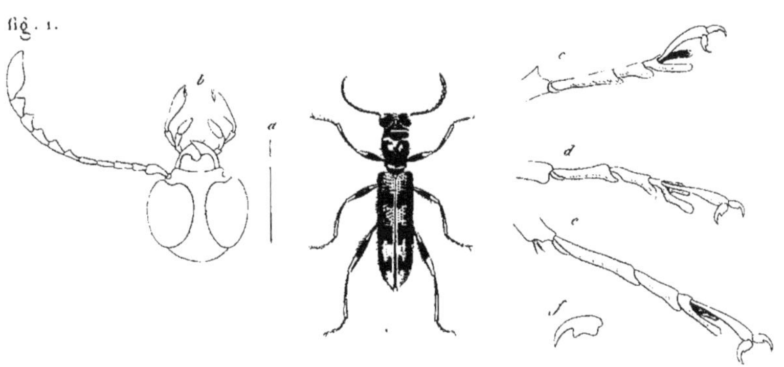

fig. 2.

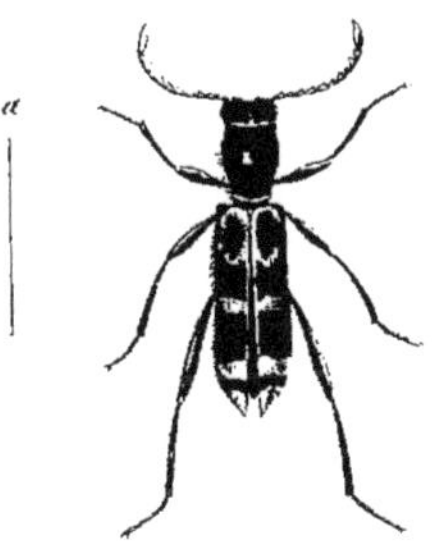

fig. 3.

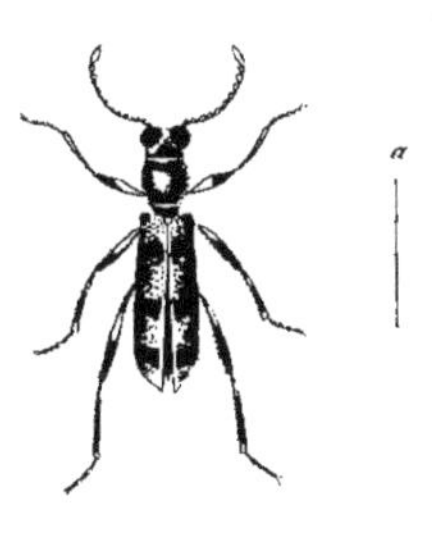

fig. 4.

fig. 5.

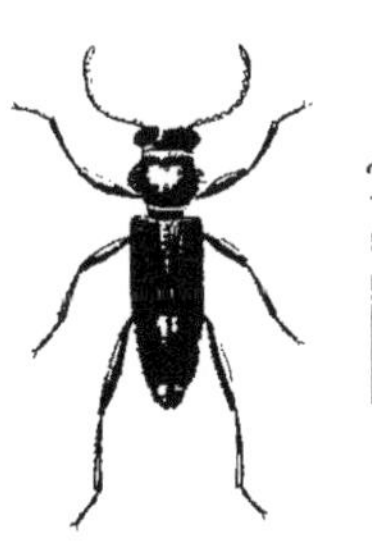

C. Spinola pinx.t Annedouche sc.t

fig. 1. Omadius *indicus* n.º 51. fig. 4. Stigmatium *cicindeloides* var. 1 n.º 54.
2. id. *bifasciatus* n.º 53. 5. id. *typus* n.º 54.
3. id. *trifasciatus* n.º 52.

Imp.ie de Delarue

PL. XIV.

fig. 1.

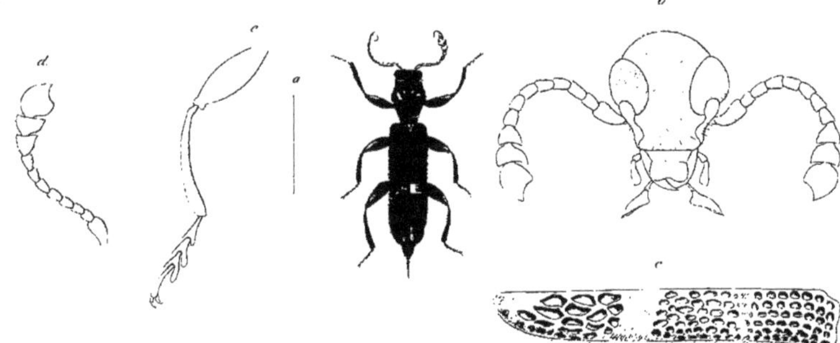

fig. 2.

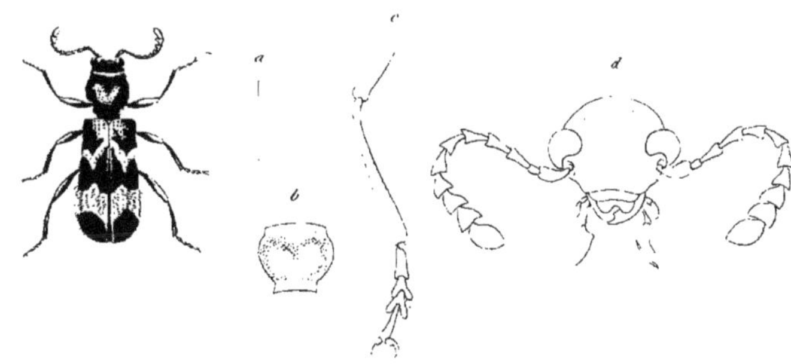

fig. 3.

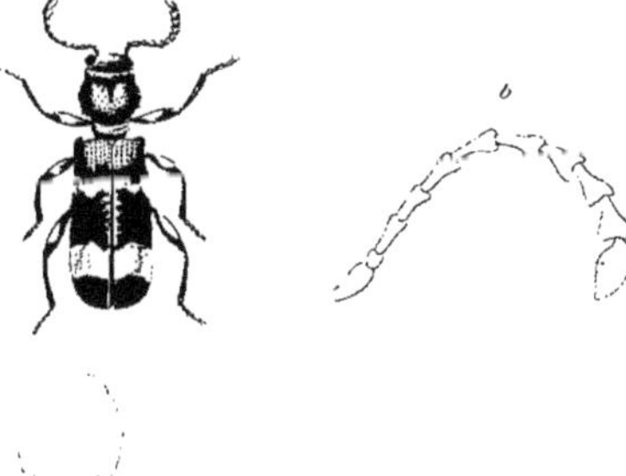

C. Spinola pinx.t Annedouche sc.

fig. 1. Scrobiger *Reichei* n.° 71. fig. 2. Thanasimus *formicarius* n.° 57.
3. id. *ruficeps* n.° 56.

Imp.ie de Delarue

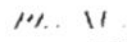

Pl. XI.

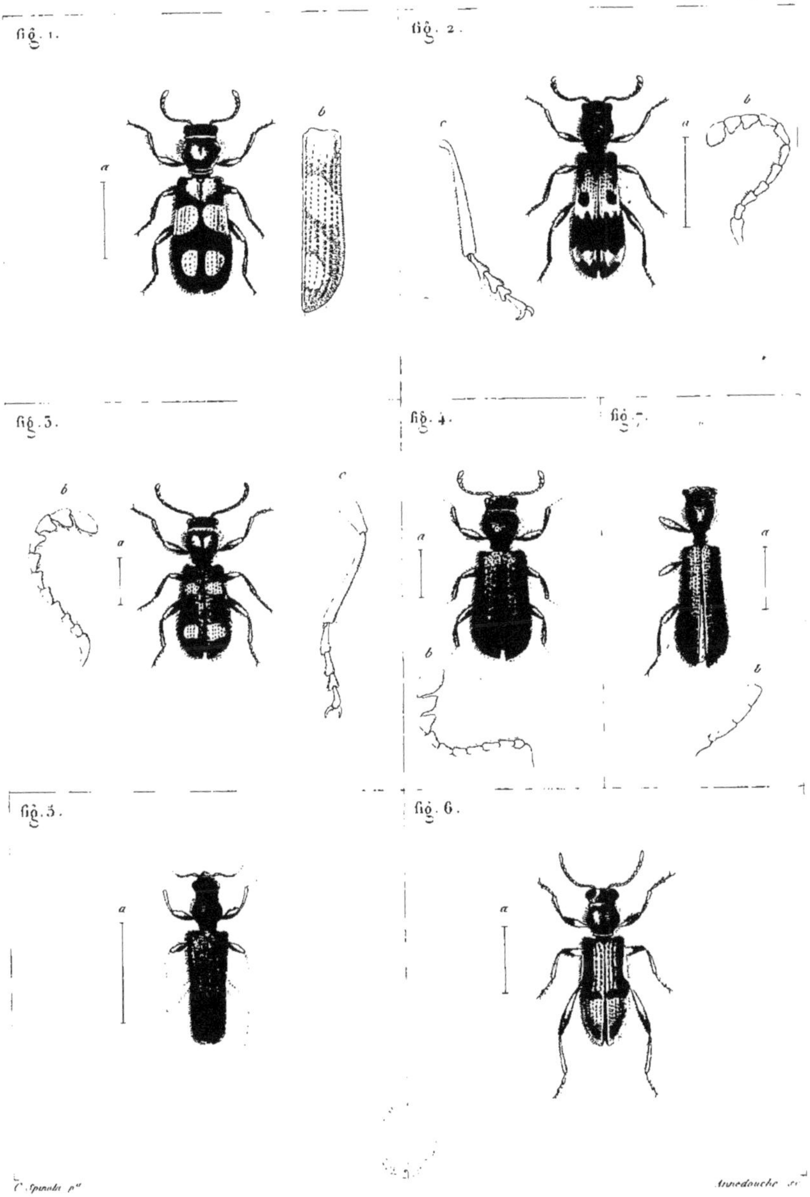

fig. 1. fig. 2.

fig. 3. fig. 4. fig. 7.

fig. 5. fig. 6.

C. Spinola p.t Annedouche sc.

fig. 1. Thanasimus *abdominalis* n.° 61.
2. id. *marmoratus* n.° 63.
3. id. *quadrimaculatus* n.° 60.
4. Xylotretus ? *foveolatus* n.° 41.

fig. 5. Chalciclerus *intricatus* n.° 114 bis
6. Omadius *nebulosus* n.° 54 bis suppl.t
7. Tillus ? *sanguinicollis* page 125

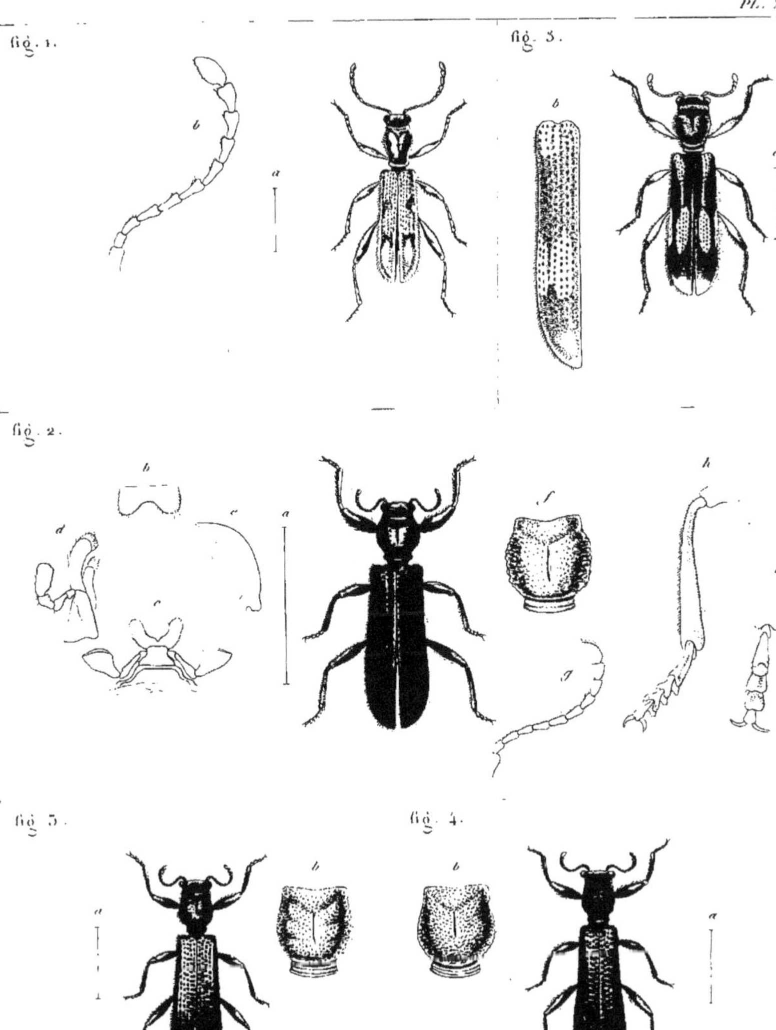

C. Spinola pt — Annedouche sc.

fig. 1. Thanasimus *mitis* n° 59

3 Notoxus *Buqueti* n° 72.

fig. 2. Natalis *porcata* n° 64.

5. id. *Laplacei* n° 66.

4. id. *cribricollis* n° 65

Impr. de Delarue

Pl. XVII.

fig. 1.

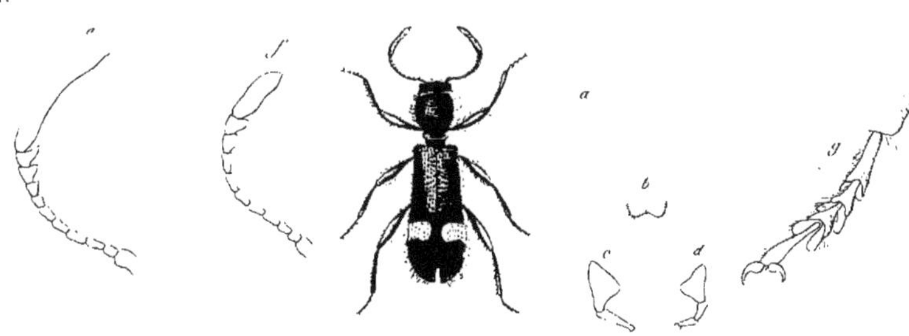

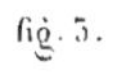

fig. 2.

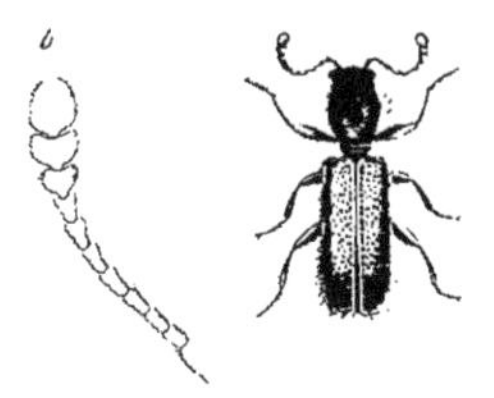

fig. 3.

fig. 4.

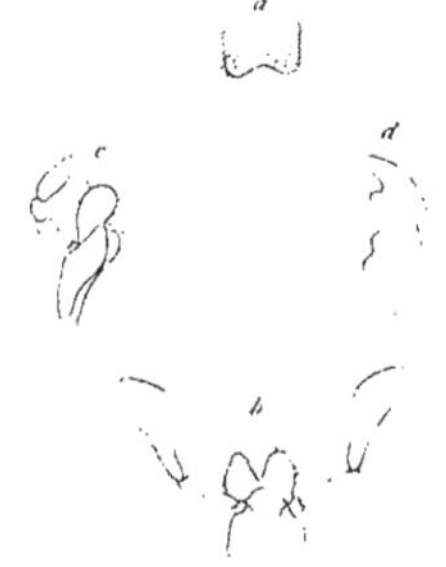

T. Spinola p.t Annedouche sc.

fig. 1. Phloiocopus *tricolor* n° 139. fig. 3. Thaneroclerus *Buquetii* ou *4* n° 67.
2 Thaneroclerus *sanguineus* n° 68. 4. Thanasimus *mutillarius* n° 56.

Imp.rie de Delarue

PL. XVIII.

fig. 1.

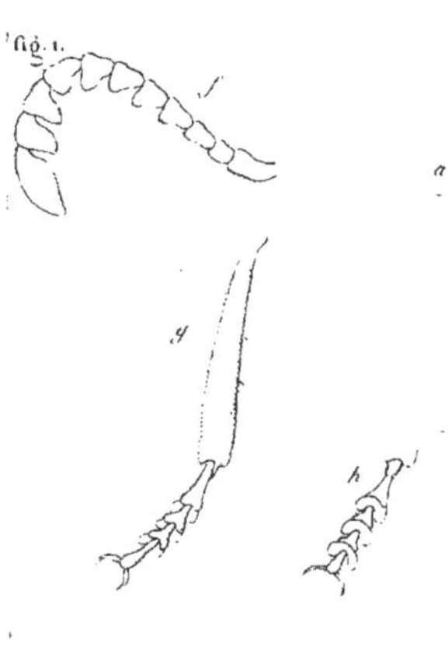

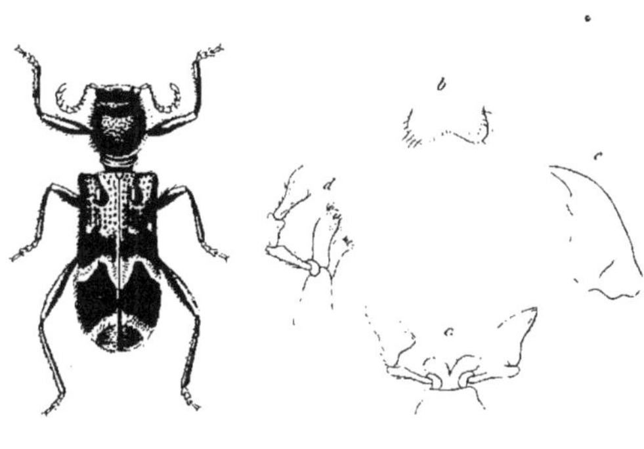

fig. 2.

fig. 3.

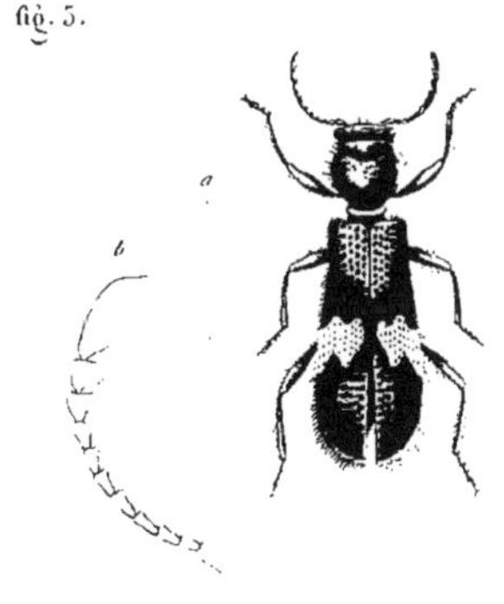

fig. 4.

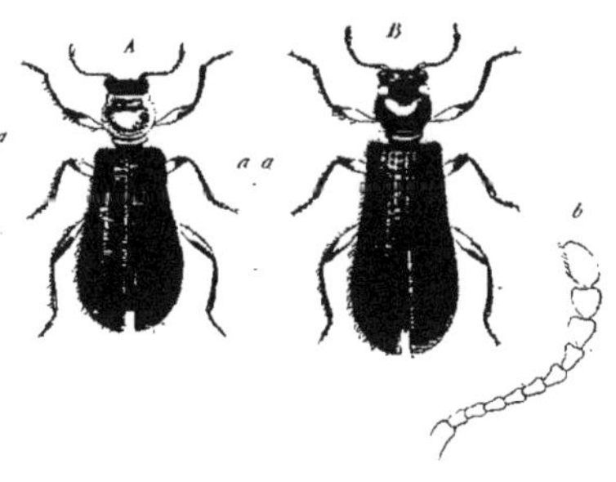

C. Spinola p.t — Annedouche sc.

fig. 1 Trogodendron *fasciculatum* n.° 69 — fig. 3 Phloiocopus *Buquetii* n.° 140.

2 Priocera *bispinosa* n.° 190. — 4 Thanasimus *colombicus* n.° 62.

Imp.ie de Delarue

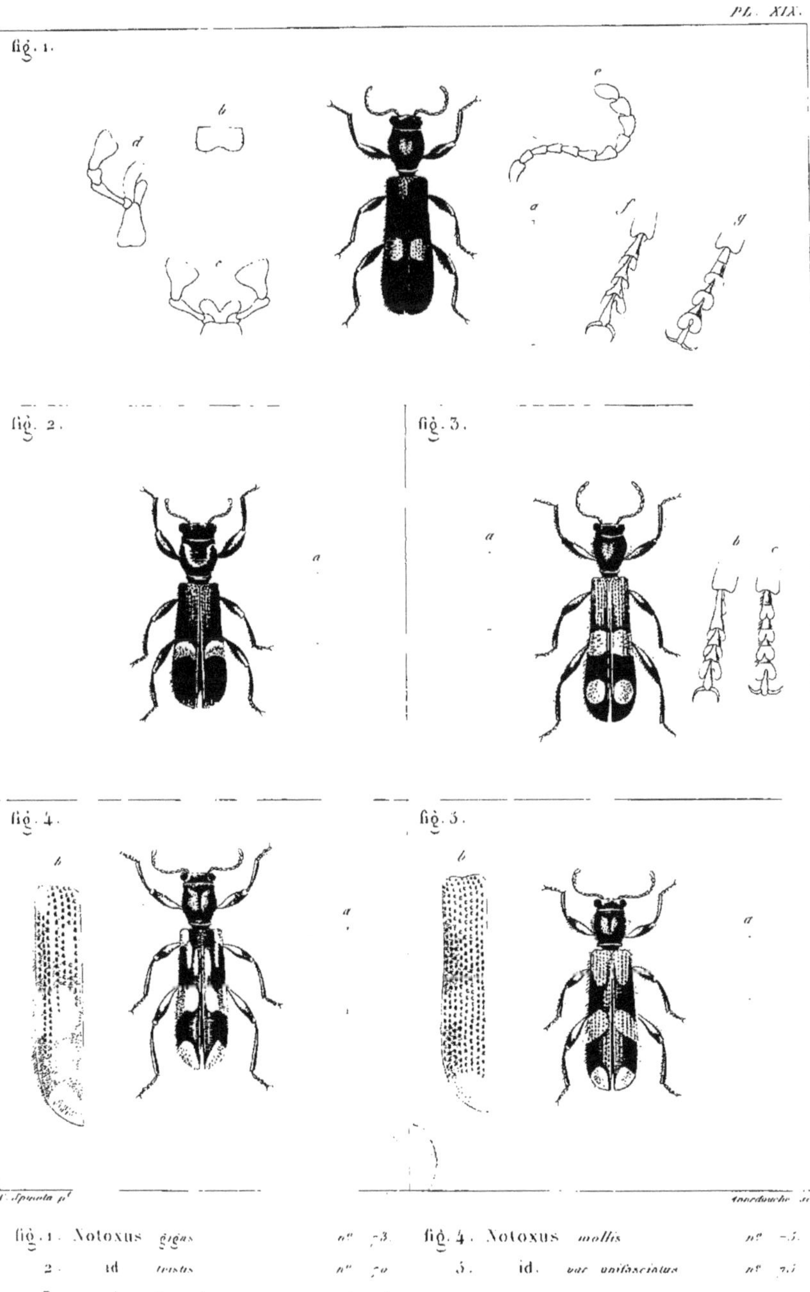

C. Spinola p[t] Annedouche sc.

fig. 1. Notoxus *gigas*	n° 73.	fig. 4. Notoxus *mollis*	n° 75.
2. id *tristis*	n° 70	5. id. *var. unifasciatus*	n° 75
3. id. *Dregei*	n° 74.		

Imp[r] de Delarue

Pl. XV.

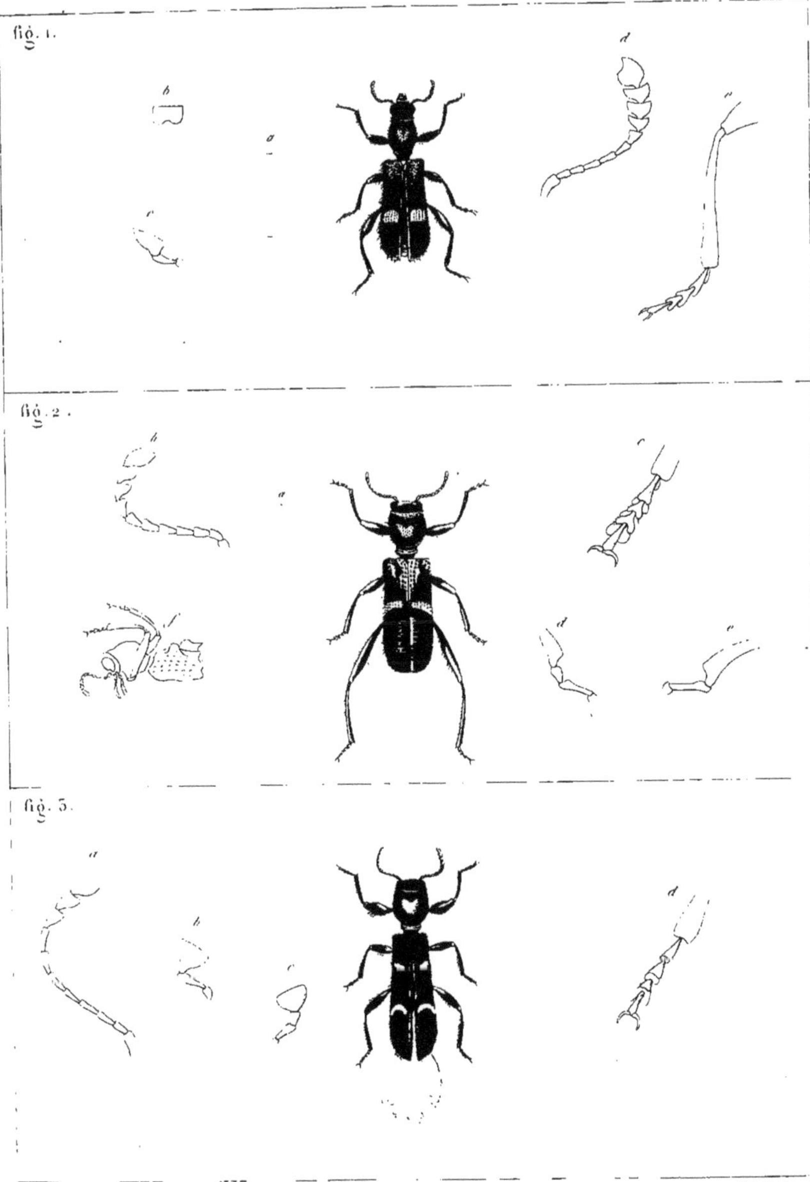

C. Spinola p.^t — Annedouche sc.

fig. 1. Chalciclerus *bimaculatus* n.° 115. fig. 3. Eburiphora *callosa* n.° 116.

2. Olesterus *australis* n.° 77.

Imp.^ie de Delarue

fig. 5

fig. 6.

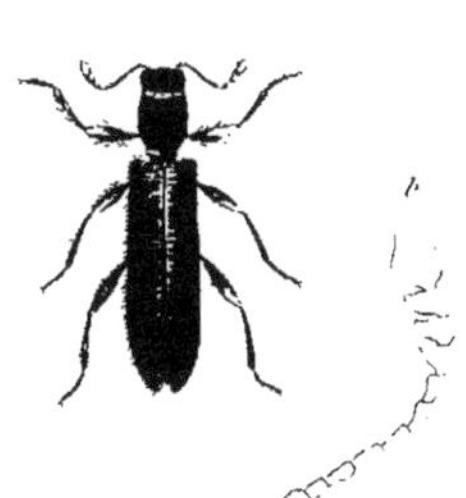

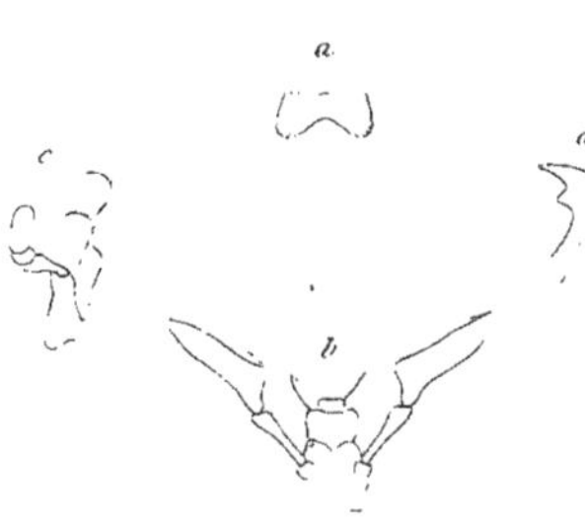

fig. 1.

fig. 2.

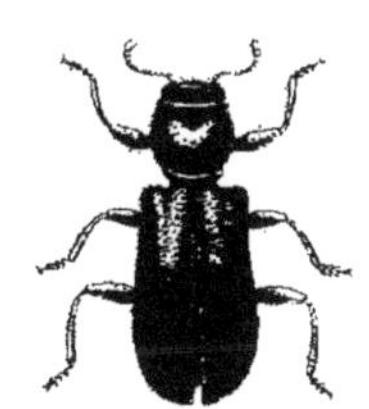

fig. 3.

fig. 4.

C. Spinola p.t — Annedouche sc.

fig. 1. Clerus *lævigatus* n.° 78.
2. id. *var. nebulosus* n.° 78.
3. id. *flavosignatus* n.° 79.
fig. 4. Clerus *bilobus* n.° 60.
5. Chalciclerus *unicolor* n.° 114.
6. *Parties de la bouche du* Clerus *Ichneumoneus*

Imp.r de Delarue.

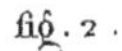

fig. 1.

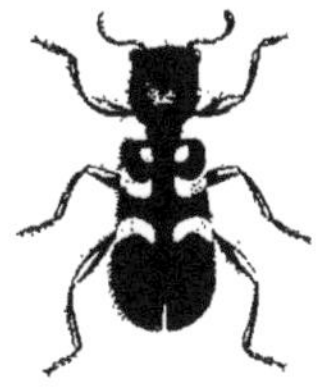

fig. 2.

fig. 3.

fig. 4.

fig. 5.

fig. 6.

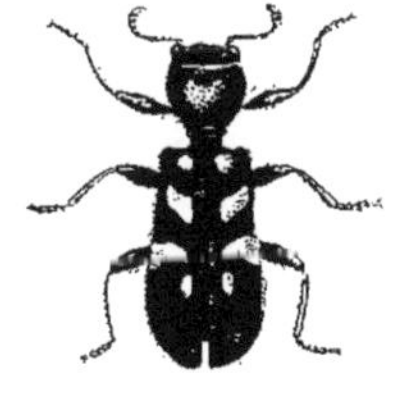

C. Spinola p.t Annedouche sc.

fig. 1. Clerus	*pusillus*	n.° 85.	fig. 4. Clerus	*sobrinus*	n.° 81.
2. id.	*pulchellus*	n.° 82.	5 id.	*mysticus*	n.° 86.
3 id.	*artifex*	n.° 83.	6 id.	*distinctus*	n.° 84.

Imp.ie de Delarue

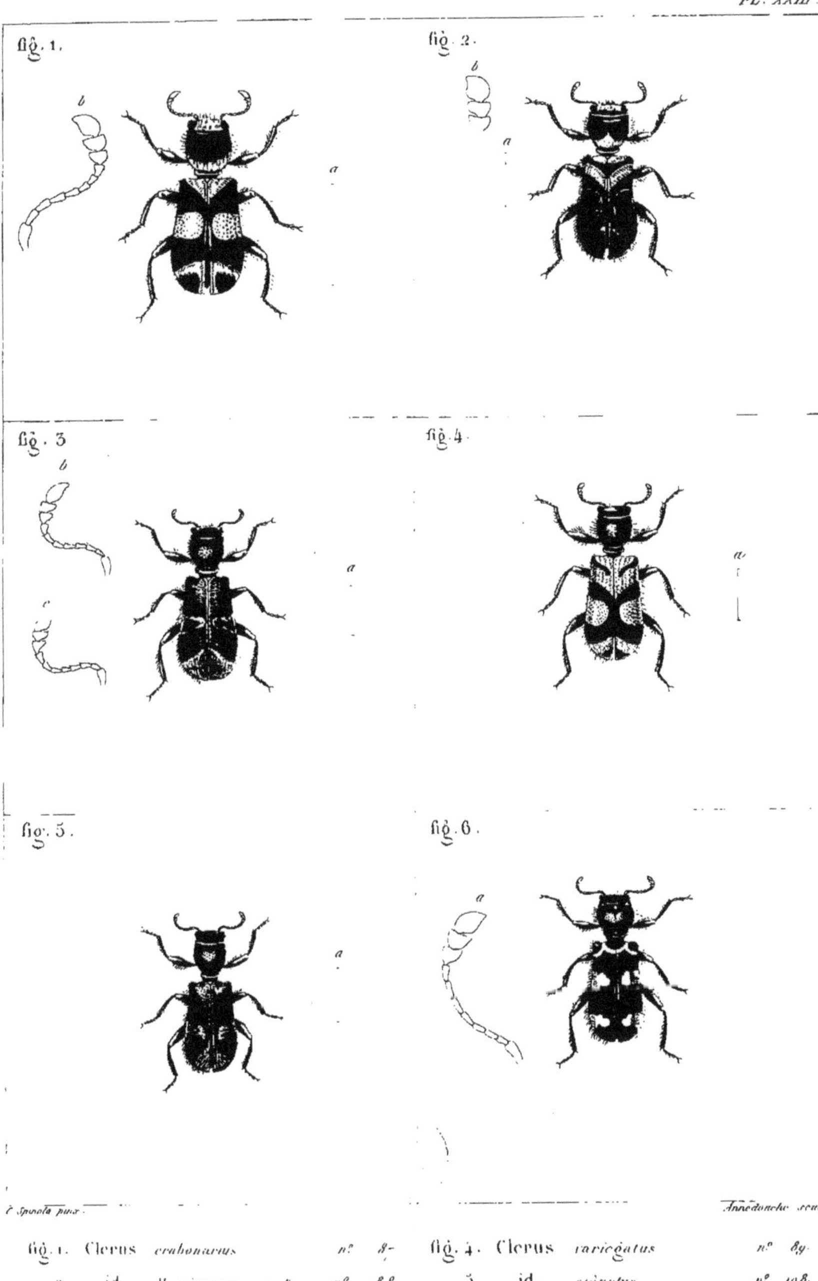

C. Spinola pinx. — Annedouche sculp.

fig. 1.	Clerus	*crabonarius*		*n°*	*87.*	fig. 4.	Clerus	*variegatus*	*n°* *89.*
2.	id.	*Mexicanus*	*var. B.*	*n°*	*88.*	5.	id.	*signatus*	*n°* *108.*
3.	id.	*nigripes*	*var. C.*	*n°*	*100.*	6.	id.	*maculicollis*	*n°* *109.*

Impr. de Delarue.

Pl. XXII

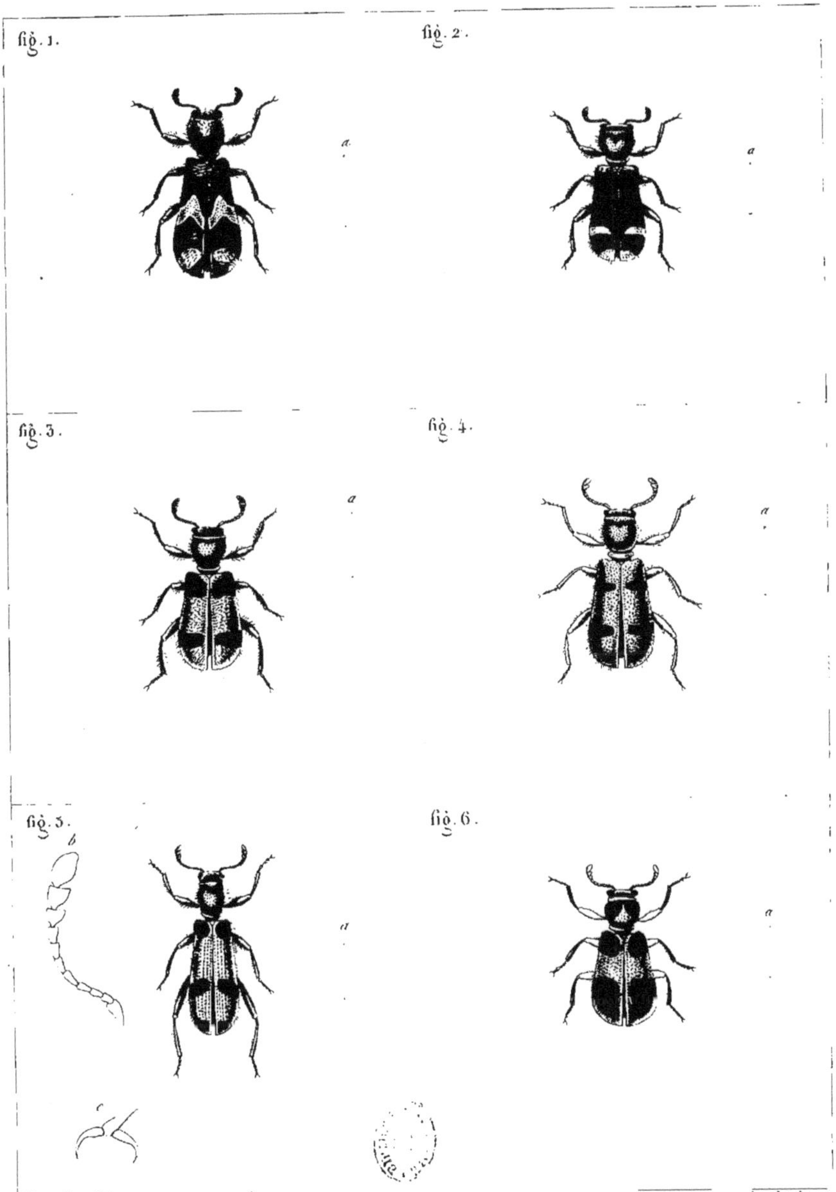

fig. 1.
a
fig. 2.
a
fig. 3.
a
fig. 4.
a
fig. 5.
b
a
c
fig. 6.
a

C. Spinola p^t — Annedouche sc

fig. 1.	Clerus	*bombycinus*	n.° 92	fig. 4.	Clerus	*bicinctus*	n.° 97
2.	id.	*lunatus*	n.° 93	5.	id.	*Gambiensis*	n.° 111
3.	id.	*Ichneumoneus*	n.° 91	6.	id.	*tricolor*	n.° 99

Imp.^ie de Delarue

PL. XXV.

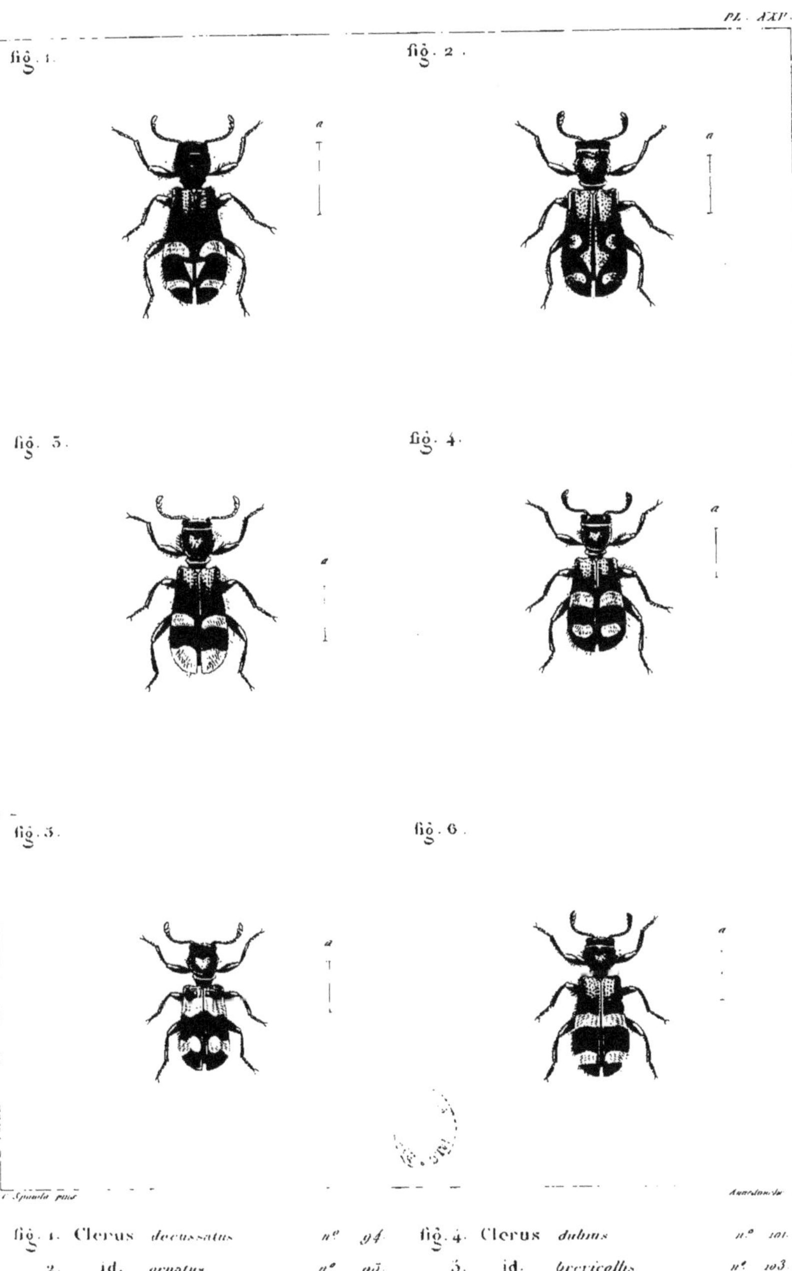

C. Spinola pinx. Annedouche sc.

fig. 1. Clerus *decussatus* n° 94. fig. 4. Clerus *dubius* n° 101.
2. id. *ornatus* n° 95. 5. id. *brevicollis* n° 103.
3. id. *nigripes* n° 100. 6 id. *Fischeri* n° 102.

Impr. de Delarue

PL. XXVI.

fig. 1.

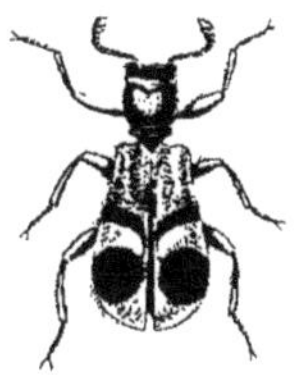

fig. 2.

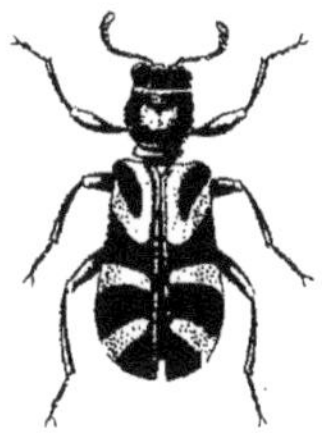

fig. 3.

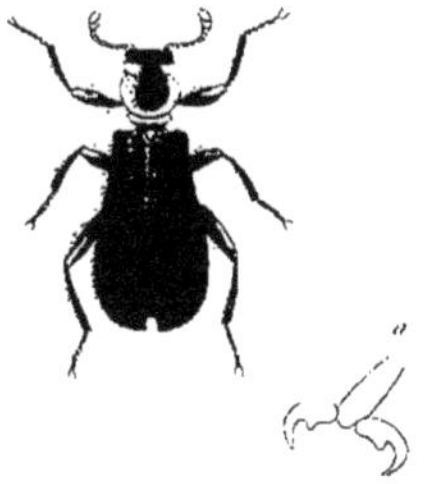

fig. 4.

a

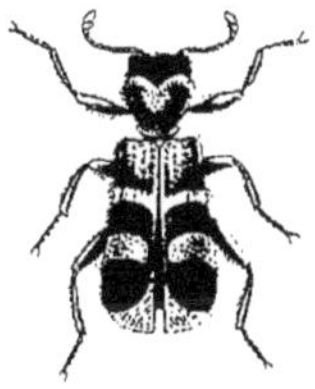

fig. 3.

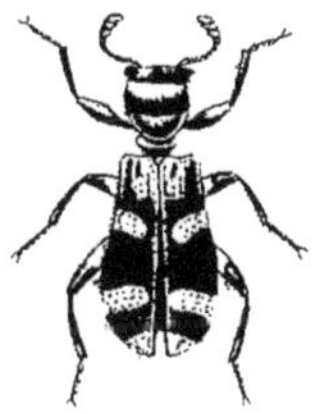

fig. 6.

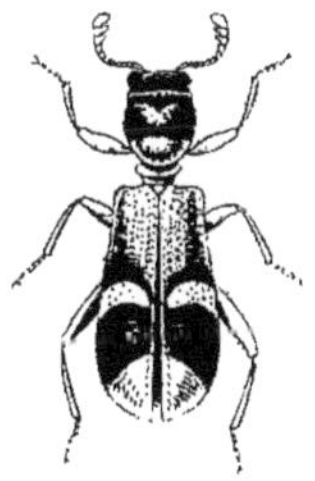

C. Spinola pinx. — Imedavahe sc.

fig. 1.	Clerus	*oculatus*	n°	104
2.	id.	*ruficollis*	n°	98
3.	id.	*thoracicus*	n°	110
fig. 4.	Clerus	*Laportei*	n°	96
5.	id.	*versicolor*	n°	90
6.	id.	. . . . ? *Coll. Dupont.*		

Impr. de Delarue

PL. XXVII.

fig. 1.

fig. 2.

a

fig. 3.

fig. 4.

a

a

fig. 5.

a

b

fig. 6.

a

C. Spinola pinx. — Annedouche sc.

fig. 1. Clerus *trogositoides*	nº 103	fig. 4. Clerus *sphegeus*	nº 106.
2. id. *Mexicanus var. 1*	nº 83.	5. Aulicus *Nero*	nº 136.
3. id. *viduus*	nº 107.	6. Notoxus *frontalis*	nº 75.

Impie de Delarue.

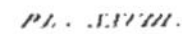

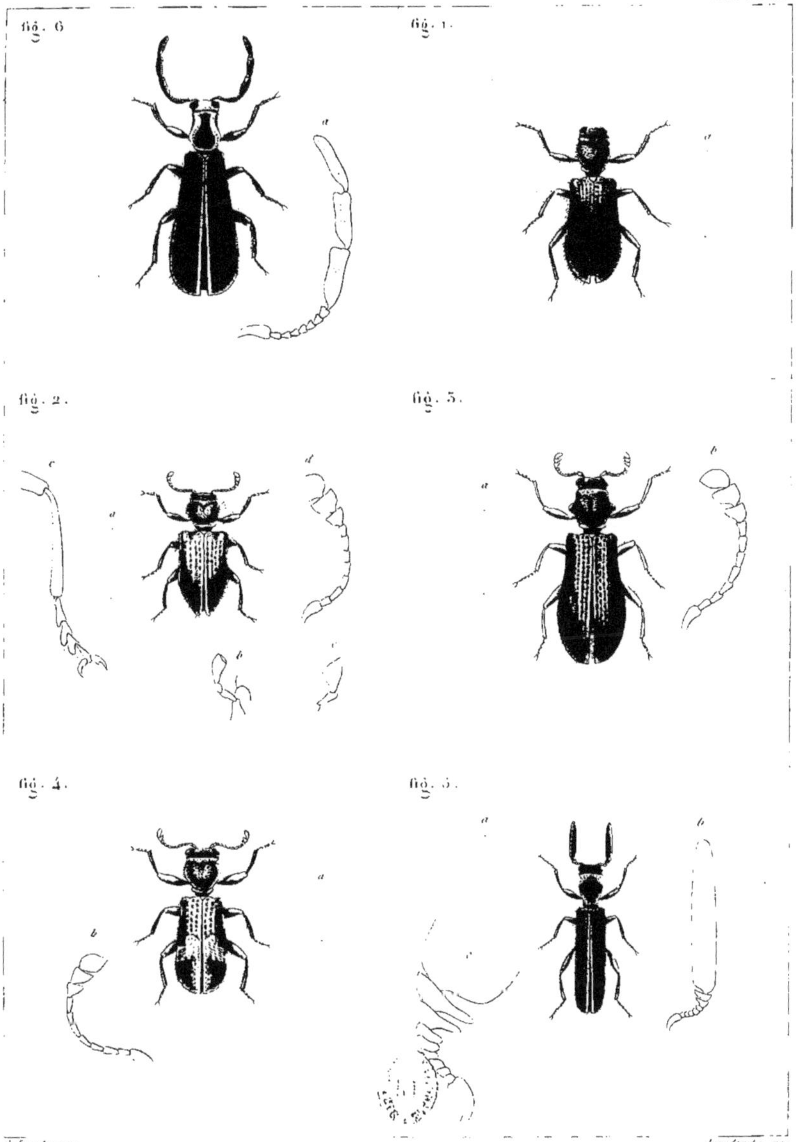

PL. XVIII.

C. Spinola pinx.

fig. 1. Aulicus *instabilis* n° 137.

2. Zenithicola *australis* n° 113

3. Miotis *ochropus* n° 112.

fig. 4. Platycleurus *planatus* n° 138.

5. Monophylla *megatoma* n° 165

6. Pelonium *luctuosum* n° 144.

Impr. de Bénard

Pl. XXIX.

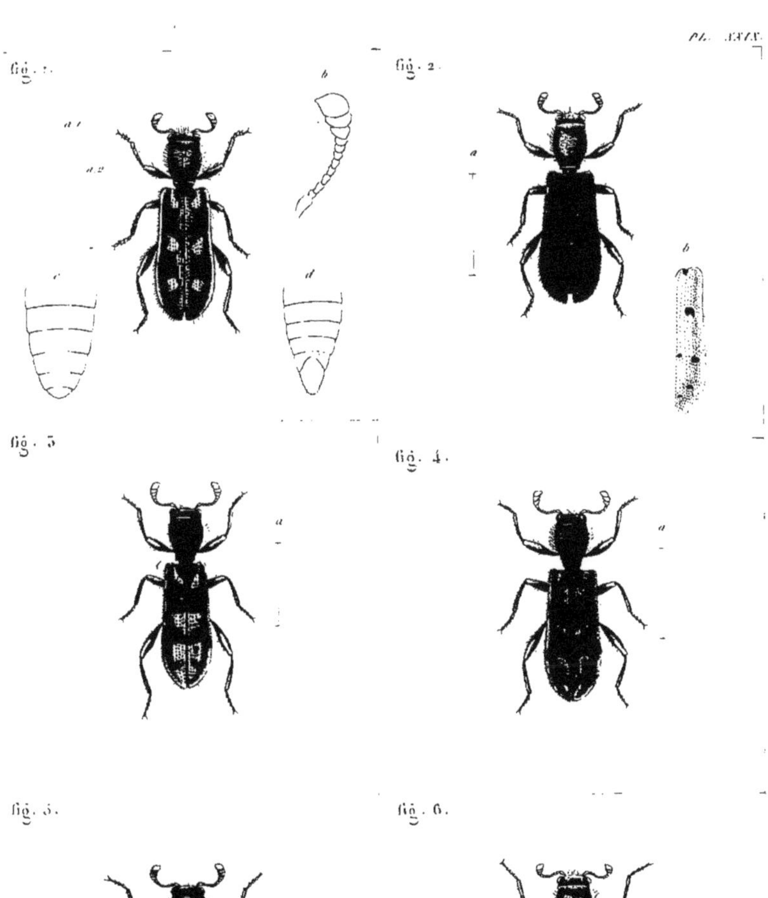

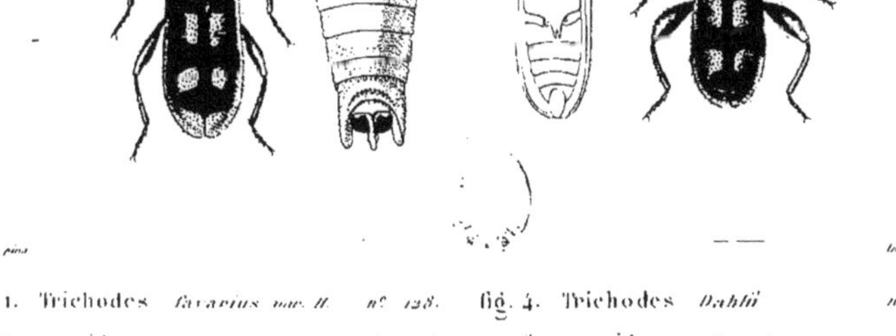

T. Spinola pinx. — Lanedouche sc.

fig. 1.	Trichodes	*favarius var. H.*	n°	128.
2.	id.	*octopunctatus*	n°	118.
3.	id.	*umbellatarum*	n°	119.
fig. 4.	Trichodes	*Dahlii*	n°	120.
5.	id.	*alvearius*	n°	121
6.	id.	*affinis*	n°	122

Impr. de Delarue

Pl. [illegible]

fig. 1.

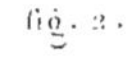

fig. 2.

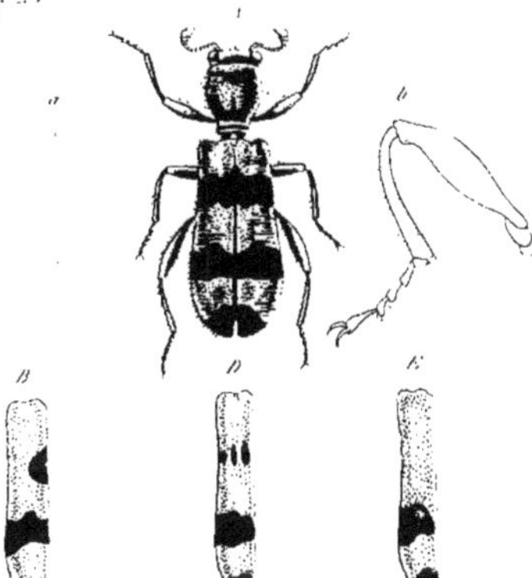

fig. 3.

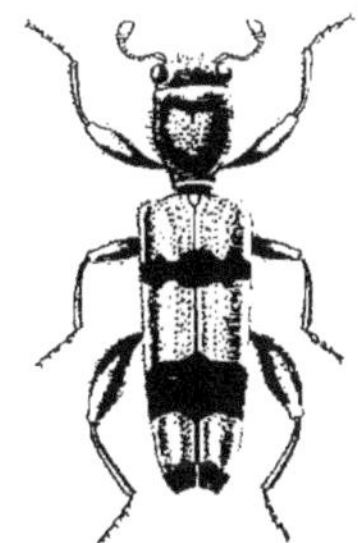

fig. 4.

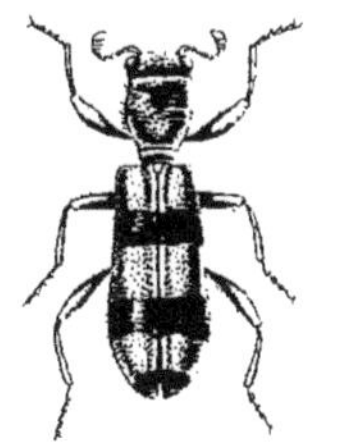

fig. 5.

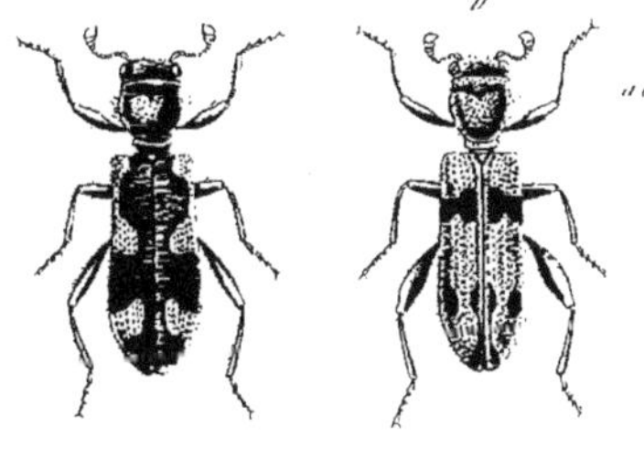

fig. 6.

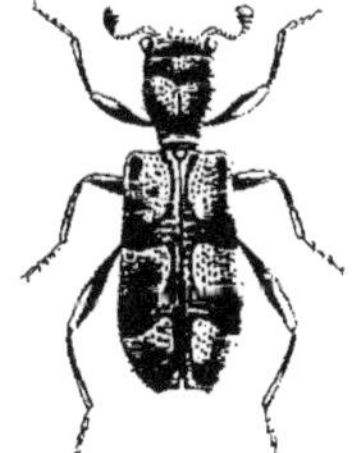

C. Spinola pinx. [illegible] sc.

fig. 1. Trichodes *crabroniformis var. zebra* 125
2. id. *apiarius et var.* n° 124
3. id. *crabroniformis type* n° 126.

fig. 4. Trichodes *apivorus* n° [illegible]
5. id. *nobilis cum var. B.* n° [illegible]
6. id. *Olivieri* n° [illegible]

Imp. de Delarue

Pl. XXIV.

fig. 1.

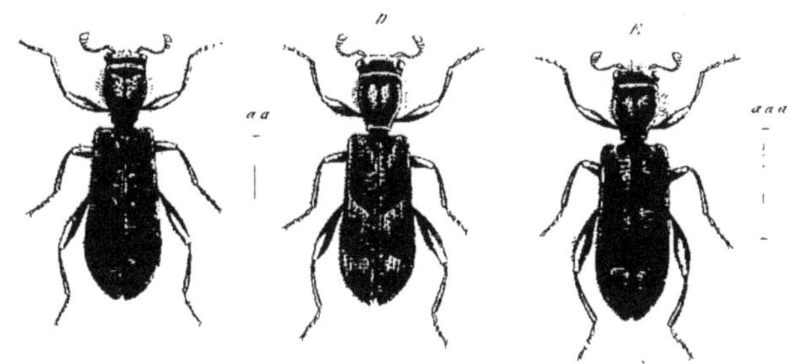

fig. 2. fig. 3

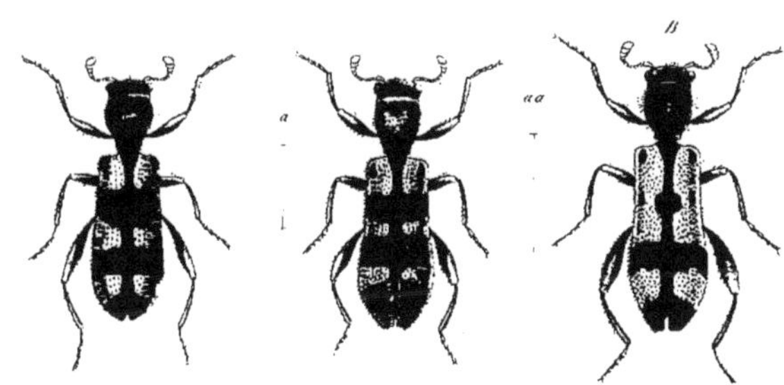

fig. 4. fig. 5.

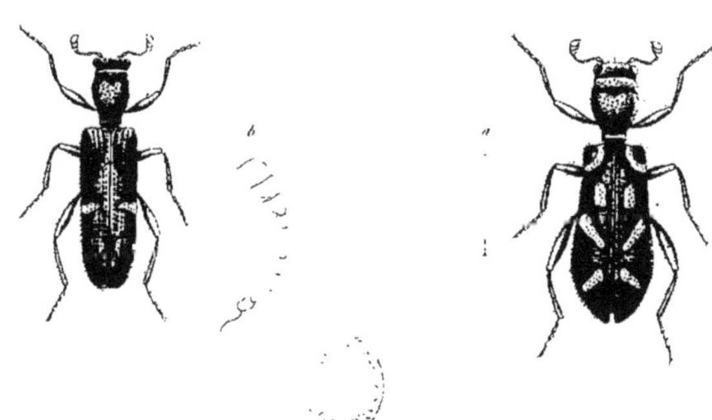

T. Spinola pinx. *Annedouche sc.*

fig. 1. Trichodes *favarius cum var. D et E. n° 128.* fig. 4. Trichodes *aulicus* *n° 132.*
2. id. *Nuthalli cum var.* *n° 130.* 5. id. *ornatus* *n° 133.*
3. id. *leucopsideus cum var. B. 131.*

Impie de Delarue

fig. 2.

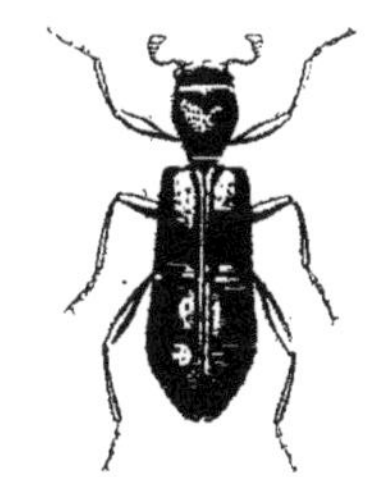

fig. 1.

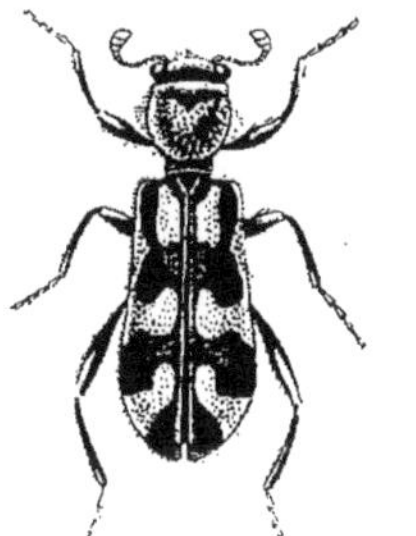

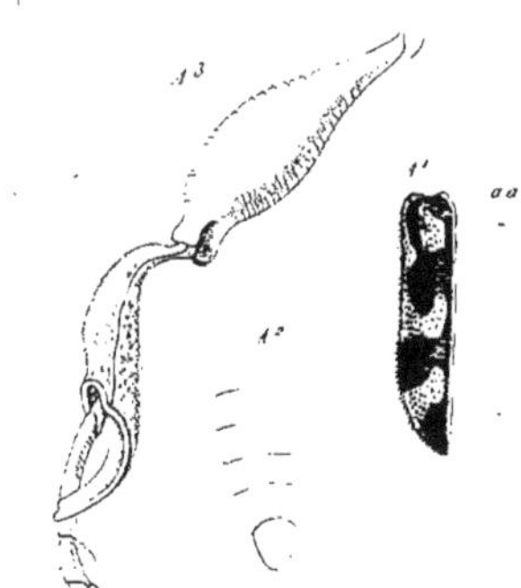

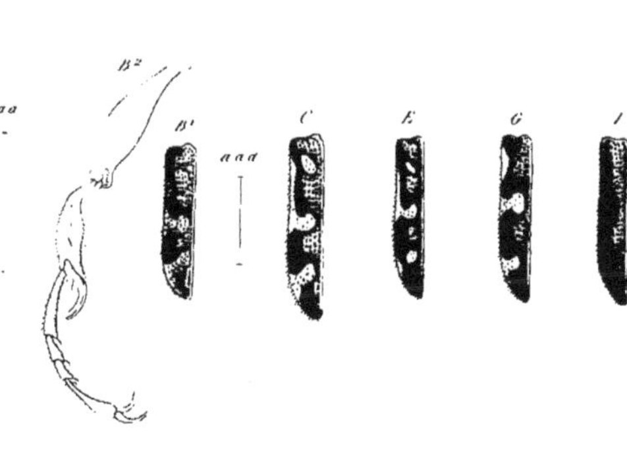

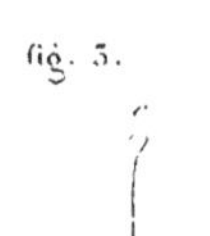

fig. 3.

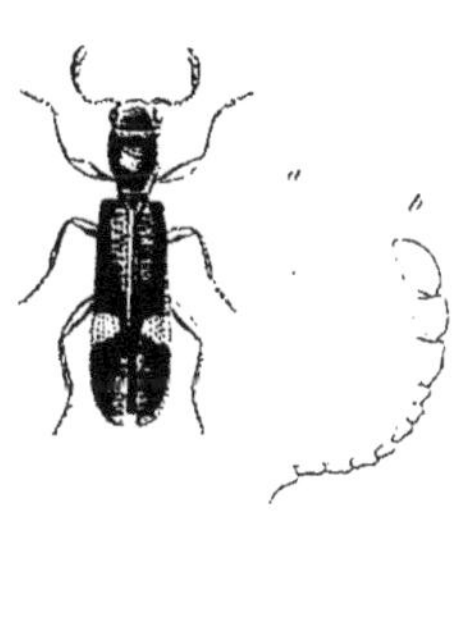

fig. 4.

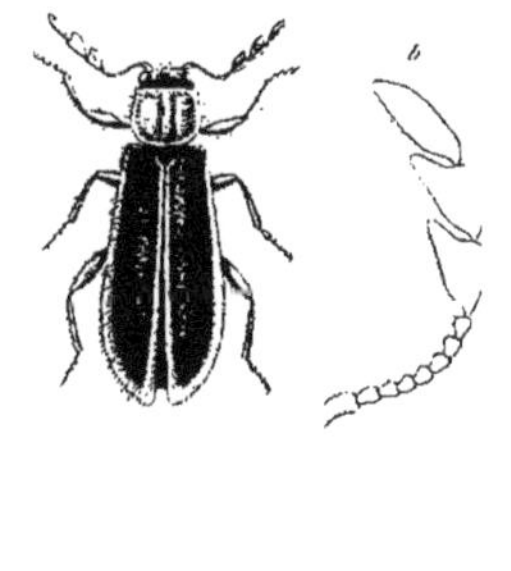

C. Spinola pinx. Annedouche sc.

fig. 1. Trichodes *ammios cum var. A. B. C. E. G. I.* *n° 133.*
2. id. *bifasciatus* *n° 138.* fig. 4. Orthopleura *quadraticollis* *n° 19 bis*
3. Tarsostenus *univittatus* *n° 116.*

Imp. de Delarue

fig. 1.

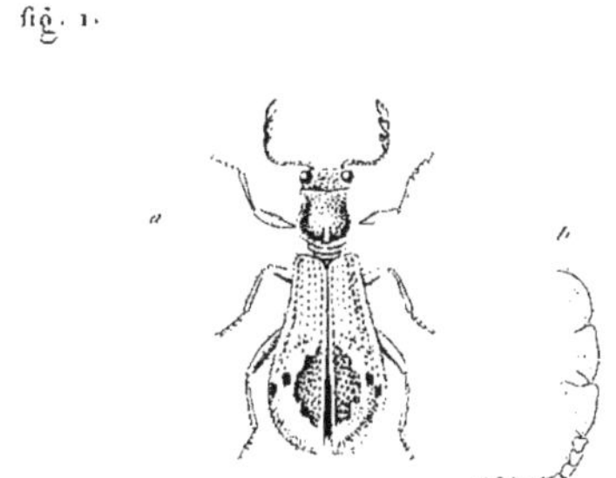

fig. 2.

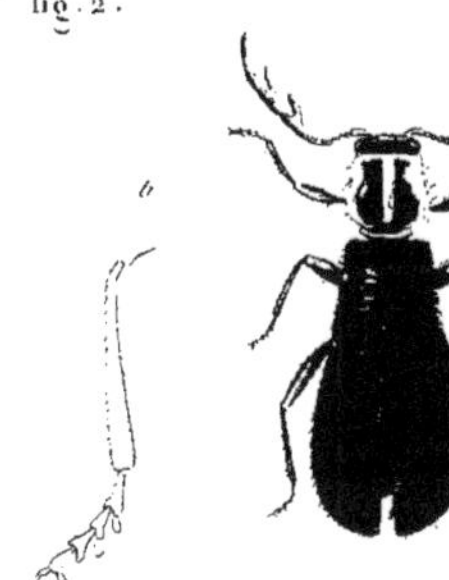

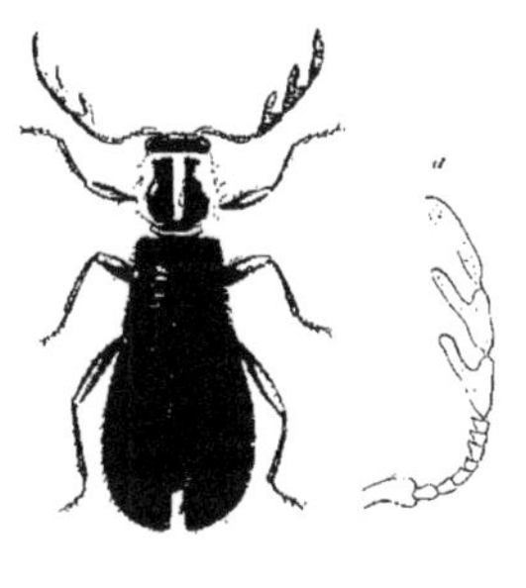

fig. 3.

fig. 4.

fig. 5.

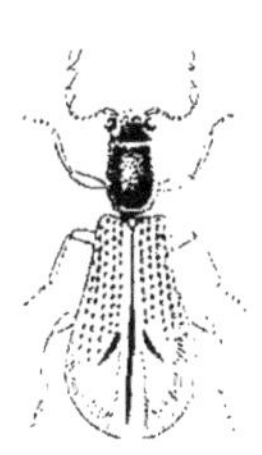

fig. 6.

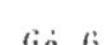

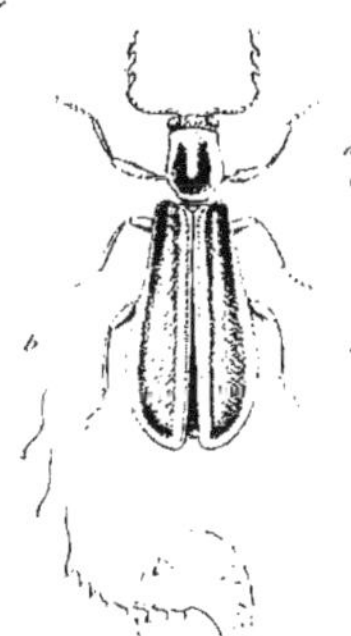

fig. 7.

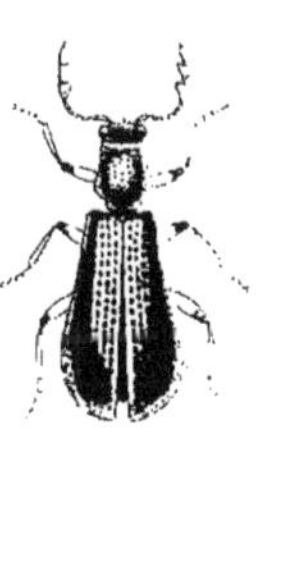

V. Spinola pinx. Annedouche sculp.

fig. 1.	Pelonium *amabile*	n.°	150.	fig. 5.	Pelonium	*hirtulum*	n.°	163.
2.	id. *pilosum*	n.°	147.	6	id.	*lampyroides*	n.°	141.
3.	id. *quadrisignatum*	n.°	153.	7	id.	*crinitum*	n.°	152.
4.	Enoplium *serraticorne*	n.°	141.					

Imp.ie de Delarue

fig. 1.

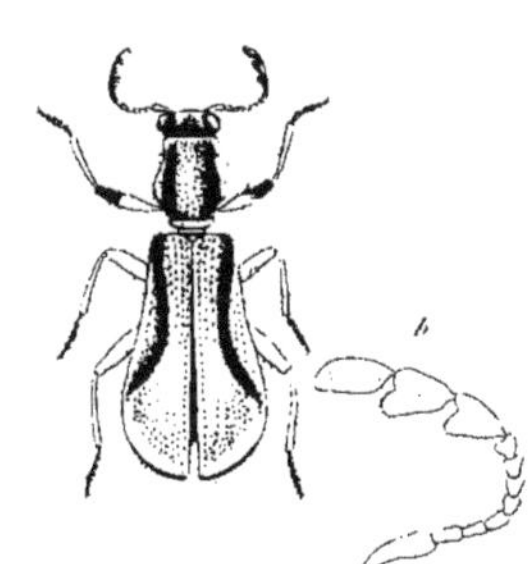

fig. 2.

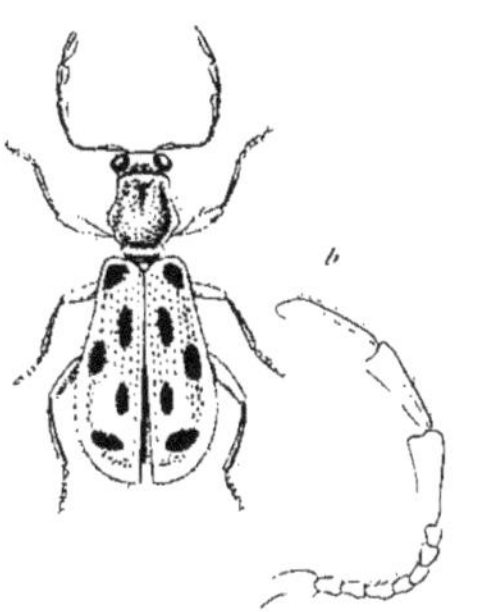

fig. 3.

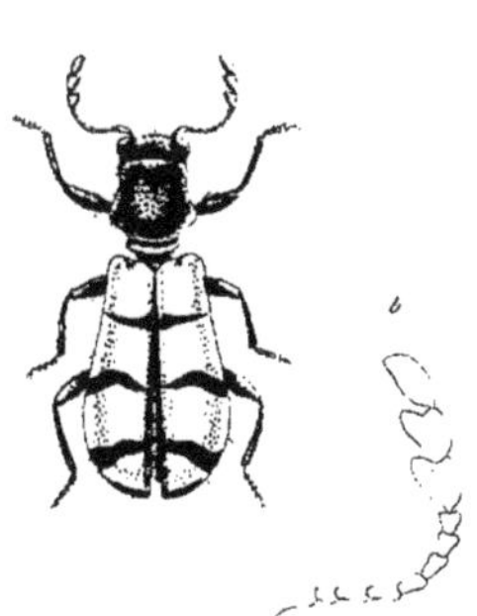

fig. 4.

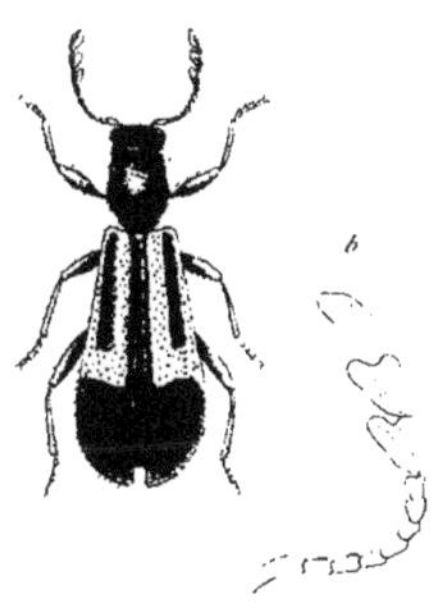

fig. 5.

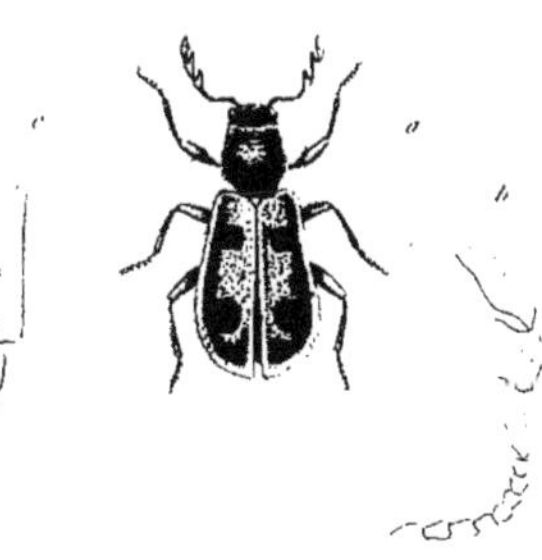

fig. 6.

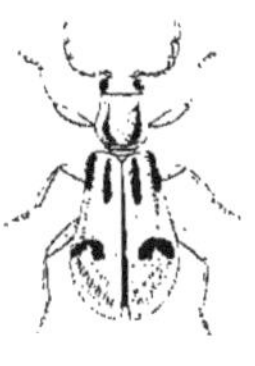

C. Spinola pinx. *Annedouche sculp.*

fig. 1. Pelonium *lituratum* nº 159. fig. 4. Pelonium *pulchellum* nº 162.
2. id. *gallerucoides* nº 160. 5. Enoplium *quadripunctatum* nº 140.
3. id. *trifasciatum* nº 161. 6. Pelonium *nigro-signatum* nº 156.

Impʳⁱᵉ de Delarue

fig. 1.

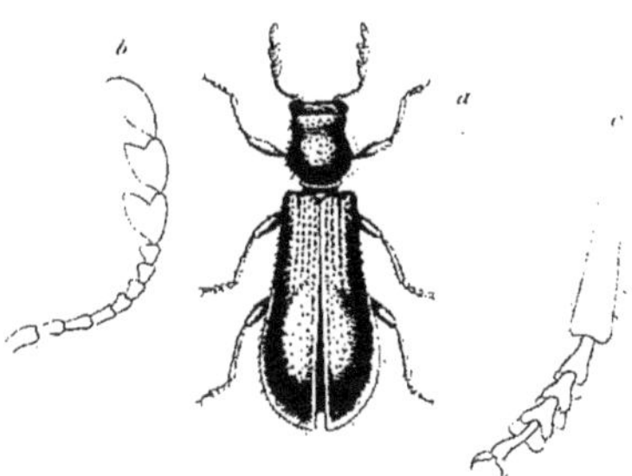

fig. 2.

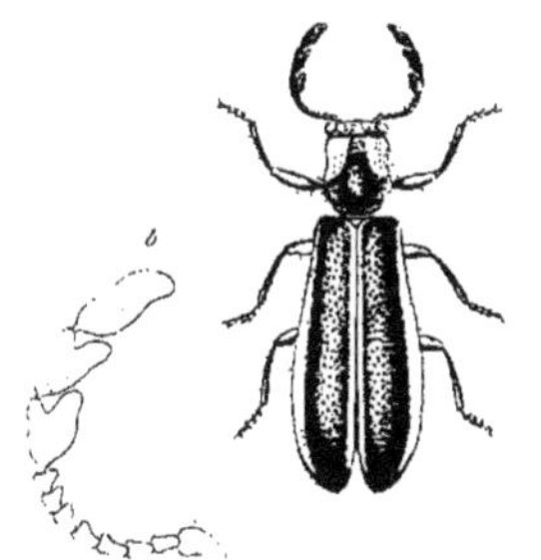

fig. 3.

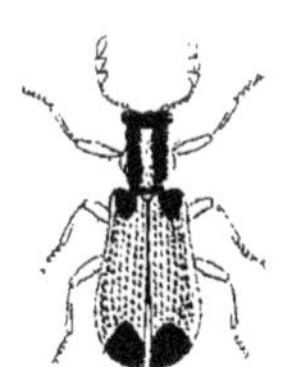

fig. 4.

fig. 5.

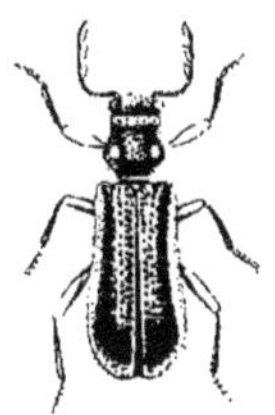

fig. 6.

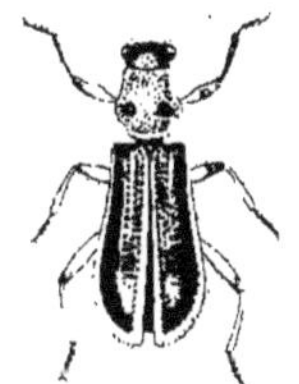

M. Spinola pinx. — *Annedouche sculp.*

fig. 1. Pelonium	*viridipenne*	n.°	138.	fig. 4. Pelonium	*vetustum*	n.°	149.
2. id.	*suturale*	n.°	143.	5. id.	*flavo-limbatum*	n.°	146.
3. id.	*humerale*	n.°	134.	6. id.	*marginipenne*	n.°	151.

Imp. de Delarue

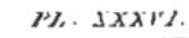

PL. XXXVI.

fig. 1.

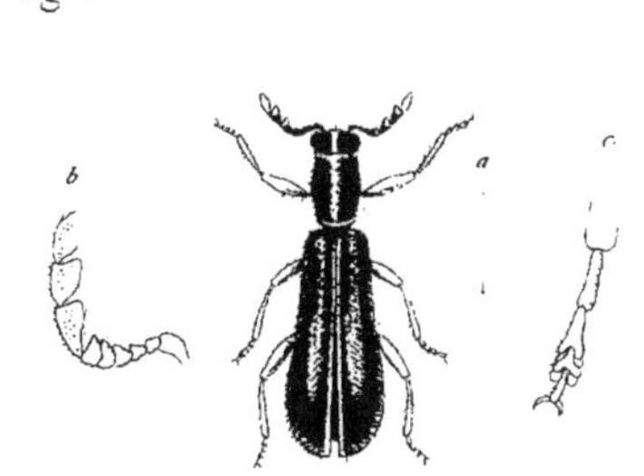

fig. 6.

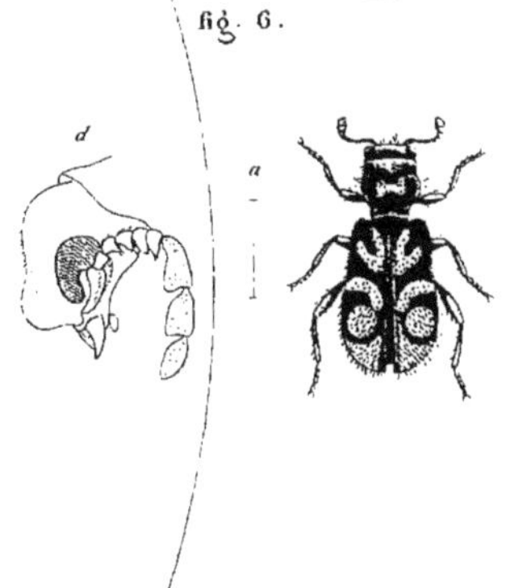

fig. 2.

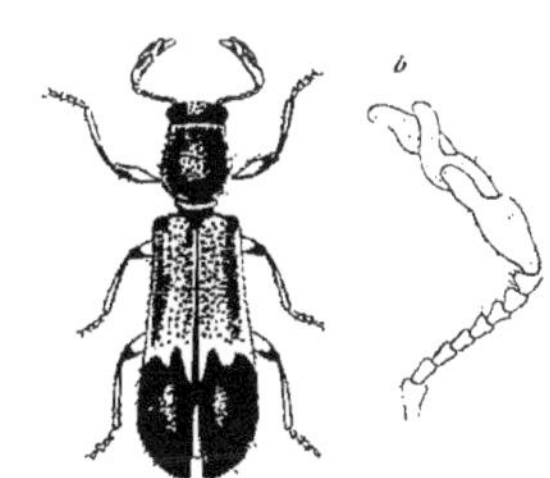

fig. 3.

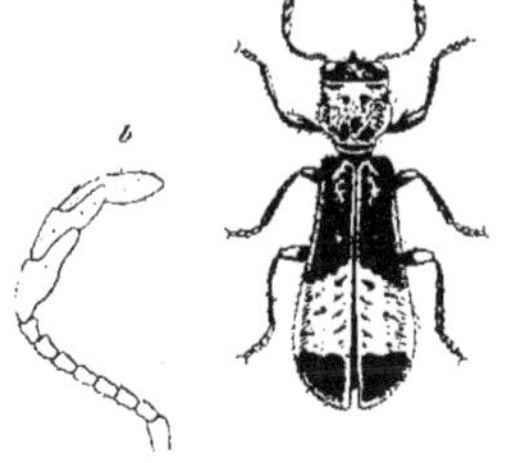

fig. 4.

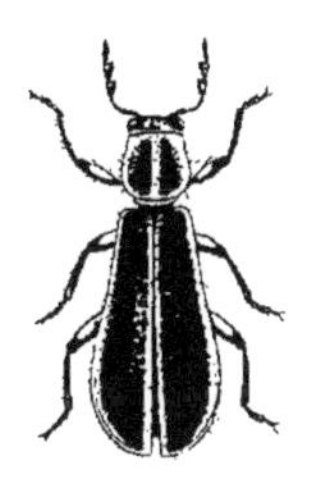

fig. 5.

a

C. Spinola pinxit — Annedouche sculp.

fig. 1. Apolopha *Reichei* n° 164.
2. Pelonium *præustum* n° 157.
3. id. *fasciculatum* n° 148.
fig. 4. Pelonium *pilosum* var. B. n° 147.
5. id. *variabile* n° 136.
6. Clerus *Lacordairei* n° 81 bis

Imp. de Delarue

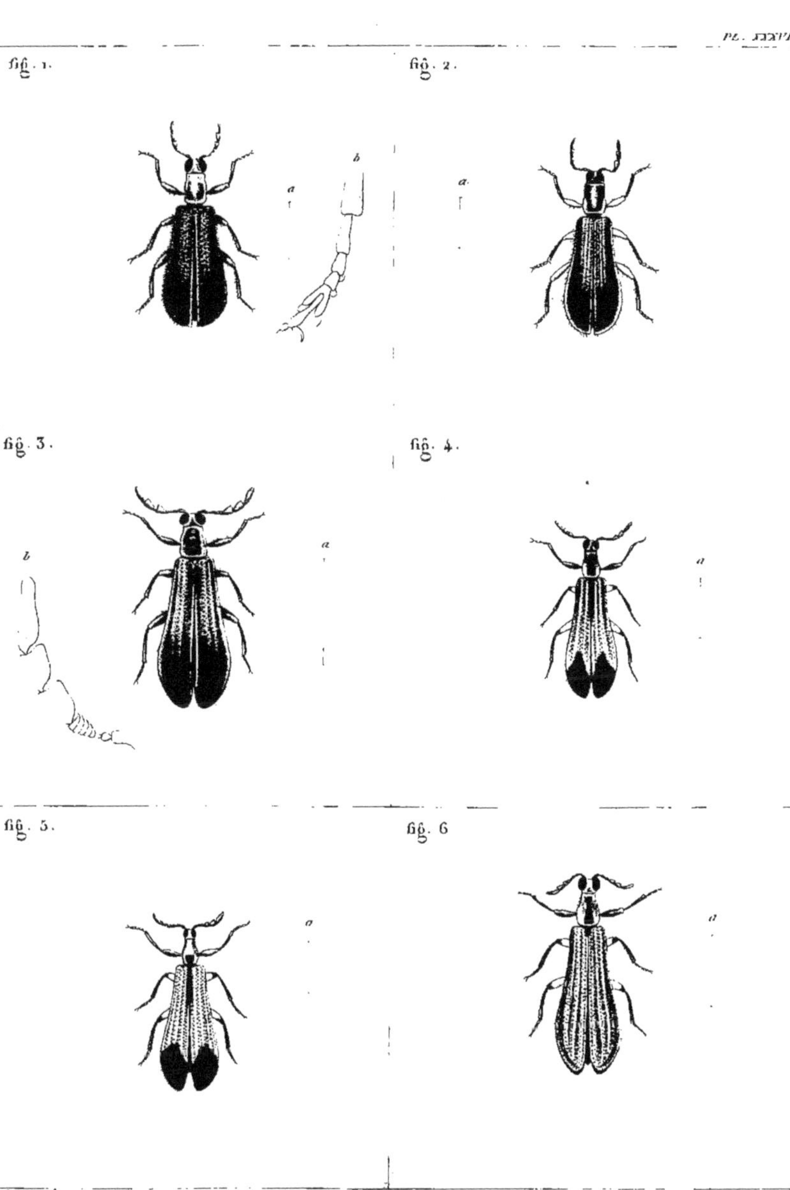

C. Spinola pt — Annedouche sc.

fig. 1. Ichnea *Enoplioides var. rosecollis* nº 75. — fig. 4.
2 id. *var.* nº 175. — 5 } *variétés différentes*
3 id. *Lycoides* nº 174 — 6

Impie de Delarue.

fig. 1.

fig. 2.

fig. 3.

fig. 4.

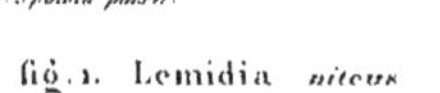

fig. 5

C. Spinola pinxit. Annedouche sc.

fig. 1. Lemidia *nitens* n° 177.
2. Evenus *filiformis* n° 176.
3. Epiphlæus *variegatus* n° 170.
fig. 4. Plocamocera *sericella* n° 173.
5. Epiphlæus *humeralis* n° 172

Impr. de Delarue

fig. 1.

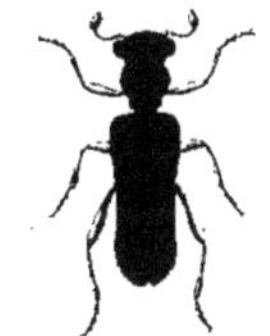

fig. 2.

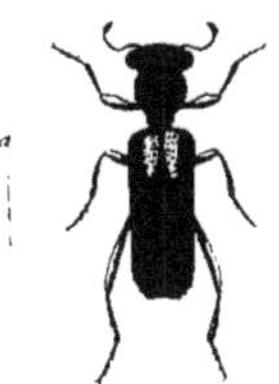

fig. 3.

fig. 4.

fig. 5.

fig. 6.

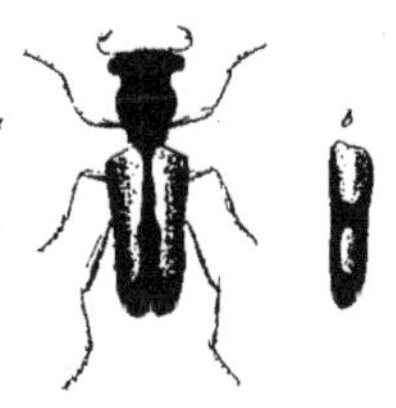

C. Spinola pinx. Annedouche sc.

fig. 1. Hydnocera *bicarinata* n° 179. fig. 4. Hydnocera *serrata* n° 181.
2 id. *humeralis* n° 180. 5. id. *cincta* n° 183.
3 id. *brevipennis* n° 182. 6 id *suturalis* n° 184

Impie de Delarue.

fig. 1.

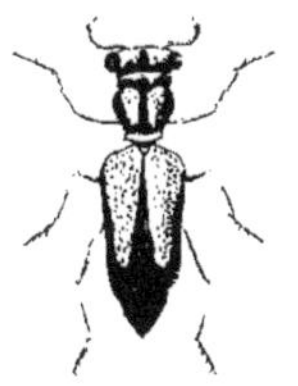

fig. 2.

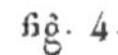

fig. 3.

fig. 4.

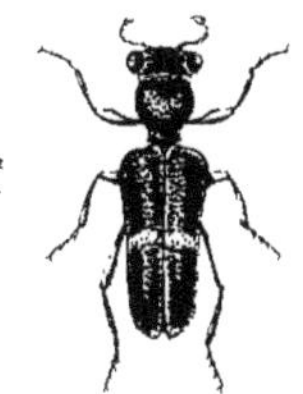

fig. 5.

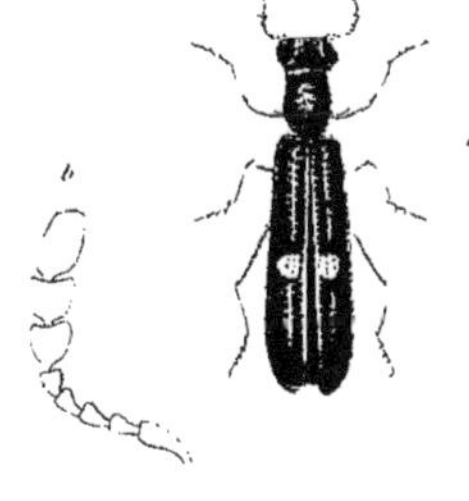

fig. 6.

C. Spinola pinx. — Annedouche sc.

fig. 1. Hydnocera *brachyptera* n.° 185. — fig. 4. Hydnocera *punctata* n.° 188.

2. id. *steniformis* n.° 186. — 5. Elliptoma *tenuiformis* n.° 178.

3. id. *azurea* n.° 187. — 6. Phyllobænus *transversalis* n.° 166.

Imp.ie de Delaune.

fig. 1.

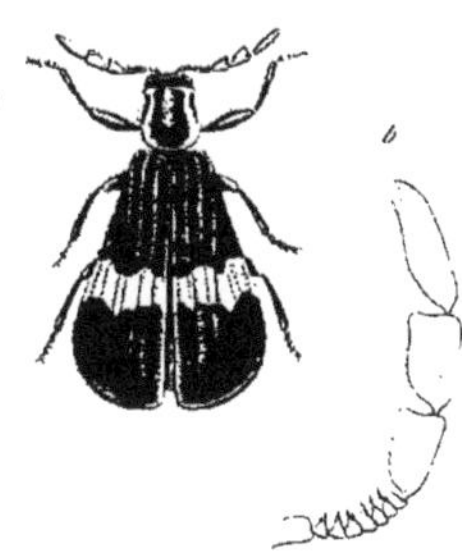

fig. 2.

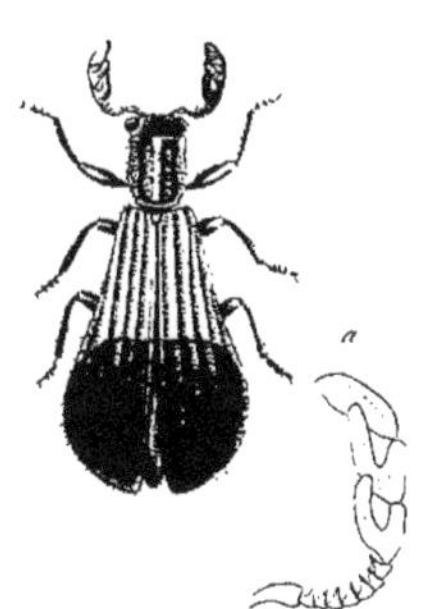

fig. 3.

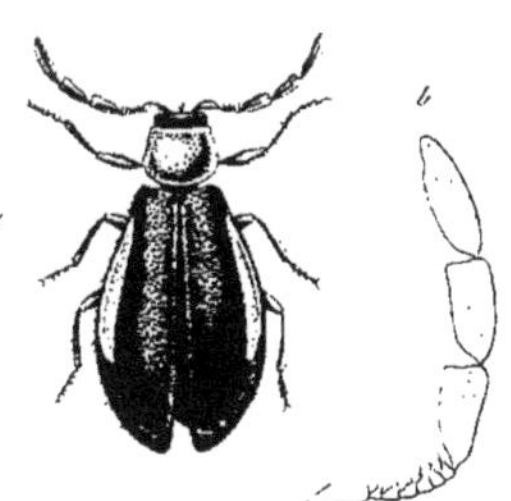

fig. 4.

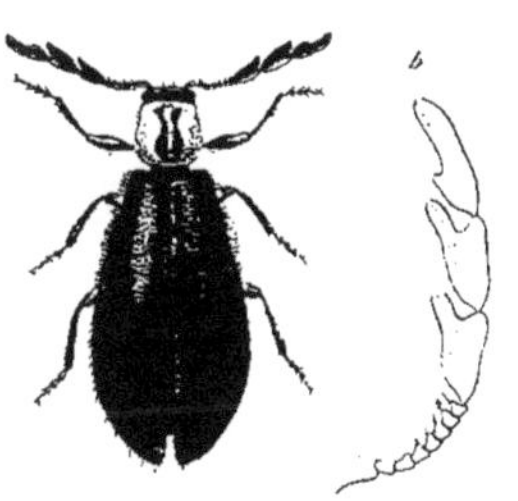

fig. 5.

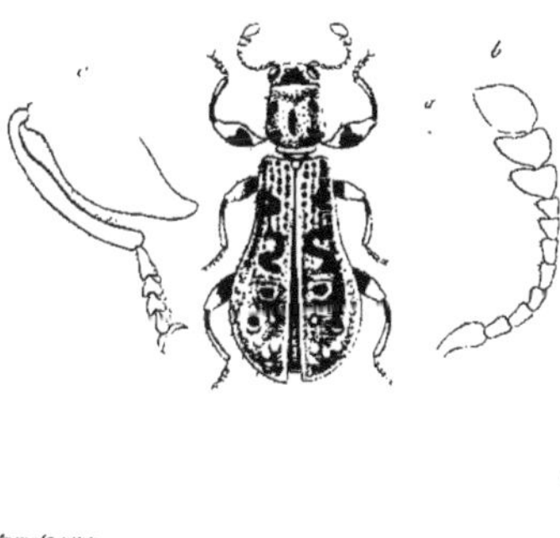

fig. 6.

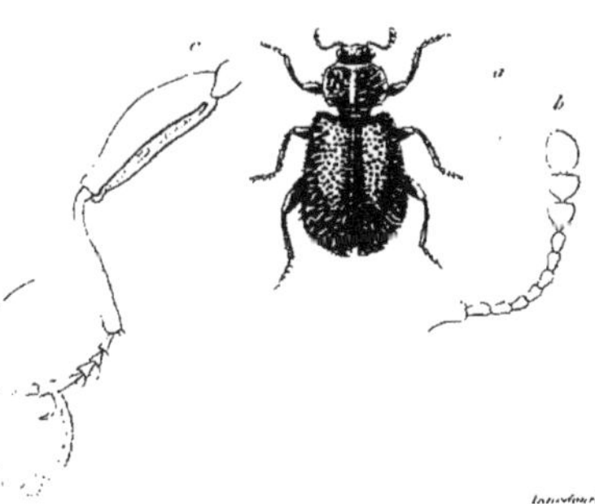

C. Spinola pinx. Lacordaire sculp.

fig. 1. Platynoptera	*Gorvi*	n.° 191.	fig. 4. Platynoptera	*Duponti*	n.° 190.
2. id.	*lycoides*	n.° 192.	5. Erymanthus	*gemmatus*	n.° 189.
3. Pytycera	*Duponti*	n.° 193.	6. Ryparus	*tomentosus*	n.° 194.

Imp.ie de Delarue

fig. 1.

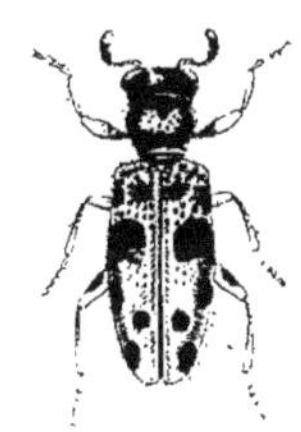

fig. 2.

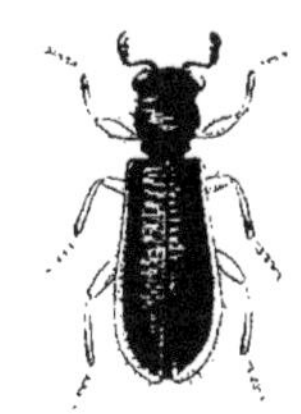

fig. 3.

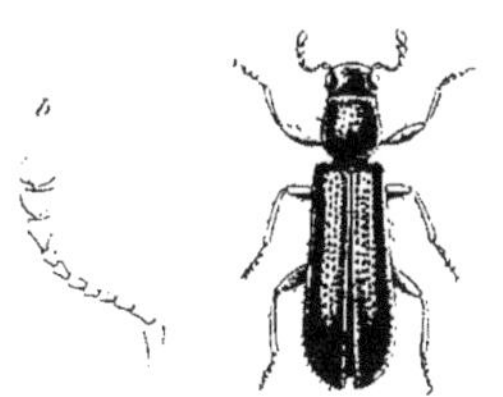

fig. 4.

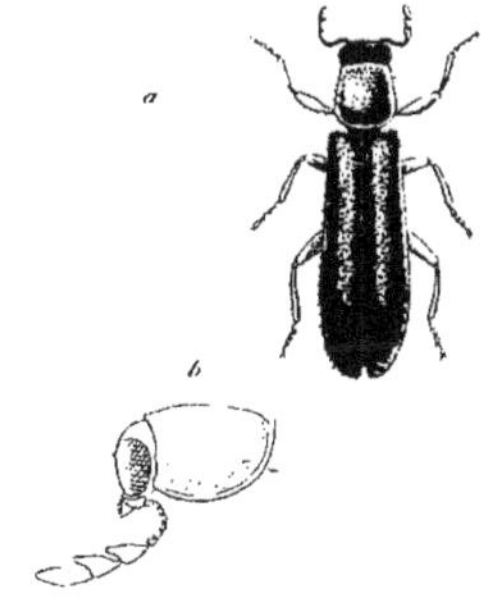

fig. 5.

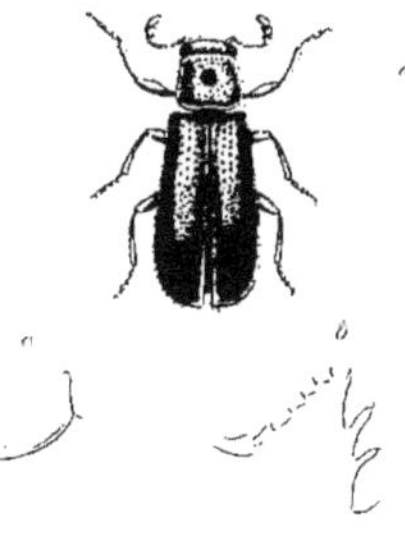

fig. 6.

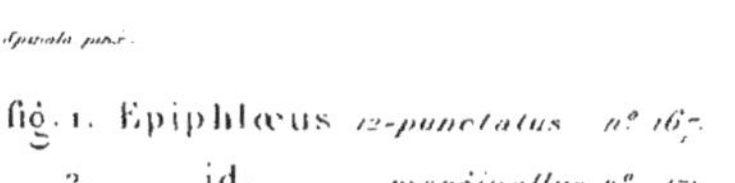

F. Spinola pinx. — Annedouche sculp.

fig. 1. Epiphlœus *12-punctatus* n° 167. — fig. 4. Orthopleura *damicornis* n° 196.
2. id. *marginellus* n° 171. — 5. id. *sanguinicollis* n° 193.
3. Notostenus *viridis* n° 200. — 6. Necrobia *rufipes* n° 203.

Impr. de Delarue.

fig. 1.

fig. 2.

fig. 3.

fig. 4.

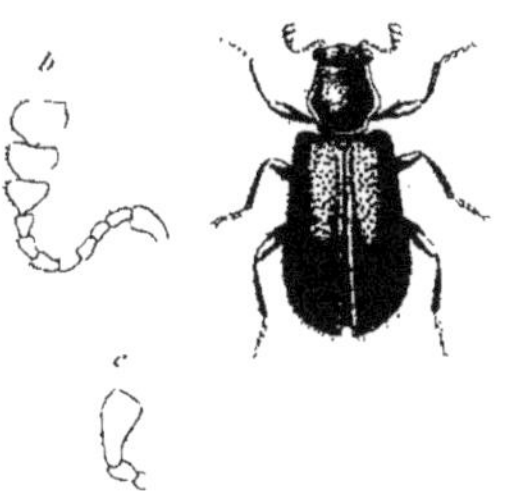

fig. 5.

fig. 6.

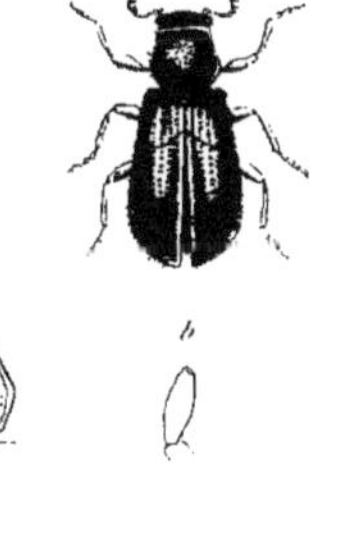

C. Spinola pinx. — Annedouche sculp.

fig. 1. Lebasiella *lepida* n° 195.
2. Corynetes *scabripennis* n° 201.
3. id. *analis* n° 202.

fig. 4. Corynetes *violaceus* n° 203.
5. id. *semi-striatus* n° 204.
6. Necrobia *ruficollis* n° 206.

Imp. rie de Delarue

fig. 1.

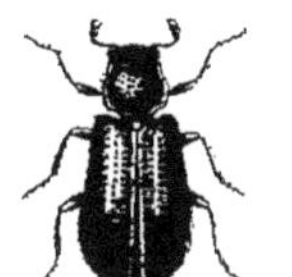

fig. 2.

fig. 3.

fig. 4.

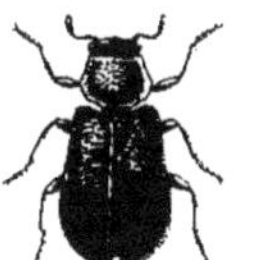

fig. 5.

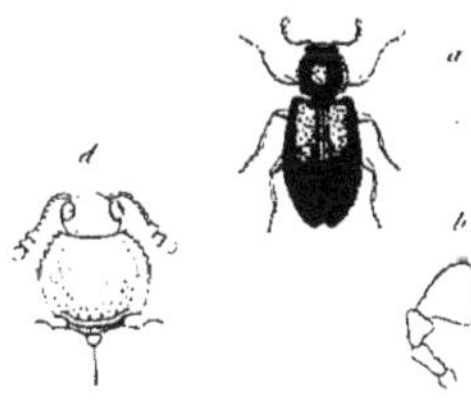

fig. 6.

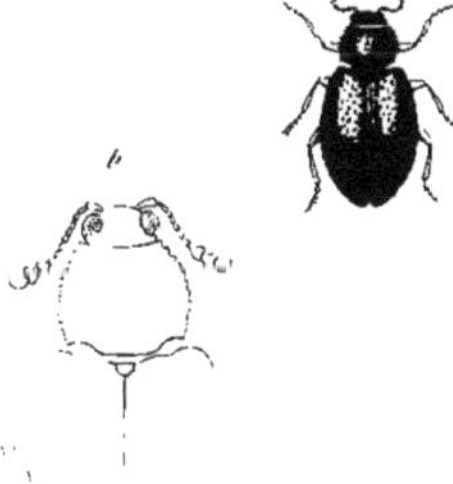

C. Spinola pinx. Annedouche sculp.

fig. 1. Necrobia *violacea* nº 207. fig. 4. Necrobia *bicolor* nº 210.
2. id. *tibialis* nº 208. 5. Paratenetus *punctatus* nº 215.
3. id. *defunctorum* nº 209. 6. id. *Lebasii* nº 216.

Impie. de Delarue.

Pl. XLV.

fig. 1.

fig. 2.

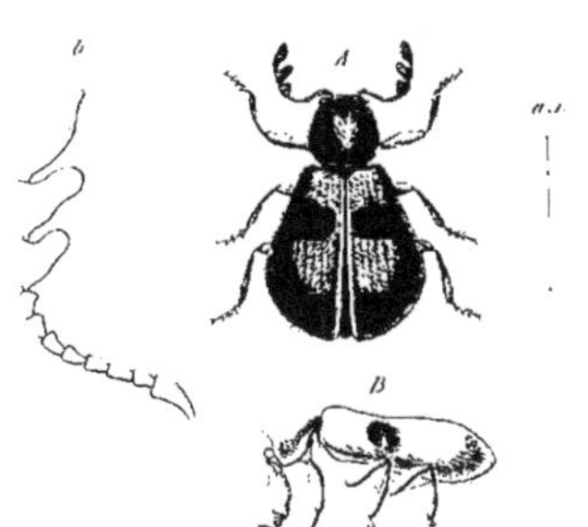

fig. 3.

fig. 4.

fig. 5.

fig. 6.

fig. 1. Chariessa *ramicornis* n° 198. fig. 4. Opetiopalpus *scutellaris* n° 212.
2. id. *vestita* n° 199. 5. id. *luridus* n° 213.
3. Opetiopalpus *auricollis* n° 221. 6. id. *collaris* n° 214.

Impr. de Delarue

fig. 1.

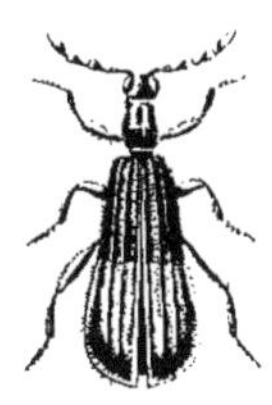

fig. 2.

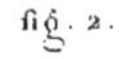

fig. 3.

fig. 4.

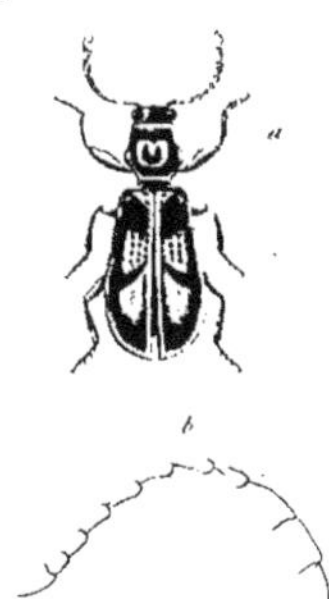

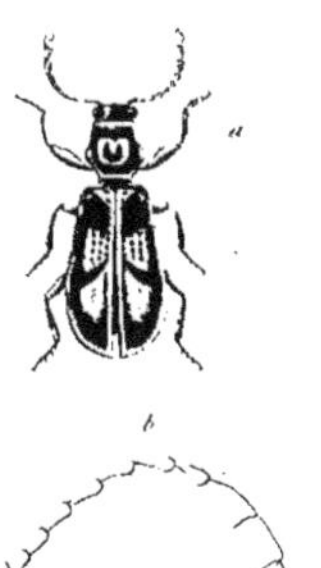

fig. 5.

fig. 6

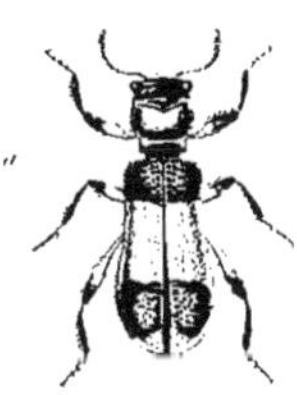

fig. 7.

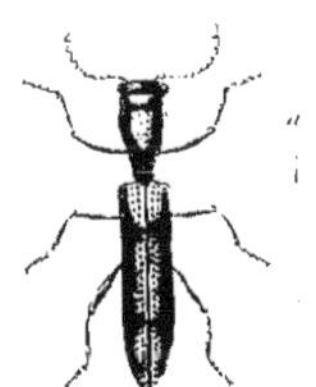

fig. 8.

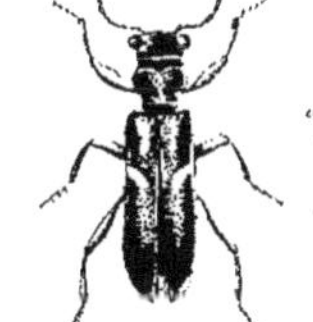

C. Spinola pinx. *Annedouche sc.*

fig. 1. Ichnea *dimidiatipennis*	*n° 175 bis.*	fig. 5. Priocera *trinotata*	*n° 16 bis.*
2. Platyclerus *elongatus*	*n° 138 bis.*	6. Clerus *colombiae*	*n° 93 bis.*
3. Pelonium *Buquetii*	*n° 160 bis.*	7. Callitheres *bicolor*	*n° 12 bis.*
4. Muisca *bitaeniata*	*n° 137 bis.*	8. Clerus *longulus*	*n° 108 bis.*

Impr. de Delarue

fig. 1.

a

fig. 2.

a

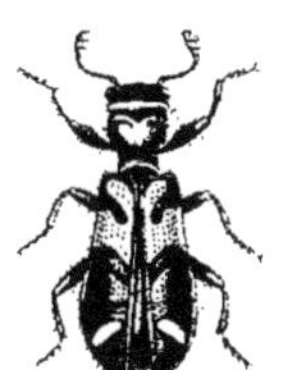

fig. 3.

a

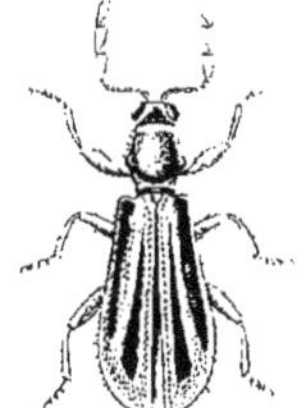

fig. 4.

a

fig. 5.

a

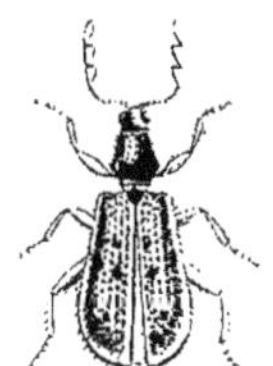

fig. 6.

a

C. Spinola p.t — *Annedouche sc.*

fig. 1. Cymatodera *Ibidioides* *n.° 31 bis.*
2. Clerus *miniatus* *n.° 80 bis.*
3. Pelonium *vittatum* *n.° 158 bis.*

fig. 4. Pelonium *apicale* *n.° 163 bis.*
5. id. *scutellatum* *n.° 164 bis.*
6. id. *testaceum* *n.° 154 bis.*

Imp.rie de Delarue

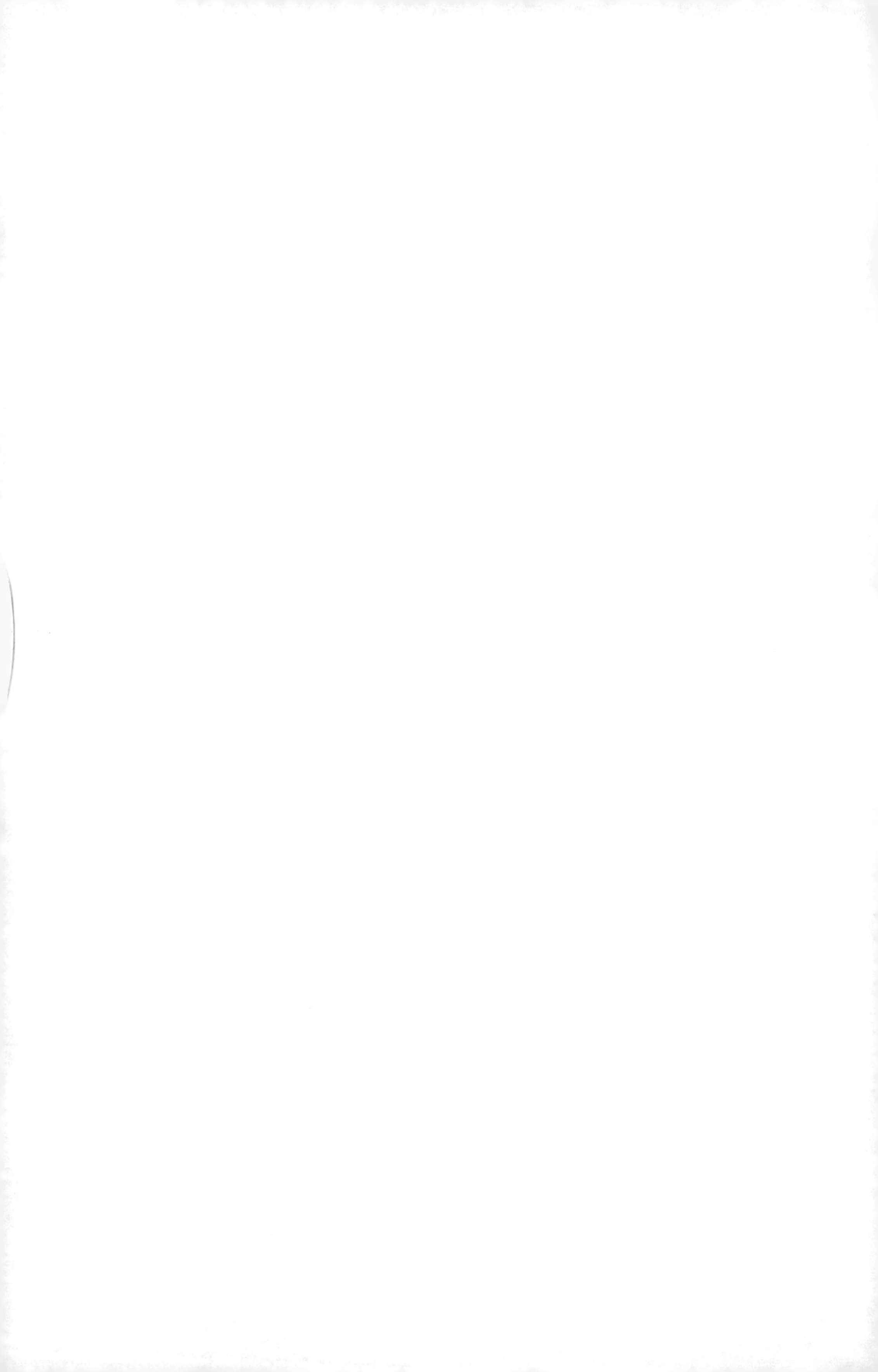